普通医药院校创新型系列教材

医学生物化学与分子生物学

程 宏 主编

科学出版社

北 京

内 容 简 介

本教材按照医学本科继续教育人才培养方案及继续教育医学生物化学与分子生物学教学大纲的要求编写，全书共分15章。主要包括生物大分子的结构与功能、物质代谢与调节、基因信息的传递与调控、基因工程、细胞信号转导、血液生化、肝胆生化、水盐代谢和酸碱平衡等相关内容。教材充分体现生物化学与分子生物学和医学领域相关的基本理论、基本知识和基本技能及其基本应用；每章开篇均有学习要点，列出需要掌握、熟悉及了解的内容；每章结尾均附有小结和思考题，文后附有推荐参考书目，以方便学生学习和掌握各章的基本知识和重点内容。本教材将为参加医学继续教育的学生进一步学习相关医学专业课程奠定必要的医学生物化学与分子生物学基础。

本教材可供普通医药院校医学及相关专业本、专科学生，继续教育学员，以及从事各层次医学及医学相关专业教学、管理工作者参考、学习使用。

图书在版编目（CIP）数据

医学生物化学与分子生物学/程宏主编.—北京：科学出版社，2018.6
　普通医药院校创新型系列教材
　ISBN 978-7-03-057760-3

Ⅰ.①医… Ⅱ.①程… Ⅲ.①医用化学—生物化学—医学院校—教材 ②医药学—分子生物学—医学院校—教材 Ⅳ.①Q5 ②Q7

中国版本图书馆CIP数据核字（2018）第125082号

责任编辑：闵　捷　谭宏宇/责任校对：叶成杰
责任印制：黄晓鸣/封面设计：殷　靓

科 学 出 版 社 出版
北京东黄城根北街16号
邮政编码：100717
http://www.sciencep.com

南京展望文化发展有限公司排版
江苏省句容市排印厂印刷
科学出版社发行　各地新华书店经销

*

2018年11月第 一 版　开本：889×1194　1/16
2018年11月第一次印刷　印张：13 3/4
字数：407 000
定价：49.00元
（如有印装质量问题，我社负责调换）

普通医药院校创新型系列教材

专家指导委员会

主任委员
龚卫娟

委 员
（按姓氏笔画排序）

丁玉琴	万小娟	王艳	王劲松	刘永兵
刘佩健	许正新	李吉萍	李国利	肖炜明
吴洪海	张菁	张瑜	陈玉瑛	郁多男
季坚	郑英	胡艺	胡兰英	祝娉婷
贾筱琴	龚卫娟	康美玲	梁景岩	葛晓群
程宏	谢萍	窦英茹	廖月霞	

普通医药院校创新型系列教材

《医学生物化学与分子生物学》
编辑委员会

主 编
程 宏

副主编
周晓霞

编 委
（按姓氏笔画排序）

王树强　李华玲　陈欣虹　周晓霞　程　宏

前　言

医学生物化学与分子生物学是医学院校一门非常重要的专业基础课程。根据中国本科医学教育标准所提出的医学本科毕业生应达到的基本要求，并针对医学高等教育的培养目标和培养对象，本教材以医学生物化学与分子生物学基本内容为中心，围绕医学高等教育所需的医学生物化学与分子生物学知识点，结合继续教育的特点，突出体现医学生物化学与分子生物学的基本理论、基本知识和基本技能；在注重知识传递的同时，注重理论联系实际，把与临床及疾病相关的内容适当吸收进来，核心内容力求全面、系统，并适当反映本学科领域的新进展，为医学领域学生进一步学习相关医学专业课程奠定必要的基础。

本教材共分15章，主要内容包括蛋白质、核酸和酶等生物大分子的结构和功能；体内糖类、脂类、氨基酸、核苷酸的代谢与调节以及生物氧化的过程；基因信息的传递及其调控；基因工程和细胞信号转导的分子通路；与临床医学密切相关的血液生化、肝胆生化、水盐代谢与酸碱平衡等。每章后都附有小结及思考题，书后附有推荐参考书目，以便学生对各章的基本知识和重点内容的掌握。本教材在编写过程中，虽然经过反复修改与审阅，但囿于编者的学识和水平，难免存在错漏之处，敬请使用本教材的广大师生提出宝贵意见。

主编

2017年10月8日

目　录

前言

第一章　绪论 001

一、生物化学与分子生物学发展简史　001
二、生物化学与分子生物学的主要研究内容　002
三、生物化学与分子生物学和医学的关系　002

第二章　蛋白质的结构和功能 004

第一节　蛋白质的分子组成　004
　一、蛋白质的元素组成　004
　二、蛋白质的基本组成单位
　　　——氨基酸　004
　三、肽键和肽　007
第二节　蛋白质的分子结构　008
　一、蛋白质的一级结构　009
　二、蛋白质的空间结构　009
　三、蛋白质的分类　012
第三节　蛋白质分子结构和功能的关系　012
　一、蛋白质分子一级结构和功能的
　　　关系　012
　二、蛋白质分子空间结构和功能的
　　　关系　013
第四节　蛋白质的重要理化性质　014
　一、蛋白质的胶体性质　014
　二、两性解离与等电点　014
　三、紫外吸收特征与蛋白质定量分析　014
　四、蛋白质的变性、沉淀与凝固　015
第五节　蛋白质的分离纯化　015
　一、有机溶剂沉淀和盐析　015
　二、层析　015
　三、透析与超滤　016
　四、电泳法　016

第三章　核酸的结构与功能 018

第一节　核酸的化学组成　018
　一、元素组成　018
　二、基本组成单位　018
第二节　核酸的一级结构　021
第三节　DNA的空间结构与功能　022
　一、DNA的二级结构　022
　二、DNA二级结构的多样性　023
　三、DNA的三级结构　024
第四节　RNA的空间结构与功能　025
　一、信使RNA（mRNA）　025
　二、转运RNA（tRNA）　026
　三、核糖体RNA（rRNA）　027

第五节　核酸的理化性质　027
　　一、核酸的一般理化性质　027
　　二、DNA的变性与复性　028

第四章　酶与维生素　031

第一节　酶的结构与功能　031
　　一、酶的分子组成及作用　031
　　二、酶的辅助因子　031
　　三、酶的活性中心　032
第二节　辅酶与维生素　032
第三节　酶作用的特点及催化机制　033
　　一、酶促反应的特点　033
　　二、酶促反应的机制　033
第四节　酶促反应动力学　034
　　一、酶浓度对酶促反应速度的影响　034
　　二、底物浓度对酶促反应速度的影响　034
　　三、温度对酶促反应速度的影响　035
　　四、pH对酶促反应速度的影响　035
　　五、抑制剂对反应速度的影响　036
　　六、激活剂对反应速度的影响　038
第五节　酶活性的调节　039
　　一、细胞内酶活性的调节　039
　　二、酶原与酶原的激活　040
　　三、同工酶及其临床意义　040
第六节　酶的命名、分类　041
第七节　酶与医学的关系　041
　　一、酶与疾病的关系　041
　　二、酶在医学研究领域中的应用　042

第五章　糖代谢　044

第一节　概述　044
　　一、糖的生理功能　044
　　二、糖的消化　044
　　三、糖的吸收　045
第二节　糖的分解代谢　045
　　一、糖酵解　045
　　二、糖的有氧氧化　049
　　三、磷酸戊糖途径　053
第三节　糖原的合成与分解　054
　　一、糖原的合成代谢　055
　　二、糖原的分解代谢　056
第四节　糖异生　057
　　一、糖异生反应途径　057
　　二、糖异生的生理意义　059
第五节　血糖　059
　　一、血糖的来源和去路　059
　　二、血糖浓度的调节　060
　　三、高血糖与低血糖　060

第六章　脂类代谢　062

第一节　概述　062
　　一、脂类的一般概念　062
　　二、脂类的消化和吸收　063
第二节　脂肪的代谢　063
　　一、脂肪的分解代谢　063
　　二、脂肪的合成代谢　068
　　三、多不饱和脂肪酸的重要衍生物
　　　　——前列腺素、血栓素及白三烯　071
第三节　甘油磷脂的代谢　071
　　一、甘油磷脂的结构　072
　　二、甘油磷脂的合成　072
　　三、甘油磷脂的分解　073
第四节　胆固醇代谢　074
　　一、胆固醇的化学结构　074
　　二、胆固醇的生物合成　074
　　三、胆固醇在体内的转化与排泄　076
第五节　血浆脂蛋白代谢　076
　　一、血浆脂蛋白的组成　076
　　二、血浆脂蛋白的代谢　077
　　三、血浆脂蛋白代谢异常　079

第七章　生物氧化　082

第一节　呼吸链　082
一、呼吸链的组成　082
二、呼吸链组分的排列顺序　084
三、胞液中NADH的氧化　084

第二节　氧化磷酸化和ATP的生成　086
一、ATP的生成方式　086
二、氧化磷酸化偶联部位　086
三、氧化磷酸化偶联机制　087
四、ATP合酶　087
五、影响氧化磷酸化的因素　087

第三节　其他氧化体系　088
一、超氧化物歧化酶　088
二、微粒体氧化酶系　089

第八章　氨基酸代谢　090

第一节　蛋白质的营养作用　090
一、蛋白质的生理功能　090
二、蛋白质的需要量　091
三、蛋白质的营养价值　091

第二节　食物蛋白质的消化、吸收与腐败　091
一、食物蛋白质的消化、吸收　091
二、蛋白质在肠中的腐败作用　092

第三节　氨基酸的一般代谢　093
一、氨基酸代谢的概况　093
二、氨基酸的脱氨基作用　094
三、α-酮酸的代谢　096

第四节　氨的代谢　096
一、血氨的来源和去路　097
二、氨在体内的运输　097
三、尿素的代谢　097

第五节　个别氨基酸的代谢　099
一、氨基酸的脱羧基作用　099
二、一碳单位的代谢　099
三、含硫氨基酸的代谢　100
四、肌酸的代谢　101
五、芳香族氨基酸的代谢　101

第九章　核苷酸代谢　104

第一节　嘌呤核苷酸的合成代谢　104
一、嘌呤核苷酸的从头合成途径　104
二、嘌呤核苷酸的补救合成途径　107
三、嘌呤核苷酸的抗代谢物　107

第二节　嘧啶核苷酸的合成代谢　108
一、嘧啶核苷酸的从头合成　108
二、嘧啶核苷酸的补救合成　110
三、嘧啶核苷酸的抗代谢物　110

第三节　脱氧核苷酸的合成代谢　111

第四节　核苷酸的分解代谢　112
一、嘌呤核苷酸的分解代谢　112
二、嘧啶核苷酸的分解代谢　112

第十章　遗传信息的传递与调控　115

第一节　DNA的生物合成（复制）　115
一、复制的基本规律　115
二、DNA复制的酶学　117
三、DNA复制的过程　120
四、RNA指导的DNA合成——反转录　123
五、DNA损伤与修复　124

第二节　RNA的生物合成（转录）　127
一、转录模板与启动子　127
二、RNA聚合酶　128
三、转录过程　129
四、RNA的转录后加工　133
五、RNA的复制　136

第三节　蛋白质的生物合成——翻译　136
一、蛋白质生物合成体系　136
二、蛋白质生物合成过程　139
三、蛋白质生物合成后加工与输送　142

　　　　四、蛋白质生物合成的干扰和抑制　143
第四节　基因的表达调控　144
　　　　一、基因表达的相关概念　144
　　　　二、乳糖操纵子　145
　　　　三、真核基因的表达调控　147

第十一章　基因工程　150

第一节　基因工程的基本工具酶　150
　　　　一、限制性核酸内切酶　150
　　　　二、DNA连接酶　151
第二节　基因工程的载体　152
　　　　一、载体的种类　152
　　　　二、理想载体应具备的基本条件　152
第三节　基因工程的基本操作步骤　152
　　　　一、目的基因的获取　152
　　　　二、载体的选择和构建　154
　　　　三、目的基因和载体的连接　155
　　　　四、重组DNA转入受体细胞　155
　　　　五、重组子的筛选和鉴定　156
　　　　六、目的基因的扩增（表达）　157
第四节　基因工程在医学中的应用　158
　　　　一、基因工程技术用于生产生物药品和疫苗　158
　　　　二、基因工程技术用于基因治疗　159

第十二章　细胞信号转导　161

第一节　生物信号分子　161
　　　　一、信号分子的概念、化学特点与分类　161
　　　　二、信号分子的作用特点　162
第二节　受体　163
　　　　一、受体的分类、结构与功能　163
　　　　二、受体与配体的结合特点　166
第三节　细胞信息传递途径　166
　　　　一、细胞膜受体介导的信号传递途径　167
　　　　二、细胞内受体介导的信号传递途径　172
第四节　细胞信息传递途径异常与疾病　172
　　　　一、G蛋白异常与疾病　172
　　　　二、信号转导障碍与疾病　173
　　　　三、受体异常与疾病　173
　　　　四、细胞信号转导异常性疾病的防治　173

第十三章　血液生化　175

第一节　血液的组成成分　175
　　　　一、血液的成分概述　175
　　　　二、血液非蛋白含氮化合物　175
第二节　血浆蛋白质　176
　　　　一、血浆蛋白质的来源及分类　176
　　　　二、血浆蛋白质的主要生理功能　176
第三节　血细胞代谢　177
　　　　一、红细胞代谢　177
　　　　二、白细胞代谢　181

第十四章　肝的生物化学　183

第一节　肝脏在物质代谢中的作用　183
　　　　一、肝脏在糖代谢中的作用　183
　　　　二、肝脏在脂代谢中的作用　183
　　　　三、肝脏在蛋白质代谢中的作用　184
　　　　四、肝脏在维生素代谢中的作用　184
　　　　五、肝脏在激素代谢中的作用　184
第二节　肝脏的生物转化作用　184
　　　　一、生物转化的概念　184
　　　　二、生物转化的反应类型　185
　　　　三、生物转化作用的特点与意义　186
　　　　四、影响生物转化的因素　186

第三节	胆汁酸盐的代谢	187	
	一、胆汁	187	
	二、胆汁酸的代谢与功能	187	
	三、胆汁酸的肠肝循环及其意义	190	
第四节	胆色素代谢与黄疸	190	
	一、胆红素的生成与转运	190	

　　二、胆红素在肝细胞内的代谢　192
　　三、胆红素在肠道中的转变　193
　　四、胆素原族的肠肝循环及尿中胆素原的排泄　193
　　五、血清胆红素与黄疸　193

第十五章　水盐代谢和酸碱平衡　196

第一节　正常人体的体液含量和分布　196
　　一、体液分布与含量　196
　　二、体液的电解质组成和细胞内外分布特点　197
第二节　水和无机盐的生理功用　197
　　一、水的生理功用　197
　　二、无机盐的生理功用　197
第三节　水和无机盐的代谢及其调节　198
　　一、水的代谢　198
　　二、钾、钠、氯的代谢　199
　　三、水与无机盐代谢的调节　200
第四节　钙、磷的代谢及其调节　200
　　一、血钙和血磷　200
　　二、钙、磷的生理功用　201
　　三、钙、磷的吸收与排泄　201
　　四、钙、磷代谢的调节　202
第五节　酸碱平衡及其调节　203
　　一、体液酸碱物质的来源　203
　　二、酸碱平衡的调节　203

推荐书目及网站　207

第一章

绪 论

学习要点

- **掌握**：① 生物化学的概念；② 分子生物学的概念；③ 生物化学与分子生物学发展中的重要里程碑。
- **熟悉**：① 生物化学与分子生物学发展简史；② 生物化学与分子生物学的研究内容。
- **了解**：生物化学与分子生物学在医学中的应用。

生物化学（biochemistry）是一门在分子水平上研究生命现象的科学，它主要应用化学原理和方法来探讨生命的奥秘和本质，着眼于阐明组成生物体物质的分子结构和功能、维持生命活动的各种化学变化及其与生理机能的联系。分子生物学（molecular biology）主要是以核酸和蛋白质等生物大分子的结构及其在遗传信息传递和细胞信号转导过程中的作用为研究对象。分子生物学与生物化学密切相关，广义来讲，分子生物学是生物化学的重要组成部分。

生物化学与分子生物学研究的对象是所有的生命形式，包括动物、植物、昆虫、微生物等，人体是生物化学与分子生物学研究的重要对象。生物化学与分子生物学既是重要的基础医学学科，又与其他基础医学学科有着广泛的联系与交叉，对医学、药学、医学检验等的发展起着重要的促进作用，因此医学生物化学与分子生物学在医药院校是一门十分重要的专业基础课程，对后续基础与专业课程的学习具有重要的影响。

一、生物化学与分子生物学发展简史

生物化学是一门既古老又年轻的学科。直到1903年Carl Neuberg首次使用"生物化学"这个名词才正式成为一门独立的学科。

生物化学与分子生物学的发展经历了几个不同的阶段。18世纪中叶至20世纪初为初期阶段，对糖、脂及氨基酸的性质进行了系统研究；发现了核酸；合成了简单的多肽等。20世纪初期是蓬勃发展阶段，发现了必需脂肪酸、必需氨基酸及多种维生素；发现了多种激素；实现了酶晶体的分离及合成；基本确定了脂肪酸β-氧化、尿素合成及三羧酸循环等代谢途径。20世纪50年代是分子生物学的崛起阶段，1951年，Linus Pauling和Robert B. Corey发现了蛋白质的α-螺旋结构；1953年，Frederick Sanger采用化学方法完成了胰岛素序列分析；1953年J.D.Watson和F.H.Crick提出了DNA的双螺旋结构模型；1968年提出了遗传信息传递的中心法则等。20世纪70年代是基因表达调控机制的研究阶段，重组DNA技术在转基因动植物、基因敲除、基因诊断与基因治疗等方面的广泛应用；核酶的发现；PCR技术的发明；1973年，Paul Berg、Herbert Boyer和Stanley Cohen在体外完成DNA克隆；1985年，Kary Mullis发明了聚合酶链反应（PCR）等。20世纪90年代以来：1990年人类基因组计划正式启动，2000年6月，NCHGR和Celera公司联合宣布人类基因组序列草图完成；1996

笔记栏

年Ian Wilmut等克隆绵羊Dolly诞生；功能基因组研究的崛起，蛋白质组学、代谢组学以及生物信息学等的发展又为生物化学与分子生物学的发展带来了新的机遇、提出了新的挑战。

我国科学家也为生物化学与分子生物学的发展做出应有的贡献。吴宪创立了血滤液的制备和血糖测定法，提出了蛋白质变性学说；1965年我国首先人工合成了牛胰岛素；1981年合成了酵母丙氨酰tRNA；近年来我国在基因工程、蛋白质工程、新基因的克隆与功能、疾病相关基因的克隆及其功能、人类基因组草图的完成等方面均取得重要成果。

二、生物化学与分子生物学的主要研究内容

（一）生物体的化学组成、分子结构及功能

除了水和无机盐之外，生物体的有机物主要由碳、氢、氧、氮、磷、硫等组成，分为大分子和小分子两大类。大分子包括蛋白质、核酸、多糖和以结合状态存在的脂质；小分子有维生素、激素、各种代谢中间物及合成生物大分子所需的氨基酸、核苷酸、糖、脂肪酸和甘油等。体内的生物大分子种类繁多，结构复杂，功能各异，但其结构均有一定的规律性，都是由各自的基本组成单位按一定顺序和方式连接而成的多聚体。组成生物体的每一部分都具有其特殊的生理功能，欲知细胞的功能，必先了解其亚细胞结构；要知道亚细胞结构的功能，必先弄清构成它的生物分子。因此，研究生物体首先要研究其化学组成、分子结构及功能。在医学生物化学与分子生物学中，要重点探讨体内各种化学成分的结构、性质和功能以及相应的研究方法，为深入研究生物大分子与疾病的关系以及阐明复杂的生命现象奠定坚实的分子基础。

（二）物质代谢及其调控

新陈代谢是生命的基本特征。生物体不断与外环境进行物质交换，以保证机体的正常运转。新陈代谢包括合成代谢和分解代谢，都由一系列化学反应组成不同的代谢途径。通过这些化学反应，生物体将外界的营养物质及能量加以转变、吸收和利用，从而维持机体组织细胞的生长、发育与繁殖。在分解代谢中，糖、脂肪、蛋白质等营养物质被氧化并释放出大量能量供生命活动所需，同时产生废物排出体外。生物体内机械能、化学能、热能等的相互转变称为能量代谢，ATP在其中起核心作用。体内的各种物质代谢途径之间不仅互相协调，而且通过多种方式感受各类因素的影响，进而对代谢进行调节以达到动态平衡。在合理的调控下，各种物质代谢都能按一定规律有条不紊地进行，这与体内神经、激素等全身性的精细调节作用密切相关。物质代谢一旦发生紊乱必将导致代谢途径的错乱，严重的就会导致疾病发生。

（三）遗传信息的贮存、传递与表达

生物体通过将遗传信息代代相传而实现了物种的繁衍，保持了物种的稳定。遗传信息的传递涉及遗传、变异、生长、分化等诸多生命过程。每一次细胞分裂增殖的过程都包含着细胞核内遗传物质的复制、遗传信息的传递和表达；而体内有条不紊进行的物质代谢及其所发挥的功能也受到遗传信息表达调控的影响，这涉及核酸、蛋白质的生物合成及其调控。

个体的遗传信息以基因为基本单位贮存于DNA分子中。随着人类基因组计划的最终完成及蛋白质组学的开展，将阐明体内不到3万个基因在染色体上的定位及其核苷酸序列，并进一步研究DNA复制、基因转录、蛋白质生物合成等基因信息传递过程的机制及基因表达的时空规律。基因工程的理论和技术正在日新月异的发展，加上转基因、基因敲除、RNA干扰、miRNA以及CRISPR/Cas9等技术方兴未艾，已广泛地应用于正常人体机能及疾病发生机制、诊断、治疗等医学各个领域的研究，并已取得令人瞩目的成就。

三、生物化学与分子生物学和医学的关系

生物化学与分子生物学作为生命科学中进展迅速的基础学科，近年来已渗透到基础医学各学科。生理学、药理学、微生物学、免疫学、遗传学及病理学等基础医学的研究均已深入到分子水平，并应用生物化学与分子生物学的理论与技术解决各学科的问题，由此产生了分子遗传学、分子药

笔记栏

理学、分子免疫学、分子病毒学、生化药理学、药物基因组学、分子病理学等新学科。同样生物化学与分子生物学与临床医学各学科的关系也密不可分，近代医学的发展经常需要运用生物化学与分子生物学的理论和技术来诊断、治疗和预防疾病，而且许多疾病的发生、发展机制也需要从分子水平加以探讨。例如，近年来由于生物化学与分子生物学的进展，大大加深了人们对恶性肿瘤、心血管疾病、神经系统疾病、免疫性疾病等重大疾病的认识，并出现了分子诊断、基因治疗等新的诊疗方法。

因此，掌握生物化学与分子生物学的基本知识，可为深入学习其他基础医学课程、临床医学课程、预防医学课程、药学课程乃至毕业后的继续教育奠定坚实的理论基础。

小 结

生物化学与分子生物学虽然可以看作两门学科，但又存在天然的联系，从发展过程来看，分子生物学是生物化学的一个重要组成部分并且在不断地发展壮大。本章首先介绍生物化学的概念，它是一门在分子水平上研究生命现象的科学，它主要应用化学原理和方法来探讨生命的奥秘和本质。而分子生物学更强调核酸和蛋白质等生物大分子的结构及其在遗传信息传递和细胞信号转导过程中的作用。

生物化学与分子生物学发展过程中的里程碑值得关注。1903年Neuberg首次使用"生物化学"这个名词；20世纪初基本确定了脂肪酸β-氧化、尿素合成及三羧酸循环等代谢途径；1953年Sanger采用化学方法完成了胰岛素序列分析；1953年Watson和Crick提出了DNA的双螺旋结构模型；吴宪提出了蛋白质变性学说；1958年Crick提出了中心法则；1965年我国首先人工合成了牛胰岛素；1973年Berg、Boyer和Cohen在体外完成DNA克隆；1985年Mullis发明了PCR；2000年6月人类基因组序列草图完成等。

生物化学与分子生物学主要研究内容包括：生物体的化学组成、分子结构及功能；物质代谢及其调控；遗传信息的贮存、传递与表达。

生物化学与分子生物学和基础医学各学科相互渗透和融合，产生了分子遗传学、分子药理学、分子免疫学、分子病毒学、生化药理学等新学科。运用生物化学与分子生物学的理论和技术有助于诊断、治疗和预防疾病。

【思考题】
（1）名词解释：生物化学、分子生物学。
（2）请简述生物化学与分子生物学发展的重要里程碑。
（3）生物化学与分子生物学在医学领域有什么重要的作用？

（程　宏　周晓霞）

笔记栏

第二章

蛋白质的结构和功能

学习要点

- **掌握**：① 蛋白质分子的元素组成及特点；② 氨基酸的通式、分类及其三字缩写符号；③ 蛋白质一、二、三、四级结构的定义、作用力及二级结构的存在形式；④ 蛋白质（氨基酸）的等电点、亚基、结构域、蛋白质变性等基本概念；⑤ 蛋白质的理化性质及其应用。
- **熟悉**：① 蛋白质中氨基酸的连接方式；② 蛋白质结构和功能的关系。
- **了解**：① 生物活性肽；② 分子伴侣；③ 蛋白质纯化方法。

第一节 蛋白质的分子组成

一、蛋白质的元素组成

蛋白质是大分子化合物，分子量一般上万，结构十分复杂，但都是由碳（50%～55%）、氢（6%～7%）、氧（19%～24%）、氮（13%～19%）、硫（0～4%）等基本元素组成，有些蛋白质分子中还含有少量铁、磷、锌、锰、铜、碘等元素，其中各蛋白质中氮的含量相对恒定，平均为16%，因此通过样品中含氮量的测定，乘以6.25，即可推算出其中蛋白质的含量。

二、蛋白质的基本组成单位——氨基酸

蛋白质在酸、碱或酶的作用下可水解为各种氨基酸，因此氨基酸是蛋白质的基本组成单位（表2-1）。在种类上，虽然自然界中存在着300多种氨基酸，但合成蛋白质的只有20种，这20种氨基酸在基因中有着特异的遗传密码，因此又称为编码氨基酸。20种氨基酸中，除甘氨酸不具有不对称碳原子和脯氨酸是亚氨基酸外，其余均为L-α-氨基酸。氨基酸分子的结构通式为：

$$H_2N - \underset{H}{\underset{|}{\overset{COOH}{\overset{|}{C_\alpha}}}} - R$$

（一）氨基酸的分类

20种氨基酸按其侧链R基团在中性溶液中的极性和解离状态不同，可分为四类。

1. **非极性疏水氨基酸** 氨基酸的R基团不带电荷或极性极微弱，它们的R基团具有疏水性，且R基团越大，疏水性越强。

表2-1　20种氨基酸的结构和分类

中文名	英文名	结构式	三字符号	一字符号	等电点(pI)
1. 非极性疏水氨基酸					
甘氨酸	glycine	$\text{CH}_2\text{—COO}^-$ | $^+\text{NH}_3$	Gly	G	5.97
丙氨酸	alanine	$\text{CH}_3\text{—CH—COO}^-$ | $^+\text{NH}_3$	Ala	A	6.00
缬氨酸	valine	$(\text{CH}_3)_2\text{CH—CH—COO}^-$ | $^+\text{NH}_3$	Val	V	5.96
亮氨酸	leucine	$(\text{CH}_3)_2\text{CHCH}_2\text{—CH—COO}^-$ | $^+\text{NH}_3$	Leu	L	5.98
异亮氨酸	isoleucine	$\text{CH}_3\text{CH—CH—COO}^-$ | 　　| CH_3　$^+\text{NH}_3$	Ile	I	6.02
苯丙氨酸	phenylalanine	C₆H₅—CH₂—CH—COO⁻ | $^+\text{NH}_3$	Phe	F	5.48
甲硫氨酸	methionine	$\text{CH}_3\text{SCH}_2\text{—CH—COO}^-$ | $^+\text{NH}_3$	Met	M	5.74
脯氨酸	proline	(吡咯烷-COO⁻, N⁺H₂)	Pro	P	6.30
2. 极性中性氨基酸					
丝氨酸	serine	$\text{HOCH}_2\text{—CHCOO}^-$ | $^+\text{NH}_3$	Ser	S	5.68
苏氨酸	threonine	$\text{CH}_3\text{CH—CHCOO}^-$ | 　| OH　$^+\text{NH}_3$	Thr	T	5.60
酪氨酸	tyrosine	HO—C₆H₄—CH₂—CHCOO⁻ | $^+\text{NH}_3$	Tyr	Y	5.66
色氨酸	tryptophan	吲哚-CH₂CH—COO⁻ | $^+\text{NH}_3$	Trp	W	5.89
天冬酰胺	asparagine	$\text{H}_2\text{N—CO—CH}_2\text{CHCOO}^-$ | $^+\text{NH}_3$	Asn	N	5.41
谷氨酰胺	glutamine	$\text{H}_2\text{N—CO—CH}_2\text{CH}_2\text{CHCOO}^-$ | $^+\text{NH}_3$	Gln	Q	5.65

(续表)

中文名	英文名	结构式	三字符号	一字符号	等电点(pI)
半胱氨酸	cysteine	HSCH$_2$—CHCOO$^-$ 　　　　$\mid$ 　　　　$^+$NH$_3$	Cys	C	5.07
3.酸性氨基酸					
天冬氨酸	aspartic acid	HOOCCH$_2$CHCOO$^-$ 　　　　　$\mid$ 　　　　　$^+$NH$_3$	Asp	D	2.97
谷氨酸	glutamic acid	HOOCCH$_2$CH$_2$CHCOO$^-$ 　　　　　　$\mid$ 　　　　　　$^+$NH$_3$	Glu	E	3.22
4.碱性氨基酸					
赖氨酸	lysine	$^+$NH$_3$CH$_2$CH$_2$CH$_2$CH$_2$CHCOO$^-$ 　　　　　　　　　$\mid$ 　　　　　　　　　NH$_2$	Lys	K	9.74
精氨酸	arginine	$^+$NH$_2$ 　　$\parallel$ H$_2$N—C—NHCH$_2$CH$_2$CH$_2$CHCOO$^-$ 　　　　　　　　　　$\mid$ 　　　　　　　　　　NH$_2$	Arg	R	10.76
组氨酸	histidine	(咪唑环)—CH$_2$CH—COO$^-$ 　　　　　　　$\mid$ 　　　　　　　$^+$NH$_3$	His	H	7.59

2. **极性中性氨基酸** 氨基酸的 R 基团有极性,但不解离,或仅极弱地解离。

3. **酸性氨基酸** R 基团有极性,且解离,在中性溶液中显酸性,亲水性强。如天冬氨酸、谷氨酸。

4. **碱性氨基酸** R 基团有极性,且解离,在中性溶液中显碱性,亲水性强。如组氨酸、赖氨酸、精氨酸。

20种氨基酸中,脯氨酸和半胱氨酸比较特殊。脯氨酸是一种亚氨基酸;半胱氨酸含1个巯基,在组成蛋白质时,多肽链中的两个半胱氨酸常通过二硫键形成胱氨酸,这对维持蛋白质的空间构象具有重要意义。

$$\begin{array}{c}\text{COOH}\\|\\\text{H}_2\text{N—CH}\\|\\\text{CH}_2\text{—SH}\end{array} + \begin{array}{c}\text{COOH}\\|\\\text{H}_2\text{N—CH}\\|\\\text{HS—CH}_2\end{array} \xrightarrow{-2\text{H}} \begin{array}{c}\text{COOH}\\|\\\text{H}_2\text{N—CH}\\|\\\text{CH}_2\text{—S}\end{array}\text{—}\begin{array}{c}\text{COOH}\\|\\\text{H}_2\text{N—CH}\\|\\\text{S—CH}_2\end{array}$$

半胱氨酸　　　　　　　　　　　　　　　　　　　　　　　　二硫键　　　　胱氨酸

此外,自然界中还存在一些非编码氨基酸,如鸟氨酸、瓜氨酸、同型半胱氨酸等,这些氨基酸是在代谢过程中产生的,在代谢中有着重要的生理意义;还有些非编码氨基酸,如前所述的胱氨酸,以及羟脯氨酸、羟赖氨酸等,是在蛋白质合成后经加工修饰形成的。

(二)氨基酸的重要理化性质

1. **两性电离与等电点(pI)** 氨基酸的分子中既有碱性的 α-氨基,又有酸性的 α-羧基,有些氨基酸侧链R基还含有可解离的氨基或羧基,因而在不同的溶液中它们既可以解离形成带正电荷的阳离子(—NH$_3^+$),也可以解离形成带负电荷的阴离子(—COO$^-$),因此氨基酸是两性电解质。通

笔记栏

过改变溶液的pH可使氨基酸分子的解离状态发生改变。在某一pH条件下,使氨基酸解离成阳离子和阴离子的数量相等,分子呈电中性,即形成了兼性离子,此时溶液的pH称为该氨基酸的等电点(pI)。

$$\underset{\underset{\text{阳离子}}{pH<pI}}{\underset{NH_3^+}{R-CH-COOH}} \underset{H^+}{\overset{OH^-}{\rightleftharpoons}} \underset{\underset{\text{兼性离子}}{pH=pI}}{\underset{NH_3^+}{R-CH-COO^-}} \underset{H^+}{\overset{OH^-}{\rightleftharpoons}} \underset{\underset{\text{阴离子}}{pH>pI}}{\underset{NH_2}{R-CH-COO^-}}$$

上方还有: $\underset{NH_2}{R-CH-COOH}$

2. **紫外吸收特征** 在20种氨基酸中,三种芳香族氨基酸:酪氨酸、苯丙氨酸和色氨酸因为侧链基团含有苯环共轭双键,所以在紫外区(220~300 nm)有特征吸收,最大吸收峰为280 nm,并以色氨酸吸收最强(图2-1)。

三、肽键和肽

(一)肽键

蛋白质分子中的氨基酸通过肽键相连。肽键是一分子氨基酸的α-羧基与另一分子氨基酸的α-氨基脱水缩合形成的酰胺键(—CO—NH—)(图2-2)。肽键是蛋白质分子中的主要共价键,性质比较稳定。它虽是单键,但键长比大多数其他化合物的C—N单键短,比C=N双键又长些,因而具有部分双键的性质,不能自由旋转,使得包括连接肽键两端的C=O、N—H和2个C_α共6个原子的空间位置处在一个相对接近的平面上,称为肽平面(图2-3)。

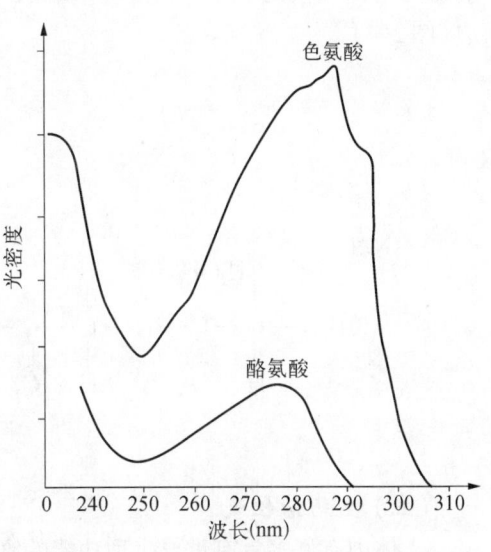

图2-1 色氨酸和酪氨酸的紫外吸收

(二)肽

肽是氨基酸通过肽键相连而成的化合物,按其组成的氨基酸数目分别称为二肽、三肽和四肽等,一般由10个以下氨基酸组成的称寡肽,由10个以上氨基酸组成的称多肽,它们都简称为肽。肽链中的氨基酸因脱水缩合生成肽键,已不是完整的氨基酸,因此被称为氨基酸残基。

蛋白质和多肽没有明确界限,通常把由39个氨基酸残基组成的促肾上腺皮质激素称为多肽,而把含51个氨基酸残基的胰岛素称为蛋白质。多肽链中由肽平面重复排列而成的肽链骨架称为

图2-2 肽键的形成

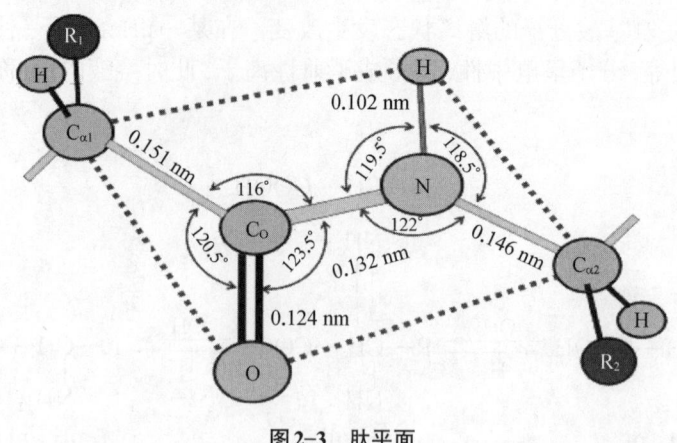

图 2-3 肽平面

主链,各氨基酸残基的侧链 R 基统称为侧链。多肽链有两端,有游离氨基的一端称为氨基末端(N端),有游离羧基的一端称为羧基末端(C端)。肽链有方向性,书写时将N端写在左边,C端写在右边(图 2-4)。

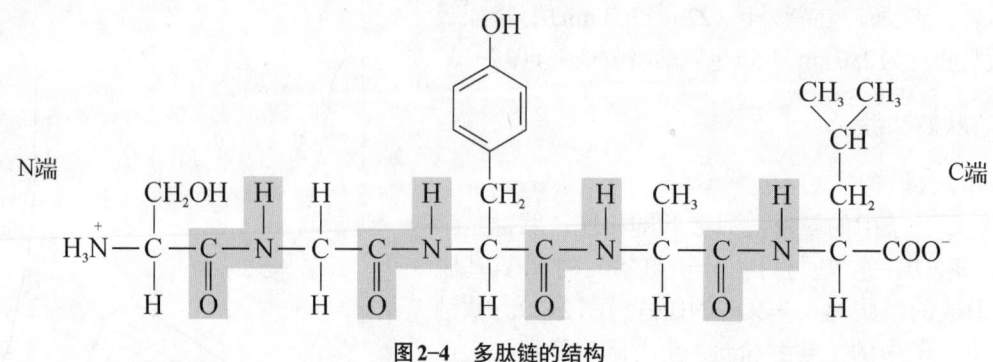

图 2-4 多肽链的结构

(三) 生物活性肽

人体内有许多具有重要生理功能的寡肽和多肽,称为生物活性肽。

1. **谷胱甘肽(GSH)** GSH是由谷氨酸、半胱氨酸和甘氨酸组成的三肽。分子中谷氨酸以其γ-羧基与半胱氨酸的α-氨基脱水缩合生成肽键,与一般肽键不同。GSH分子中半胱氨酸的—SH是该三肽的主要功能基团。谷胱甘肽有还原型(G—SH)和氧化型(G—S—S—G)两种形式,在生理条件下以还原型谷胱甘肽占绝大多数。谷胱甘肽还原酶催化两型间的互变。该酶的辅酶为 $NADPH$。GSH可使体内产生的过多 H_2O_2 和体外来源的氧化剂还原。

2. **其他活性肽** 体内有很多激素属寡肽或多肽,如催产素(9肽)、加压素(9肽)、促肾上腺皮质激素(39肽)等。近年来一些具有强大生物活性的多肽分子不断地被发现与鉴定,它们大多具有重要的生理功能或药理作用。

第二节 蛋白质的分子结构

蛋白质是由许多氨基酸通过肽键相连而成的大分子化合物,每种蛋白质都有着特定的氨基酸组成、排列顺序及特定的空间构象,并执行特定的功能。蛋白质的分子结构分为一、二、三、四级四个不同的层次,其中二、三、四级均属于蛋白质的三维空间结构或构象。但并非所有的蛋白质都有四级结构,只有由两条或两条以上具独立三级结构的多肽链构成的蛋白质才有四级结构。

一、蛋白质的一级结构

蛋白质的一级结构（primary structure）是指多肽链中氨基酸的排列顺序，其主要化学键是肽键。若蛋白质分子中含有二硫键，一级结构也包括生成二硫键的半胱氨酸残基位置。不同的蛋白质，首先具有不同的一级结构，因此一级结构是区别不同蛋白质最基本、最重要的标志之一。

蛋白质的一级结构是由遗传物质DNA分子上相应核苷酸序列，即遗传密码决定的，不同生物具有不同的遗传特征，编码合成出不同的蛋白质。已有许多蛋白质的一级结构被阐明。首先被明确一级结构的蛋白质是胰岛素，它由A、B两条链构成，其中A链含21个氨基酸残基，B链含30个氨基酸残基，两链形成两个二硫键，A链内还有一个二硫键（图2-5）。

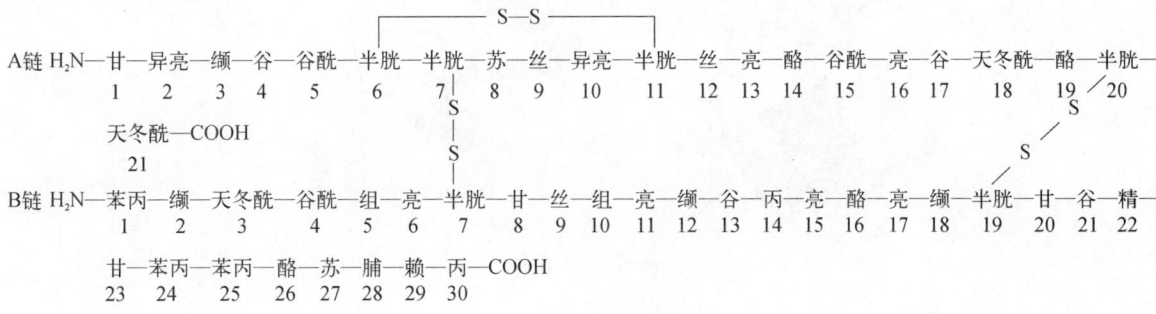

图2-5　牛胰岛素的一级结构

蛋白质一级结构中氨基酸侧链R的大小、性质不同，决定着肽链折叠盘曲形成不同的空间结构，因此一级结构是蛋白质空间构象和功能的基础。

二、蛋白质的空间结构

（一）蛋白质的二级结构

蛋白质的二级结构是指多肽主链中相邻氨基酸残基形成的局部空间结构，不涉及侧链R基的空间排布。由于肽平面中C_α所连的两个单键（C_α—N和C_α—C）可以旋转，使得相邻两个肽平面可形成不同的构象（图2-6），因此二级结构实际上是肽平面折叠形成的空间构象；但C_α—N和C_α—C单键的旋转受角度、侧链基团等影响，使多肽链的构象受到一定的限制，从而形成特定的二级结构。蛋白质的二级结构主要有α-螺旋、β-折叠、β-转角和无规卷曲等几种类型，主要靠氢键维持稳定。

1. α-螺旋（α-helix）　蛋白质分子中多个肽平面通过C_α的旋转，使多肽主链围绕中心轴呈有规律的螺旋式上升，螺旋走向为顺时针，即右手螺旋。螺旋每圈由3.6个氨基酸残基组成，螺距为0.54 nm。相邻螺旋之间由第1个氨基酸肽键上的N—H与第四个氨基酸肽键上C═O形成氢键，氢键方向与α-螺旋长轴基本平行（图2-7）。肽段中的所有肽键都参与形成氢键，因此α-螺旋结构十分稳定。α-螺旋是蛋白质中最常见、含量最丰富的二级结构，如肌红蛋白、血红蛋白分子中大多数肽段都是α-螺旋，角蛋白、肌球蛋白等几乎全是由α-螺旋组成。

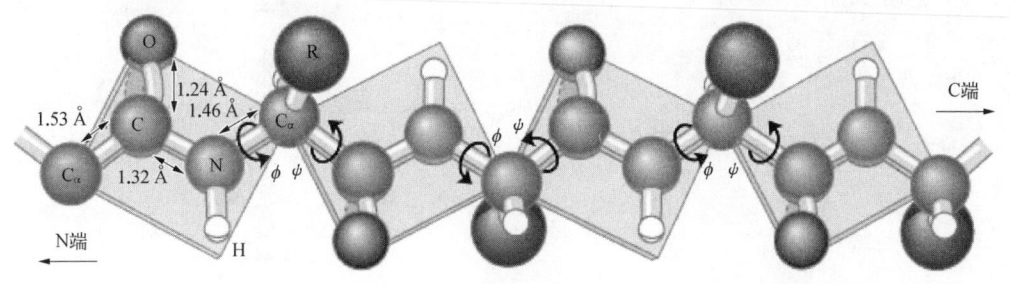

图2-6　肽平面的旋转

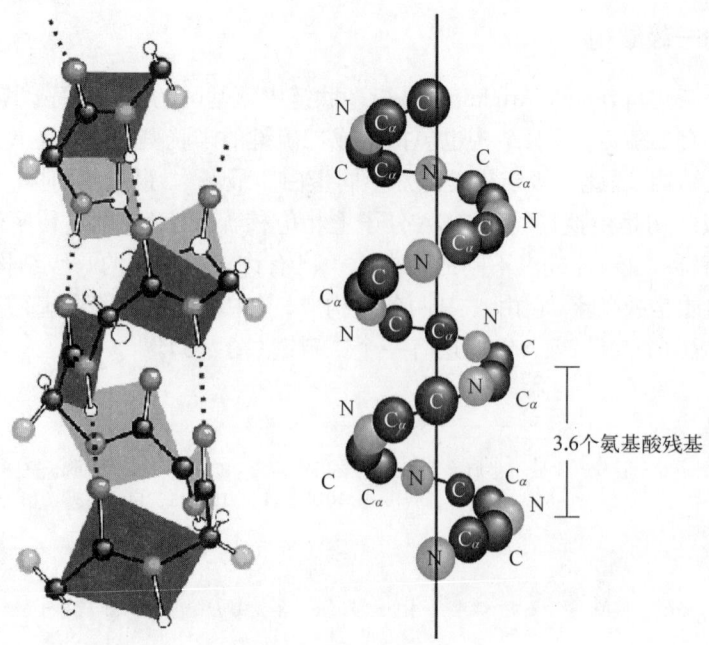

图 2-7 α-螺旋

α-螺旋中侧链 R 基伸向外侧,其大小和性质会影响 α-螺旋的形成。如亮氨酸、异亮氨酸等的侧链较大,造成空间位阻,不利于形成 α-螺旋;多个酸性氨基酸或碱性氨基酸集中的区域,由于 R 基团带相同的电荷,互相排斥,也难以形成 α-螺旋;脯氨酸是亚氨基酸,它所参与构成的肽键 N 原子上没有 H,不能形成氢键,因此也不能形成 α-螺旋。

2. β-折叠(β-helix)　又称 β-片层(β-pleated sheet),是肽链中比较伸展的空间结构,其中肽平面接近平行,但略呈锯齿状或扇形。β-折叠可由 2～5 个肽段片层之间经 C=O 与 N—H 间形成的氢键来维系,氢键方向与肽链长轴方向相垂直,肽链彼此间或平行排列(N 端同处一侧),或反平行排列(N 端分处两侧),分别构成平行和反平行 β-折叠(图 2-8),反平行式排列在热力学上较为稳定。

侧链 R 基同样会影响 β-折叠的形成,大的侧链、带同种电荷的侧链使得肽段难以相互靠近,因此不易形成 β-折叠。丝心蛋白含大量 R 基小且不带电荷的甘氨酸和丝氨酸等,其二级结构几乎都是 β-折叠。

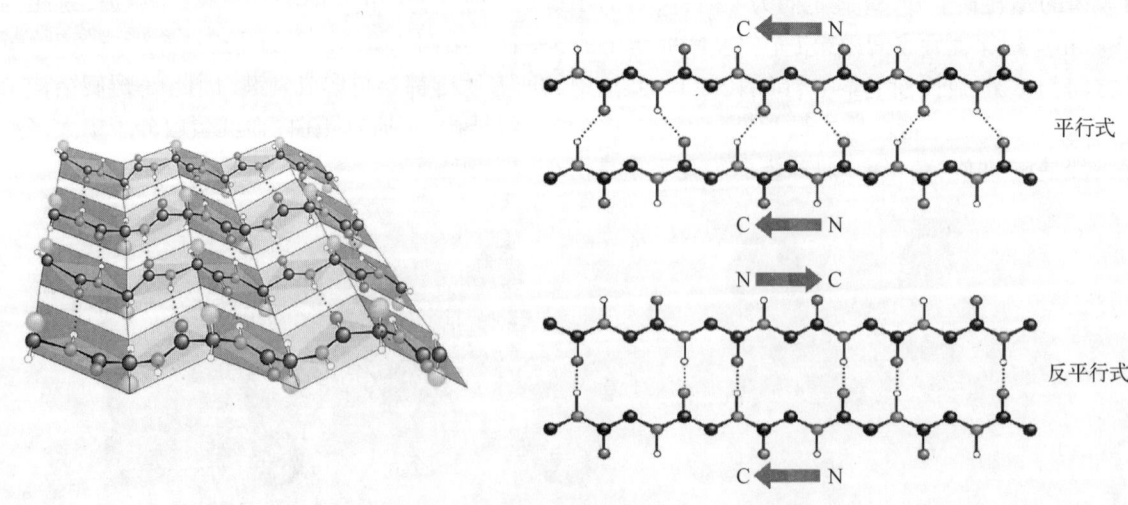

图 2-8　β-折叠

3. β-转角（β-turn） 指肽链出现180°左右转向回折时的"U"形有规律的二级结构单元,空间结构靠第1个氨基酸残基上的C=O与第4个氨基酸残基上的N—H形成的氢键来维持其稳定,其第二个残基常为脯氨酸(图2-9)。β-转角大多存在于球状蛋白质分子的表面,是蛋白质生物活性的重要空间结构部位。

4. 无规卷曲 是指各种蛋白质分子中彼此各不相同、没有共同规律可遵循的那些肽段空间结构,它是蛋白质分子中一系列无序构象的总称。

这些二级结构在各蛋白质分子都可能出现,但由于各蛋白质的一级结构不同,各种二级结构出现的比例也不一样。

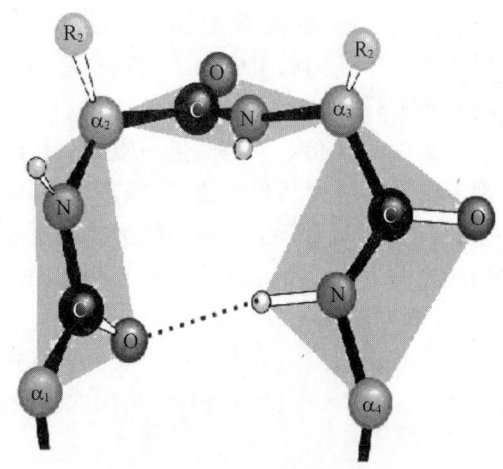

图2-9 β-转角

在许多蛋白质分子中,可发现两个或三个具有二级结构的肽段,在空间上相互接近,形成一个特殊的空间构象,称为模体。有时也将这种规则的二级结构的聚集体称为超二级结构,它们是三级结构的构件,是蛋白质发挥特定功能的基础。

（二）蛋白质的三级结构

1. 蛋白质的三级结构 是指整条多肽链中所有氨基酸残基,包括相距甚远的氨基酸残基主链和侧链所形成的全部分子结构。维持蛋白质三级结构的主要是非共价键,如疏水键、氢键、离子键及范德华力等次级键,但有些蛋白质肽链中或肽链间两个半胱氨酸的巯基共价结合形成的二硫键也是维系蛋白质三级结构稳定的重要因素。

自然界大多数蛋白质都是由一条肽链组成的,在一级结构中的氨基酸序列的某些区域相邻的氨基酸残基形成有规则的二级结构;然后再把相邻的二级结构片段集装在一起,形成超二级结构;在此基础上,多肽链再进一步折叠,成为近乎球状的三级结构。相对稳定的三级结构就是蛋白质特征性的空间结构,这是蛋白质分子最显著的特征之一。不同蛋白质有不同的一级结构,因此折叠形成不同的三级结构,赋予它们不同的生理功能。

肌红蛋白是首次被阐明三级结构的蛋白,它是一条由153个氨基酸残基组成的肽链,分子中由八个肽段分别形成A~H八段α-螺旋,两个螺旋区之间通过无规卷曲连接,转角处由脯氨酸参与形成β-转角,由于侧链R基的作用,多肽链在二级结构基础上进一步地折叠形成接近球状的分子三级结构。

肽链折叠卷曲形成的球状、椭圆形等三级结构的蛋白质分子,往往形成一个亲水的表面和一个疏水的内核,靠分子内部疏水键和氢键等来维持其空间结构的相对稳定。有些蛋白质分子的亲水表面上也常有一些疏水微区,或在分子表面形成一些形态各异的"沟"、"槽"或"洞穴"等结构,一些蛋白质的辅基或金属离子往往就结合在其中。例如上述肌红蛋白分子亲水表面上,就有一个疏水洞穴,其中结合着一个含Fe^{2+}的血红素辅基(图2-10),起着结合并储存氧的功能,供肌肉剧烈收缩氧供应相对不足时释放被利用的需要。

2. 结构域 对于较大的蛋白质分子或亚基,多肽链往往由两个或多个在空间上可明显区分的、相对独立的区域性结构缔合

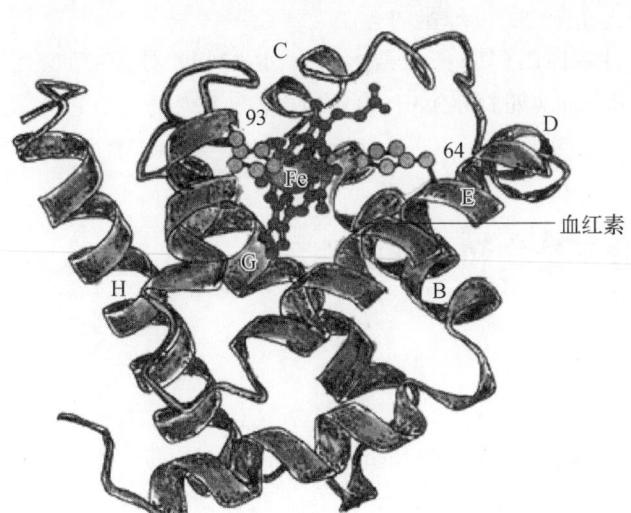

图2-10 肌红蛋白的三级结构

而成三级结构,这种相对独立的区域性结构就称为结构域。一个蛋白质可以只包含一个结构域,也可以由几个结构域组成。结构域也是功能单位,通常多结构域蛋白质中不同的结构域是与不同的功能相关联的。

3. 分子伴侣　　虽然蛋白质的三维结构是由它自身的氨基酸序列决定的,但并非所有蛋白质都能自然折叠到其自然状态,很多蛋白质的折叠还需要一种称为分子伴侣的蛋白质参与。分子伴侣能非共价地与新生肽链和解折叠的蛋白质肽链结合,并帮助它们折叠和转运。分子伴侣的主要功能之一是防止新生的多肽链或装配中的亚基形成错误的构象。

(三)蛋白质的四级结构

有些蛋白质由两个或两个以上具有独立三级结构的多肽链构成,这些多肽链再以非共价键相互作用,就构成了蛋白质的最高层次空间结构——四级结构。四级结构中各具独立三级结构的多肽链称亚基,亚基单独存在时不具生物活性,只有按特定组成与方式装配形成四级结构寡聚体时,蛋白质才具有生物活性。

蛋白质的四级结构包括亚基数目、种类和空间排布方式。自然界蛋白质的亚基组成数目多为偶数,可以由相同或不同的亚基组成,不同的亚基一般都用α、β、γ等来命名。如血红蛋白由两个α和两个β共四个亚基构成,α-亚基含141个氨基酸残基,β-亚基含146个氨基酸残基,四个亚基间主要靠八个盐键和众多氢键相互作用,排布组成一个球状、接近四面体的分子结构,即四级结构。两种亚基的三级结构非常相似,每个亚基表面疏水洞穴中都分别结合一个含Fe^{2+}血红素辅基(图2-11),完成其在血液中运输氧气的生理功能。

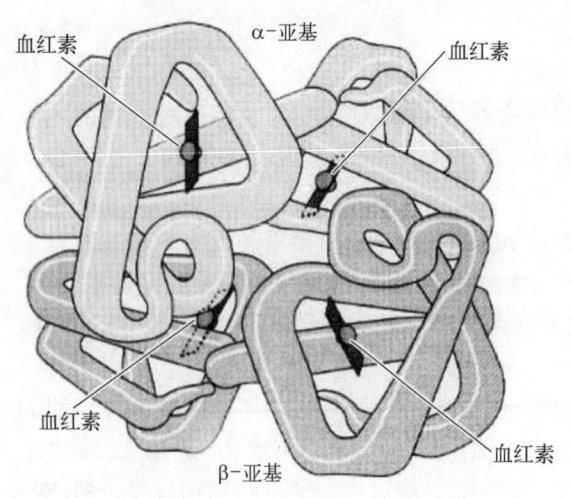

图2-11　血红蛋白四级结构示意图

三、蛋白质的分类

蛋白质的种类繁多,结构复杂,因此有着多种分类方法。根据蛋白质组成成分可分成单纯蛋白质和结合蛋白质,前者只含氨基酸,而后者除蛋白质部分外,还含有非蛋白质部分。

蛋白质还可根据其形状分为纤维状蛋白质和球状蛋白质两大类。纤维状蛋白质其分子长轴的长度比短轴长10倍以上,多数为结构蛋白质,较难溶于水。球状蛋白质的形状近似于球形或椭圆形,多数可溶于水,具有许多生理活性,如酶、转运蛋白、免疫球蛋白等。

此外,还可以按蛋白质的功能将其分为活性蛋白质(如酶、激素蛋白质、运输和贮存蛋白质、运动蛋白质、受体蛋白质、膜蛋白质等)和非活性蛋白质(如胶原蛋白、角蛋白等)两大类。

第三节　蛋白质分子结构和功能的关系

一、蛋白质分子一级结构和功能的关系

(一)一级结构是空间结构的基础

多肽链中氨基酸残基的种类和排列顺序会影响肽链的卷曲和折叠方式,蛋白质的一级结构是空间构象的基础。一级结构决定了三级结构这一原则首先由Anfinsen在研究核糖核酸酶时发现。牛胰核糖核酸酶由124个氨基酸残基组成,有4个二硫键。通过4个二硫键及次级键,肽链盘曲折叠

成三级结构,具有活性。当牛胰核糖核酸酶溶液中加入尿素或盐酸胍(变性剂)及β-巯基乙醇(还原剂)后,该酶的正常构象被破坏,二硫键被还原,肽链伸展成无规线状,酶的活性消失,表明无规则的肽链无活性。变性的牛胰核糖核酸酶液经透析去除尿素及β-巯基乙醇,变性酶的巯基在空气中缓慢氧化,恢复其原有的二硫键和次级键,酶的活性又逐渐恢复,最后可达到原来活性的95%～100%(图2-12)。表明多肽链又自然地形成了三级结构。这个实验充分说明了蛋白质的功能决定于构象,三级结构决定于一级结构。

(二)蛋白质一级结构与功能的关系

蛋白质一级结构与功能有着密切的关系。研究结果表明,不同生物中具有相似生理功能的蛋白质或同一种生物体内具有相似功能的蛋白质,其一级结构往往相似。例如人、猪、牛、羊等哺乳动物胰岛素分子,它们都具有降低生物体血糖浓度的共同生理功能,一级结构仅有个别氨基酸的差异,二硫键的配对和空间构象也非常相似。

蛋白质分子中关键活性部位氨基酸残基的改变,会影响其生理功能。例如镰状细胞贫血,就是由于遗传基因的突变,使血红蛋白分子中两个β-亚基第6位正常的谷氨酸变异成了缬氨酸,从酸性氨基酸换成了中性支链氨基酸,降低了血红蛋白在红细胞中的溶解度,使它在红细胞中随血流至氧分压低的外周毛细血管时,容易凝聚并沉淀析出,从而造成红细胞破裂溶血和运氧功能的

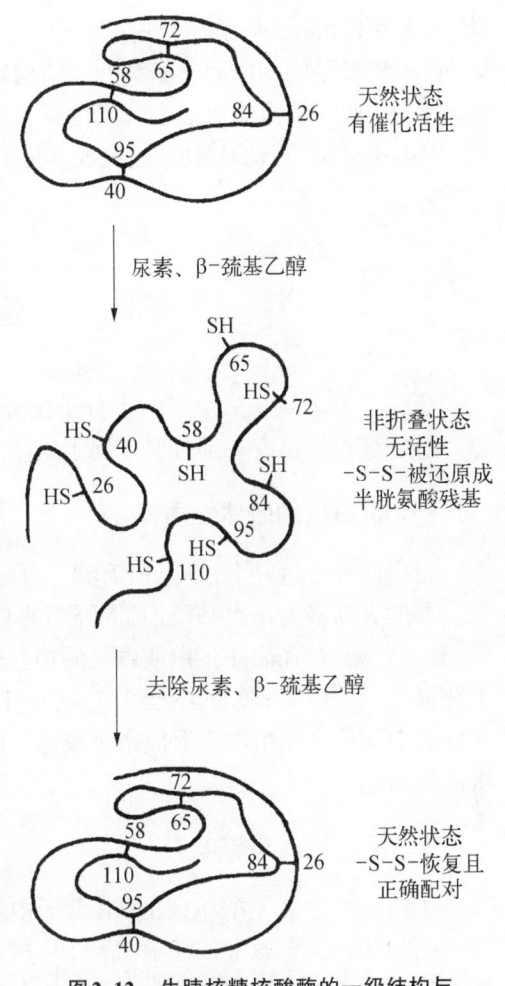

图2-12 牛胰核糖核酸酶的一级结构与空间结构的关系

低下。这种由于基因突变而造成的蛋白质分子结构或合成量的异常所引起的疾病称为"分子病"。另实验证明,若切除了促肾上腺皮质激素或胰岛素A链N端的部分氨基酸,它们的生物活性也会降低或丧失,可见关键部分氨基酸残基对蛋白质和多肽功能的重要作用。

二、蛋白质分子空间结构和功能的关系

蛋白质分子空间结构是生理功能的基础。不同的蛋白质,正因为具有不同的空间结构,因此具有不同的生理功能;蛋白质若变性破坏了其特定的空间构象,其生物学活性则丧失(见第四节)。

具有四级结构的蛋白质,尚有重要的别构作用,又称变构作用。别构作用是指一些生理小分子物质,作用于具有四级结构的蛋白质,与其活性中心外的部位结合,引起蛋白质亚基间一些非共价键的改变,使蛋白质分子构象发生轻微变化,分子变得疏松或紧密,从而使其生物活性升高或降低的过程。

血红蛋白是最早发现具有别构效应的蛋白质。血红蛋白是由四个亚基通过8对离子键构成的四聚体,其主要功能是携带运输氧。每个亚基由一条肽链和一个血红素分子构成,各亚基的三级结构与肌红蛋白极为相似,也有A至H等8个螺旋区,在生理条件下会盘绕折叠成球形,中间有一个疏水区结合血红素。血红素分子是一个具有卟啉结构的小分子,在卟啉分子中心,由卟啉中四个吡咯环上的氮原子与一个亚铁离子配位结合,肽链中F8位的组氨酸残基中的吲哚侧链上的氮原子从卟啉分子平面的上方与亚铁离子配位结合。当血红蛋白第一个亚基的血红素与氧结合后,其中的铁离子直径变小,随即进入卟啉环平面内,将邻近的原来倾斜的组氨酸F8拉直,并带动附近肽链的运

动,结果使得αβ-亚基相对于另一对αβ-亚基转动15°角,该构象的轻微改变,可导致4个亚基间盐键的断裂,使亚基间的空间排布和四级结构发生轻微改变,血红蛋白分子从较紧密的T型转变成较松弛的R型构象,从而使血红蛋白其他亚基与氧的结合更加容易,产生了正协同作用,呈现出与肌红蛋白不同的"S"形氧解离曲线,完成其更有效的运氧功能。

第四节 蛋白质的重要理化性质

蛋白质是由氨基酸组成的大分子化合物,其理化性质一部分与氨基酸相似,如两性电离、等电点、呈色反应等,也有一部分又不同于氨基酸,如高分子量、胶体性、变性等。

一、蛋白质的胶体性质

蛋白质分子量颇大,介于一万到百万之间,故其分子的大小已达到胶粒1～100 nm范围。球状蛋白质的表面多为亲水基团,具有强烈的吸引水分子作用,使蛋白质分子表面常为多层水分子所包围,称水化膜,从而阻止蛋白质颗粒的相互聚集;此外,在一定pH条件下,可解离基团使分子表面带上相同性质的电荷,使分子之间产生静电斥力,防止蛋白质相互聚集沉淀。因此,蛋白质表面的水化膜和电荷斥力是蛋白质形成亲水胶体的两个重要因素,若去除这两个因素,蛋白质极易从溶液中沉淀析出。

二、两性解离与等电点

蛋白质是由氨基酸组成的,其分子中除两端的游离氨基和羧基外,侧链中尚有一些可解离基团,如谷氨酸、天冬氨酸残基中的γ和β-羧基,赖氨酸残基中的ε-氨基、精氨酸残基的胍基和组氨酸的咪唑基。蛋白质颗粒在溶液中所带的电荷,既取决于其分子组成中碱性和酸性氨基酸的含量,又受所处溶液的pH影响。当蛋白质溶液处于某一pH时,蛋白质游离成正、负离子的趋势相等,即成为兼性离子,净电荷为0,此时溶液的pH称为蛋白质的等电点(pI)。蛋白质溶液的pH大于等电点时,该蛋白质颗粒带负电荷,反之则带正电荷。

$$P\begin{cases}COO^-\\NH_2\end{cases} \xrightleftharpoons[OH^-]{H^+} P\begin{cases}COO^-\\NH_3^+\end{cases} \xrightleftharpoons[OH^-]{H^+} P\begin{cases}COOH\\NH_3^+\end{cases}$$

pH>pI　　　　　　　pH=pI　　　　　　　pH<pI
阴离子　　　　　　　兼性离子　　　　　　　阳离子

各种蛋白质分子由于所含的碱性氨基酸和酸性氨基酸的数目不同,因而有各自的等电点。凡碱性氨基酸含量较多的蛋白质,等电点偏碱性,如组蛋白、精蛋白等;反之,凡酸性氨基酸含量较多的蛋白质,等电点则偏酸性,人体体液中许多蛋白质的等电点在pH5.0左右,因此以负离子形式存在。

三、紫外吸收特征与蛋白质定量分析

由于蛋白质分子中的酪氨酸、色氨酸、苯丙氨酸残基含有共轭双键,因此在275～280 nm波长处有一特征性吸收峰。在一定浓度范围内,蛋白质溶液在280 nm的光吸收值(A_{280})与其浓度成正比,故可用作蛋白质定量测定。该法简单、灵敏、快速、不消耗样品,低浓度盐类不干扰测定。

蛋白质和多肽分子可与多种化学试剂反应,生成有色化合物,也是测定蛋白质含量的常用方法。如肽链中肽键在稀碱溶液中与硫酸铜共热,呈现紫色或红色,称为双缩脲反应,氨基酸不出现此反应。此法的原理是Cu^{2+}与蛋白质的肽键结合形成紫红色络合物,此络合物在540 nm波长处有最大吸收,可以比色测定,其颜色深浅与蛋白质浓度成正比。

四、蛋白质的变性、沉淀与凝固

变性是指在一些物理或化学因素作用下,使蛋白质分子空间结构破坏,从而引起蛋白质理化性质改变和生物活性丧失的过程。蛋白质变性的机制是分子中非共价键断裂,使蛋白质分子从严密有序的空间结构转变成杂乱松散、无序的空间结构,因此生物活性也必然丧失;同时由于蛋白质变性后,分子内部的疏水基团暴露到了分子的表面,从而发生理化性质的改变如溶解度降低、溶液黏度增加、呈色反应加强及易被消化水解等。溶解度降低使蛋白质容易沉淀析出,因此变性的蛋白质易于沉淀,但沉淀的蛋白质并不一定都是变性的。

造成蛋白质变性的物理、化学条件有加热、紫外线、X线和有机溶剂,如乙醇、尿素、胍和强酸、强碱、重金属盐等。蛋白质变性有时是能逆转的,因为此时蛋白质的一级结构并未遭到破坏,故若变性时间短、变性程度较轻,理论上在合适的条件下,变性蛋白质分子尚可重新卷曲形成天然空间结构,并恢复其生物活性,此即称为蛋白质的复性,但大部分情况下变性蛋白质均难以复性,尤其是加热变性的蛋白质还发生了凝固,无法复性。

在实际工作中,我们要谨防一些蛋白质制剂或蛋白质药物的变性失活,如免疫球蛋白、酶蛋白、疫苗蛋白和蛋白质激素药物等;而在另一些情况下,又要利用日光、紫外线、高压蒸汽、酒精等使病原微生物蛋白质变性失活,从而达到消毒杀菌的目的。要注意变性是由一些较剧烈的条件使蛋白质构象破坏、生物活性丧失的过程,它不同于别构作用中蛋白质构象的轻微改变,伴随着生物活性升高或降低的调节过程。

第五节　蛋白质的分离纯化

要了解一个蛋白质的结构与功能,首先要分离得到纯化的蛋白质样品。蛋白质分离纯化的方法很多,大多是根据蛋白质的特定理化性质和生物学活性来进行分离的,一般每种蛋白质的纯化都是多种方法综合运用的过程。

一、有机溶剂沉淀和盐析

有些有机溶剂如丙酮、乙醇等能与水以任意比例混合,可脱去蛋白质表面的水化膜,从而使蛋白质聚集沉淀,因此可用有机溶剂沉淀蛋白质,但此法易使蛋白质变性,因此需在低温下进行。

向蛋白质溶液中加入大量中性盐使蛋白质沉淀称为盐析。常用的中性盐有硫酸铵、硫酸钠等。盐析的原理是大量盐离子夺取了蛋白质表面的水化膜,同时中和了蛋白质的表面电荷,从而使蛋白质沉淀下来,但并不会使蛋白质变性。将溶液pH调至所分离蛋白质的等电点,沉淀效果更佳。不同蛋白质由于溶解度和等电点不同,盐析时所需的pH和盐浓度也不同,因此可用分段盐析逐个分离蛋白质,例如半饱和硫酸铵可沉淀血清中的球蛋白,而饱和硫酸铵可沉淀清蛋白。

二、层析

层析是利用混合物中各组分理化性质的差异,在相互接触的两相(固定相与流动相)之间的分布不同而进行分离分析的技术方法。常用的层析法有如下几种:离子交换层析、凝胶过滤层析、亲和层析法。

三、透析与超滤

透析和超滤都是根据分子大小分离纯化蛋白质的方法。

四、电泳法

蛋白质分子在溶液中可带电荷,故可在电场中发生移动。不同的蛋白质分子所带电荷种类及电荷量不同,且分子大小也不同,故在电场中的迁移率也不同,据此可互相分离。根据支持物的不同,电泳可分为醋酸纤维薄膜电泳、琼脂糖凝胶电泳和聚丙烯酰胺凝胶电泳等。

知识拓展

为什么奶粉中添加三聚氰胺可通过国家奶粉中蛋白质含量的检测?

奶粉中蛋白质含量为15%~20%,蛋白质中含氮量平均为16%。以某合格奶粉蛋白质含量为18%计算,含氮量为2.88%。而三聚氰胺含氮量为66.6%,是牛奶的151倍,是奶粉的23倍。每100 g牛奶中添加0.1g三聚氰胺,就能提高0.4%蛋白质。而以三聚氰胺废料、羟甲基羧基氮等为原料的是一类假蛋白饲料(蛋白精),主要为含氮杂环化合物,属于非蛋白质含氮化合物,主要用于工业生产。"蛋白精"在饲料中不能被动物所吸收,长期摄入对身体有害。

案例分析

理论联系实际

镰状细胞贫血主要发生在黑色人种中,此外在意大利、希腊等地中海沿岸国家和印度等地和我国南方地区也发现类似病例。主要症状:白细胞计数升高,血红蛋白含量低,劳累、贫血、黄疸和肝、脾大;心、肺功能受损,可发生充血性心力衰竭;渗尿血尿、多尿;下肢皮肤慢性溃疡是常见体征;有时会出现肾脏、脾脏或脑部供血不足的情况,从而造成这些器官受损。这是一种常染色体隐性等位基因出现突变的遗传病,重要蛋白质的氨基酸序列改变引起的疾病,谷氨酸变成了缬氨酸,原来水溶性的血红蛋白,就聚集成丝,相互黏着,导致红细胞变形成为镰刀状而极易破碎,产生贫血。这种由蛋白质分子发生变异所导致的疾病,也称为"分子病"。

小 结

蛋白质是生物大分子,其主要元素组成为碳、氢、氧、氮和硫,其中氮的含量平均为16%。蛋白质的基本组成单位是20种L-α-氨基酸,根据氨基酸的R基团在中性溶液中的极性和解离状态不同可分为非极性疏水氨基酸、极性中性氨基酸、酸性氨基酸、碱性氨基酸。氨基酸属于两性电解质,在溶液的pH等于其等电点(pI)时,氨基酸呈兼性离子。氨基酸可通过肽键(—CO—NH—)相连而形成多肽链,形成肽键的6个原子处于同一平面,构成肽单元。

蛋白质一级结构是指蛋白质分子中氨基酸从N端到C端的排列顺序,即氨基酸序列。其连接键为肽键,还包括二硫键。二级结构是指蛋白质主链局部的空间结构,不涉及氨基酸残基侧链构

笔记栏

象。主要为α-螺旋、β-折叠、β-转角和无规卷曲,以氢键维持其稳定性。三级结构是指多肽链主链和侧链全部原子的空间排布位置。三级结构的形成和稳定主要靠次级键。一些蛋白质的三级结构可形成1个或数个球状或纤维状的区域,各行其功能,称为结构域。四级结构是指两条链以上蛋白质中亚基之间的缔合,也主要靠次级键维系。

蛋白质的结构与功能密切相关,一级结构是空间构象的基础,也是功能的基础。蛋白质空间构象发生改变,可导致其理化性质和生物学活性的丧失。蛋白质发生变性后,只要其一级结构未遭破坏,仍可在一定条件下复性,恢复原有的空间构象和功能。

【思考题】
(1) 名词解释:肽键、蛋白质的等电点、蛋白质变性。
(2) 蛋白质一、二、三、四级的概念及其维持各级结构的作用力是什么?
(3) 试述蛋白质二级结构中的α-螺旋的特点。有哪些因素会影响它的形成?
(4) 举例说明蛋白质一级结构与功能的关系,空间结构与功能的关系。

(李华玲)

第三章

核酸的结构与功能

学习要点

- **掌握**：① 核酸的基本组成成分、结构单位；② 两类核酸基本组成的异同；③ DNA一、二、三级结构特点，特别是DNA的二级结构特点；④ RNA的分类及其功用；⑤ 核酸变性、复性与杂交等基本概念。
- **熟悉**：① 核酸的分类、分布及主要生理功用；② 核酸的紫外吸收特性。
- **了解**：① DNA二级结构的多样性；② 真核生物核酸的结构特点。

第一节 核酸的化学组成

核酸是生物大分子，天然存在的核酸包括DNA和RNA两大类。DNA主要存在于细胞核内，是遗传信息的携带者，与生物的繁殖、遗传与变异有密切的关系。RNA主要分布在细胞质中，主要参与蛋白质的合成。

一、元素组成

组成核酸的元素有C、H、O、N、P等，与蛋白质比较，其组成上有两个特点：一是核酸一般不含元素S，二是核酸中P的含量较多并且恒定，占9%～10%。因此，核酸定量测定的经典方法，是以测定P含量来代表核酸量。

二、基本组成单位

核苷酸是核酸的基本单位。核酸就是由很多单核苷酸聚合形成的多聚核苷链。核苷酸可被水解产生核苷和磷酸，核苷还可再进一步水解，产生戊糖和含氮碱基（图3-1）。

核苷酸中的碱基均为含氮杂环化合物，它们分别属于嘌呤衍生物和嘧啶衍生物。核苷酸中的嘌呤碱主要是鸟嘌呤（guanine, G）和腺嘌呤（adenine, A），嘧啶碱主要是胞嘧啶（cytosine, C）、尿嘧啶

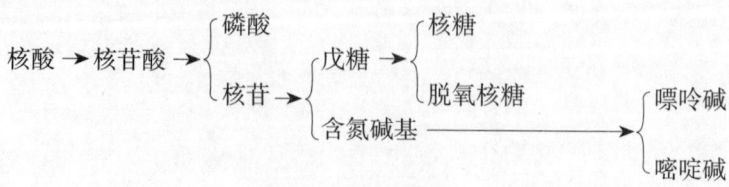

图3-1 核酸的组成

(uracil, U)和胸腺嘧啶(thymine, T)。DNA和RNA都含有鸟嘌呤(G)、腺嘌呤(A)和胞嘧啶(C)；胸腺嘧啶(T)一般只存在于DNA中；而尿嘧啶(U)只存在于RNA中。它们的化学结构参见图3–2。

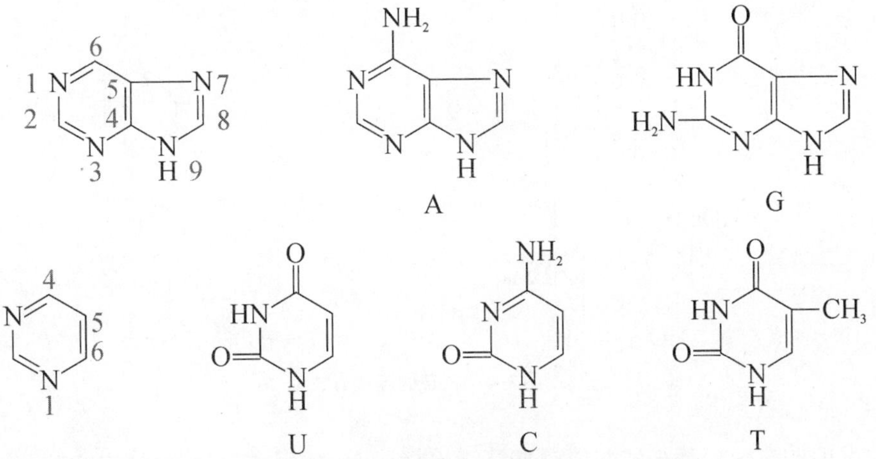

图3–2　核酸中主要含氮碱基

有些核酸中还含有修饰碱基或稀有碱基，这些碱基大多是在上述嘌呤或嘧啶碱的不同部位甲基化或进行其他的化学修饰而形成的衍生物(图3–3)。这些碱基在核酸中的含量稀少，在各种类型核酸中的分布也不均一。其中tRNA中含有较多的稀有碱基，可高达10%。

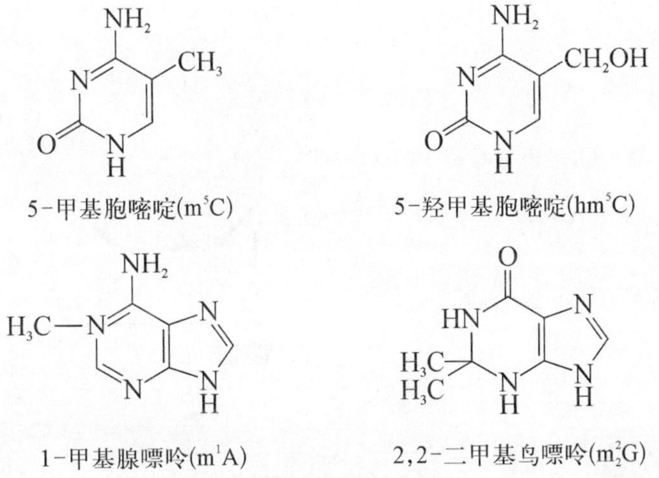

图3–3　碱基的衍生物

嘌呤和嘧啶环中含有共轭双键，对260 nm左右波长的紫外光有较强的吸收。碱基的这一特性常被用来对碱基、核苷、核苷酸和核酸进行定性和定量分析。

核酸中的戊糖有核糖和脱氧核糖两种，分别存在于核糖核苷酸和脱氧核糖核苷酸中。为了与碱基标号相区别，通常将戊糖的C原子编号都加上“′”，如C1′表示糖的第一位碳原子。*D*–核糖和*D*–脱氧核糖均是呋喃型环状结构。

D–核糖　　*D*–2–脱氧核糖

笔记栏

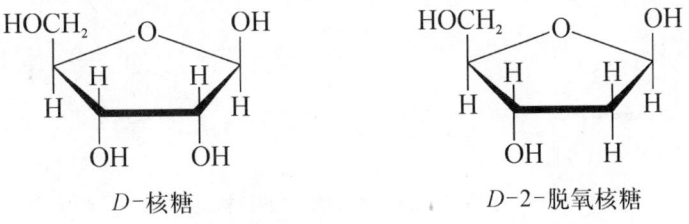

戊糖与嘧啶或嘌呤碱以糖苷键连接就称为核苷,通常是戊糖的C1′与嘧啶碱的N1或嘌呤碱的N9相连接(图3-4)。

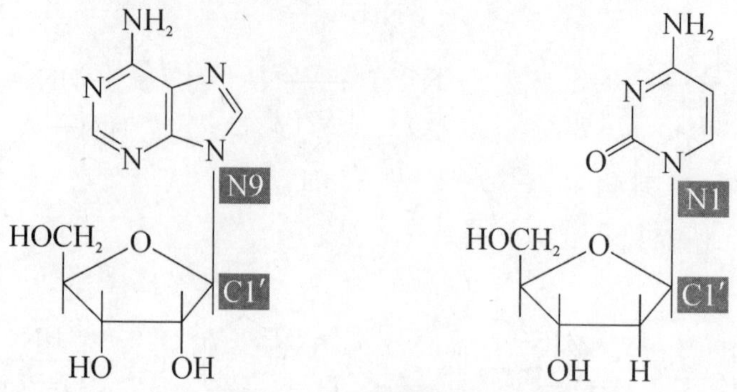

图3-4 核苷的连接方式

核苷中戊糖的自由羟基与磷酸以磷酸酯键连接而成为核苷酸。生物体内的核苷酸大多数是核糖或脱氧核糖的C5′上羟基被磷酸酯化,形成5′核苷酸。核苷酸在5′进一步磷酸化即生成二磷酸核苷和三磷酸核苷(图3-5)。以核糖腺苷酸为例,除一磷酸腺苷(AMP)外,还有二磷酸腺苷(ADP)和三磷酸腺苷(ATP)两种形式。核苷酸的二磷酸酯和三磷酸酯多为核苷酸有关代谢的中间产物或者酶活性和代谢的调节物质,以及作为生理储能和供能的重要形式。

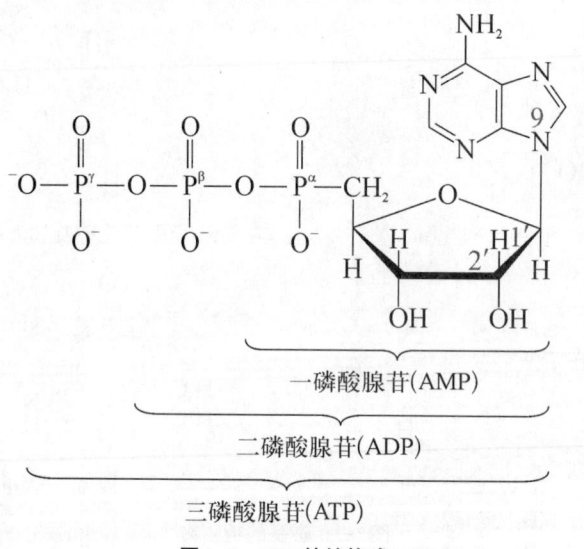

图3-5 ATP的结构式

核苷酸还有环化的形式。它们主要是3′,5′-环化腺苷酸(cAMP)和3′,5′-环化鸟苷酸(cGMP),化学结构如图3-6。环化核苷酸在细胞内代谢的调节和跨细胞膜信号中起着十分重要的作用。

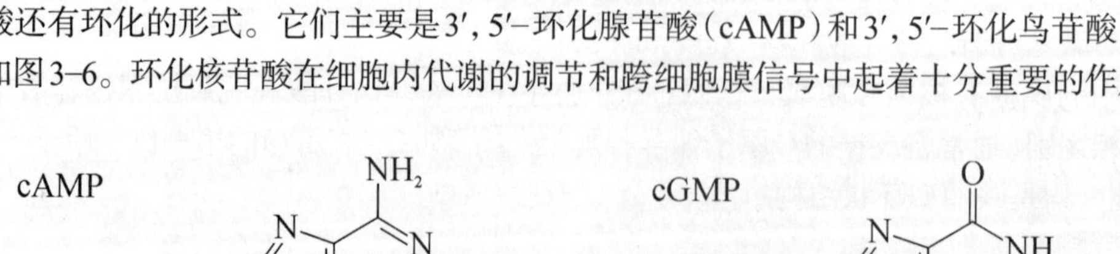

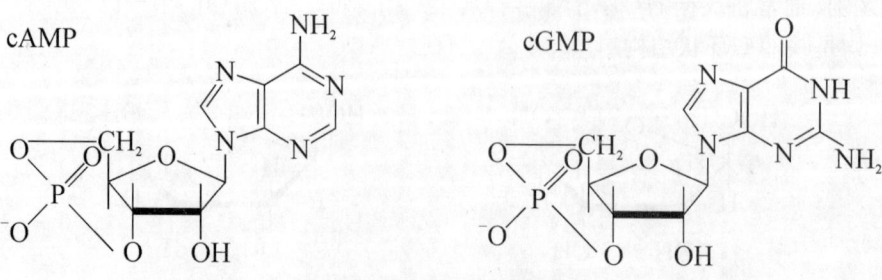

图3-6 cAMP、cGMP的结构式

第二节 核酸的一级结构

核酸是由很多单核苷酸聚合形成的多聚核苷酸,DNA的一级结构即是指四种脱氧核苷酸(dAMP、dCMP、dGMP、dTMP)按照一定的排列顺序,通过磷酸二酯键连接形成的多核苷酸,由于核苷酸之间的差异仅仅是碱基的不同,故又可称为碱基顺序。RNA的一级结构即是指四种核糖核苷酸(AMP、CMP、GMP、UMP)的排列顺序。核苷酸之间的连接方式是:一个核苷酸的3'–OH与下一位核苷酸的5'位磷酸形成3',5'-磷酸二酯键,构成不分支的线性大分子,其中磷酸基和戊糖基构成DNA链的骨架,可变部分是碱基排列顺序(图3-7a)。核酸是有方向性的分子,它的两个末端分别称为5'末端和3'末端。5'末端有游离的磷酸基团,3'末端有游离的羟基(图3-7a)。

表示一个核酸分子结构的方法由繁至简有许多种。图3-7b是线条式简化式,由于核酸分子结构除了两端和碱基排列顺序不同外,其他的均相同。因此,在核酸分子结构的简式表示方法中,各碱基用其英文字母缩写代表,碱基之下的垂直线表示糖的碳链,由上到下的C-1'至C-5'位置无需标出,斜线代表与垂直线的交点即为C-3'至C-5'位置,由于多核苷酸链的主链骨架都相同,都是由糖基和磷酸组成,所不同的只是侧链上的碱基排列顺序,所以线条式简化式还可以简化成字母缩写式,略去糖基,甚至磷酸二酯键也可省略,如未特别注明5'和3'末端,一般约定,碱基序列的书写是由左向右书写,左侧是5'末端,右侧为3'末端。

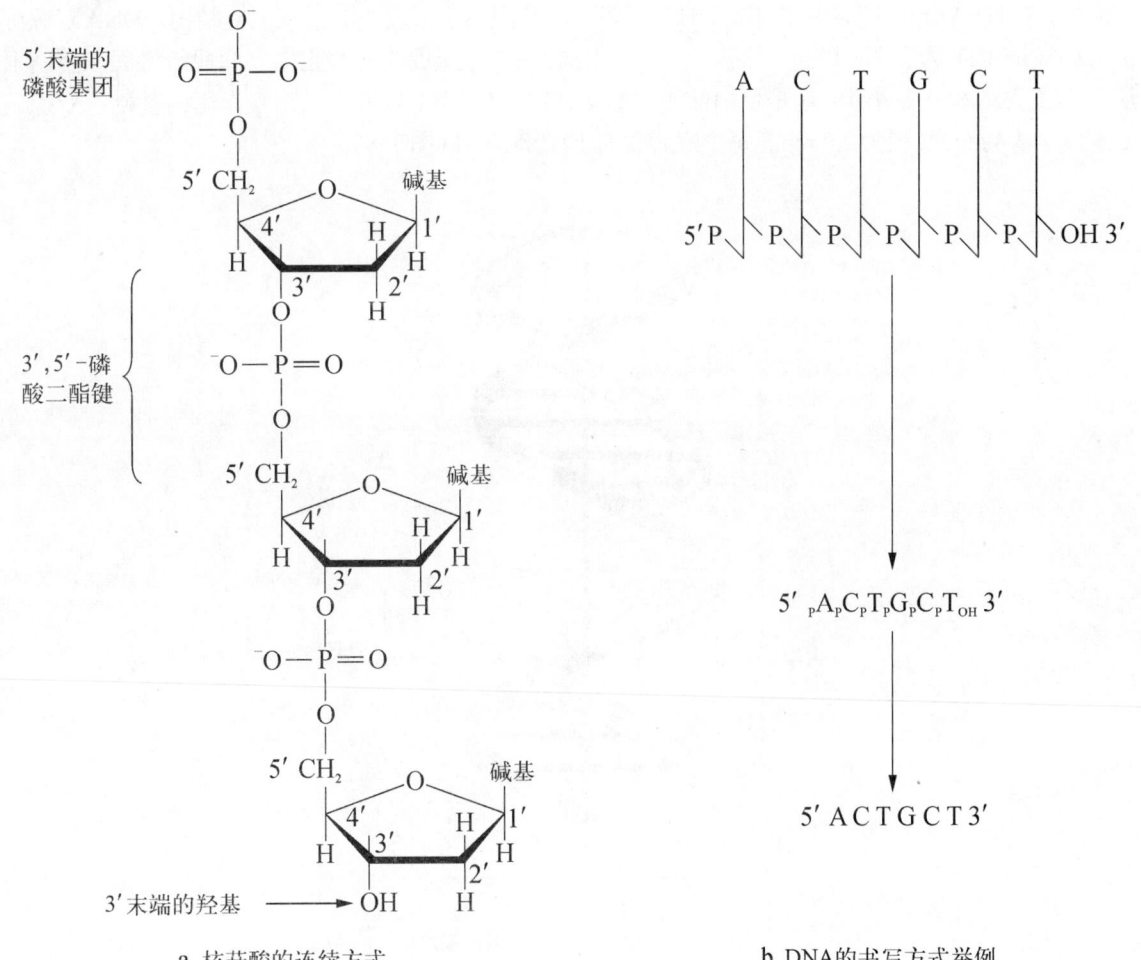

a. 核苷酸的连续方式　　　　b. DNA的书写方式举例

图3-7　核酸分子结构的表示方式

寡核苷酸（oligonucleotide）是指20个以下核苷酸残基以磷酸二酯键连接而成的线性多核苷酸片段。

第三节　DNA的空间结构与功能

一、DNA的二级结构

20世纪50年代初，Chargaff应用紫外分光光度法结合纸层析等简单技术，对多种生物DNA作碱基定量分析，发现DNA碱基组成有如下规律：

（1）几乎所有的DNA，无论种属来源如何，其腺嘌呤摩尔含量与胸腺嘧啶摩尔含量相同（A=T），鸟嘌呤摩尔含量与胞嘧啶摩尔含量相同（G=C），总的嘌呤摩尔含量与总的嘧啶摩尔含量相同（[A+G]=[C+T]）。

（2）不同生物来源的DNA碱基组成不同，表现在(A+T)/(G+C)比值的不同。

（3）同一生物的不同组织的DNA碱基组成相同。

（4）一种生物DNA碱基组成不随生物体的年龄、营养状态或者环境变化而改变；这些结果后来为DNA的双螺旋结构模型提供了一个有力的佐证。

1953年，Watson和Crick以立体化学原理为准则，对Wilkins和Franklin的DNA X-线衍射分析结果加以研究，提出了DNA结构的双螺旋模式，其主要内容如下：

（1）在DNA分子中，两股DNA链围绕一假想的共同轴心形成一右手双螺旋结构。DNA双螺旋中的两股链走向是反平行的，一股链是5′→3′走向，另一股链是3′→5′走向。两股链之间在空间上形成一条大沟和一条小沟，这是蛋白质识别DNA的碱基序列，与其发生相互作用的基础。双螺旋的螺距为3.4 nm，直径为2.0 nm。每个螺旋含有10个碱基对（图3-8）。

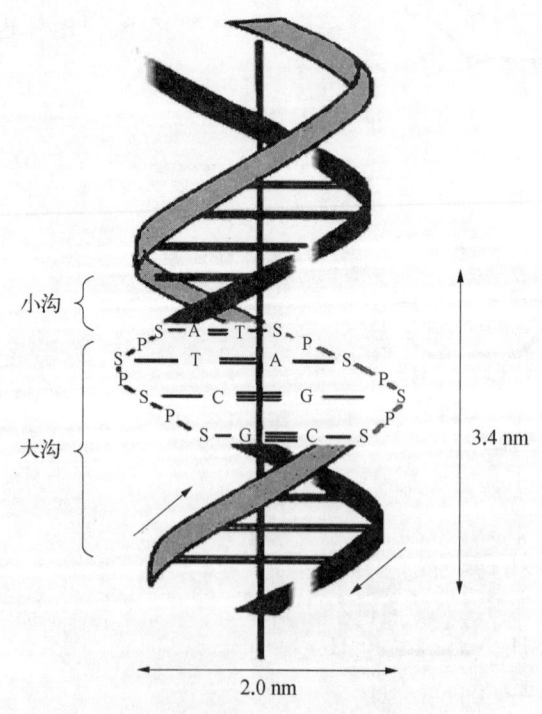

图3-8　DNA的双螺旋结构模式

（2）链的骨架由交替出现的、亲水的脱氧核糖基和磷酸基构成，位于双螺旋的外侧。

（3）碱基位于双螺旋的内侧，两股链中的嘌呤和嘧啶碱基以其疏水的、近于平面的环形结构彼此密切相近，平面与双螺旋的长轴相垂直。一股链中的嘌呤碱基与另一股链中位于同一平面的嘧啶碱基之间以氢键相连，称为碱基互补配对或碱基配对，相邻碱基对之间旋转36°，10个碱基对使螺旋上升1圈，碱基对层间的距离为0.34 nm。碱基互补配对总是出现于腺嘌呤与胸腺嘧啶之间（A=T），形成两个氢键；或者出现于鸟嘌呤与胞嘧啶之间（G≡C），形成三个氢键（图3-9）。

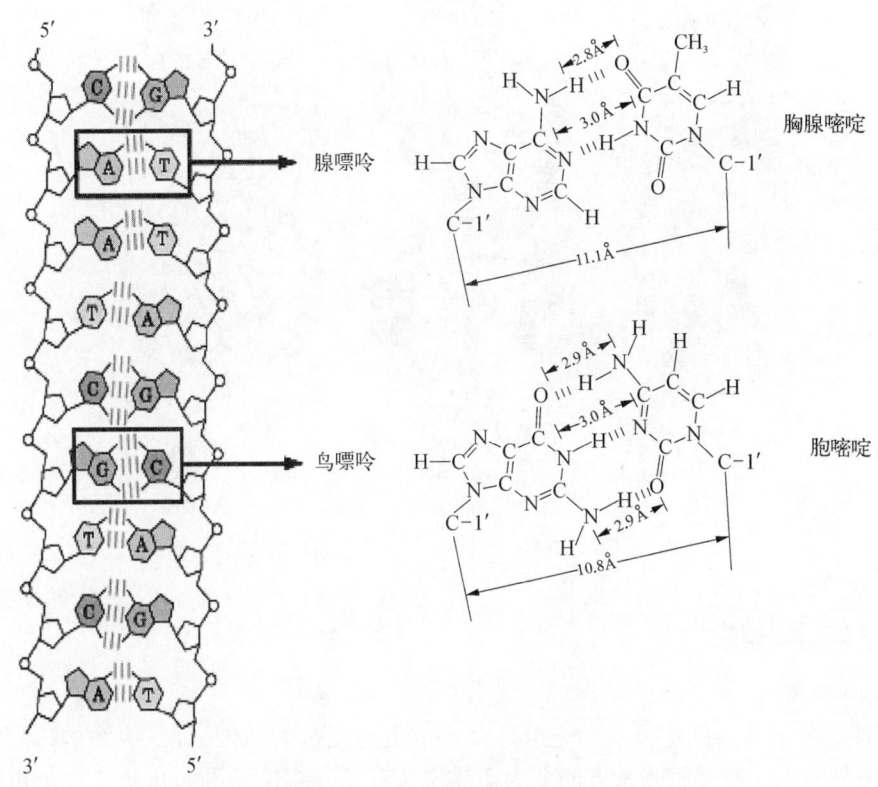

图3-9 A-T, G-C间的氢键形成

（4）DNA双螺旋的稳定由互补碱基对之间的氢键和碱基对层间的堆积力维系。在双螺旋结构中碱基堆积力构成疏水性核心，而亲水性带电荷的糖-磷酸基团处于外部使双螺旋更加稳定。氢键是另一种稳定双螺旋的力量，虽然这种键的本身对稳定双螺旋所提供的自由能很少，但氢键有高度方向性，从而为选择正确碱基配对提供了分辨能力，所以对双螺旋的稳定也有重要作用。

DNA双螺旋中两股链中碱基互补的特点，逻辑地预示了DNA复制过程是先将DNA分子中的两股链分离开，然后以每一股链为模板，通过碱基互补原则合成相应的互补链，形成两个完全相同的DNA分子。因为复制得到的每对链中只有一条是亲链，即保留了一半亲链，将这种复制方式称为DNA的半保留复制。

二、DNA二级结构的多样性

Watson和Crick提出的DNA双螺旋结构属于B型双螺旋，它是以在生理盐溶液中抽出的DNA纤维在92%相对湿度下进行X线衍射图谱为依据进行推测的，这是DNA分子在水性环境和生理条件下最稳定的结构。然而以后的研究表明DNA的结构是动态的，还存在A构象和Z构象（左手双螺旋）（图3-10）。

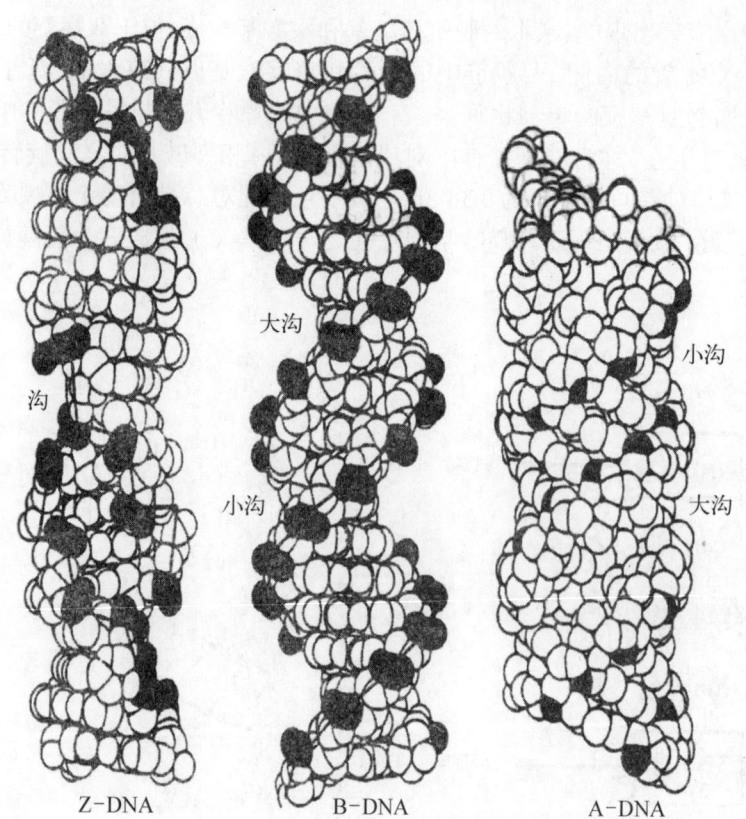

图3-10　Z-DNA、B-DNA和A-DNA的分子模型

三、DNA的三级结构

(一) DNA超螺旋

DNA双螺旋分子在空间进一步折叠或环绕形成更为复杂的结构,即三级结构,超螺旋是DNA三级结构的主要形式。超螺旋按其方向分为正超螺旋和负超螺旋两种。负超螺旋是指顺时针右手螺旋的DNA双螺旋以相反方向围绕它的轴扭转而成,如图3-11所示。通过这种方式,调整了DNA双螺旋本身的结构,松懈了扭曲压力,使每个碱基对的旋转减少。天然的DNA均为负超螺旋。正超螺旋是指与DNA双螺旋内部缠绕相同方向扭转,使DNA的结构更加紧密。

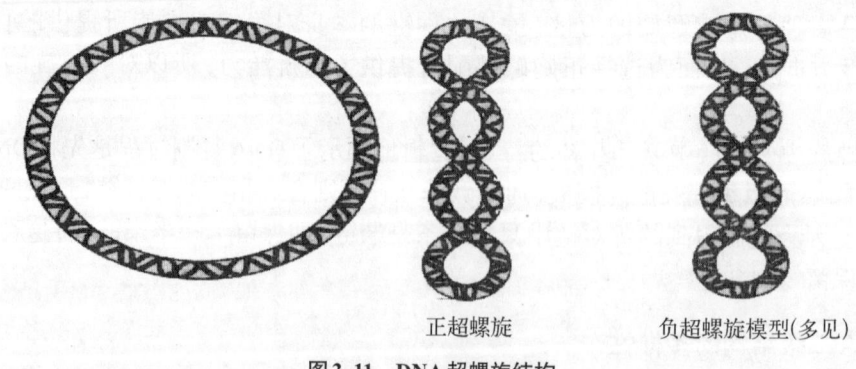

图3-11　DNA超螺旋结构

(二) DNA在真核细胞内的组装

真核生物的染色体在细胞生活周期的大部分时间里都是以染色质的形式存在的。染色质是一种纤维状结构,叫作染色质丝,它是由最基本的单位核小体成串排列而成的。核小体由组蛋白和DNA共同组成。DNA是染色体的主要化学成分,也是遗传信息的载体,约占染色体全部成分的

27%,另外组蛋白和非组蛋白占66%,RNA占6%。

第四节　RNA的空间结构与功能

RNA种类繁多,分子量相对较小,一般以单股链存在,但也可以有局部二级结构或三级结构。RNA在细胞核中合成,主要分布在胞质中,它的主要作用是在DNA的遗传信息表达为蛋白质的氨基酸序列过程中发挥作用,按照所起作用的不同和结构特点,参与蛋白质合成的RNA主要有三种,即信使RNA(mRNA),转运RNA(tRNA),核糖体RNA(rRNA)。

一、信使RNA(mRNA)

mRNA可从DNA转录遗传信息,并作为指导蛋白质合成的模板,它相当于传递遗传信息的信使。mRNA的含量最少,仅约占细胞内RNA总量的3%,但作为不同蛋白质合成模版的mRNA,种类却最多,其一级结构(核苷酸数目和碱基顺序)差异很大,核苷酸数的变动范围在500～6 000之间。

在真核生物中,最初转录生成的RNA称为不均一核RNA(hnRNA),在细胞质中起作用。作为蛋白质的氨基酸序列合成模板的是mRNA,hnRNA是mRNA的未成熟前体。两者之间的差别主要有两点:一是hnRNA核苷酸链中的一些片段将不出现于相应的mRNA中,这些片段称为内含子(intron),而那些保留于mRNA中的片段称为外显子(exon)。也就是说,hnRNA在转变为mRNA的过程中经过剪接,被去掉了一些片段,余下的片段被重新连接在一起;二是mRNA的5′末端被加上一个m⁷pGppp帽子(图3-12),在mRNA3′末端多了一个多聚腺苷酸[poly(A)]尾巴(图3-13)。mRNA从5′末端到3′末端的结构依次是5′末端帽子结构,5′末端非编码区,决定多肽氨基酸序列的编码区,3′末端非编码区和多聚腺苷酸尾巴(图3-14)。多聚腺苷酸尾巴一般由数十个至一百几十个腺苷酸连接而成。随着mRNA存在时间的延续,多聚A尾巴慢慢变短。因此,目前认为这种3′末端结构可能与增加转录活性以及使mRNA趋于相对稳定有关。原核生物的mRNA没有这种首、尾结构,也没有前体的拼接。

mRNA的功能是把核内DNA的碱基顺序(遗传信息),按照碱基互补的原则,抄录并转送到胞质,以用于蛋白质的合成。

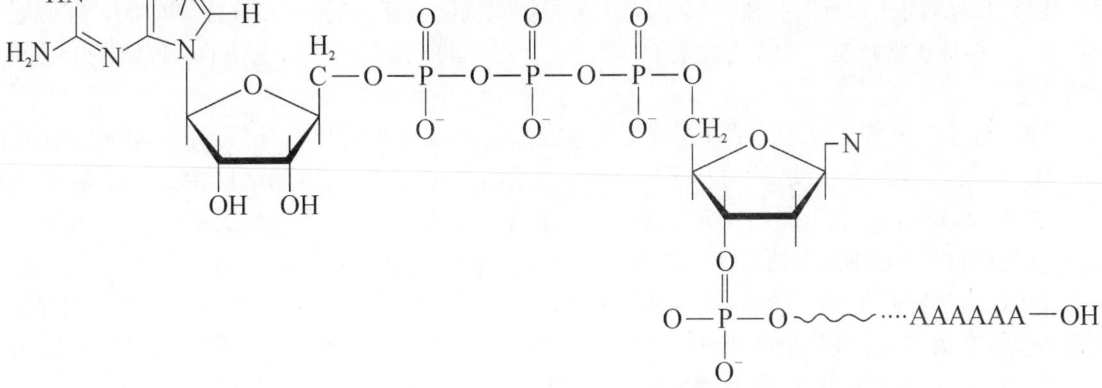

图3-12　真核生物mRNA 5′末端的帽子结构

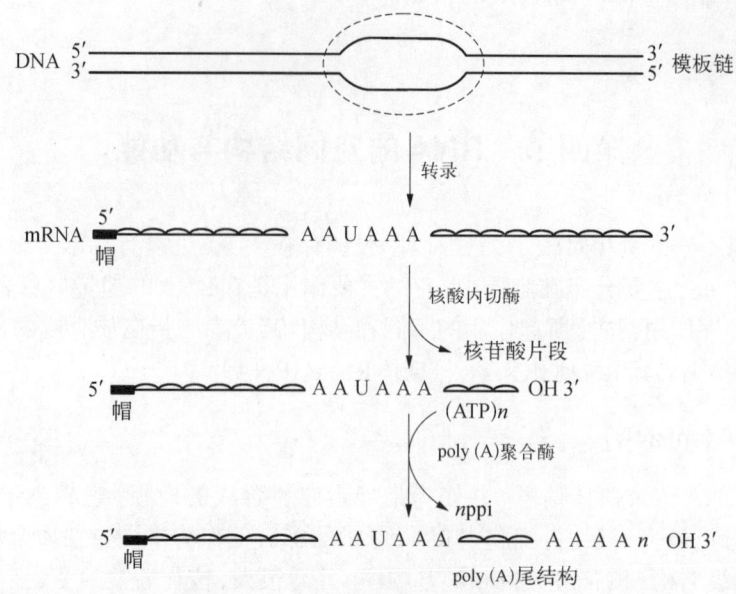

图3-13 真核生物polyA尾结构形成

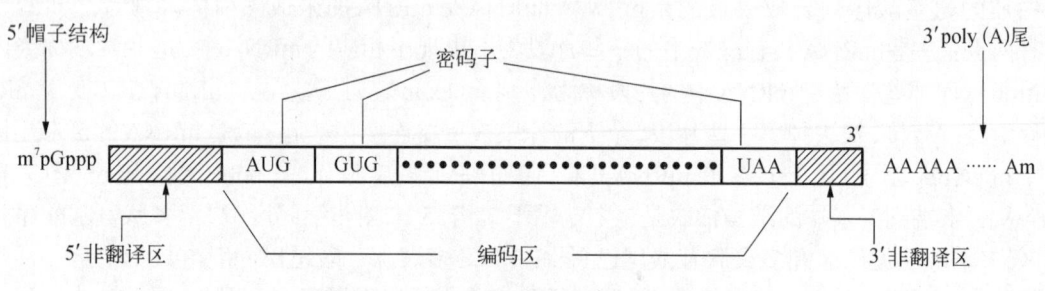

图3-14 真核生物成熟mRNA的结构特点

二、转运RNA（tRNA）

tRNA是蛋白质合成中的接合器分子。tRNA分子有100多种，各可携带一种氨基酸，将其转运到核糖体上，供蛋白质合成使用。tRNA是细胞内分子量最小的一类核酸，由70～120个核苷酸构成，约占细胞总RNA的15%左右。各种tRNA无论在一级结构上还是在二、三级结构上均有一些共同特点。tRNA中含有10%～20%的稀有碱基，如：甲基化的嘌呤mG、mA，二氢尿嘧啶、次黄嘌呤等。此外，tRNA内还含有一些稀有核苷，如：胸腺嘧啶核糖核苷、假尿嘧啶核苷（Ψ）等。在假尿嘧啶核苷中，不是通常嘧啶环中1位氮原子，而是嘧啶环中的5位碳原子与戊糖的1′位碳原子之间形成糖苷键。

tRNA分子内的核苷酸通过碱基互补配对形成多处局部双螺旋结构，不配对的区带构成所谓的环和襻。现发现的所有tRNA均可呈现图3-15a所示的这种所谓的三叶草型二级结构。在此结构中，从5′末端起的第一个环是DHU环，以含二氢尿嘧啶为特征；第二个环为反密码子环，其环中部的三个碱基可以与mRNA中的三联体密码子形成碱基互补反向配对，构成所谓的反密码子，在蛋白质合成中起解读密码子、把正确的氨基酸引入合成位点的作用；第三个环为TΨC环，以含胸腺嘧啶核苷和假尿苷为特征；在反密码子环与TΨC环之间，往往存在一个襻，称为额外环或附加叉，由数个乃至二十余个核苷酸组成，所有tRNA3′末端均有相同的CCA—OH结构，tRNA所转运的氨基酸就连接在此末端上。

通过X线衍射等结构分析方法发现，tRNA的三级结构均呈倒L形（图3-15b），其中3′末端含

CCA—OH的氨基酸臂位于一端,反密码子环位于另一端,DHU环和TΨC环虽在二级结构上各处一方,但在三级结构上却相互邻近。tRNA三级结构的维系主要是依赖核苷酸之间形成的各种氢键。各种tRNA分子的核苷酸序列和长度虽然有差异,但其三级结构均相似,提示这种空间结构与tRNA的功能有密切关系。

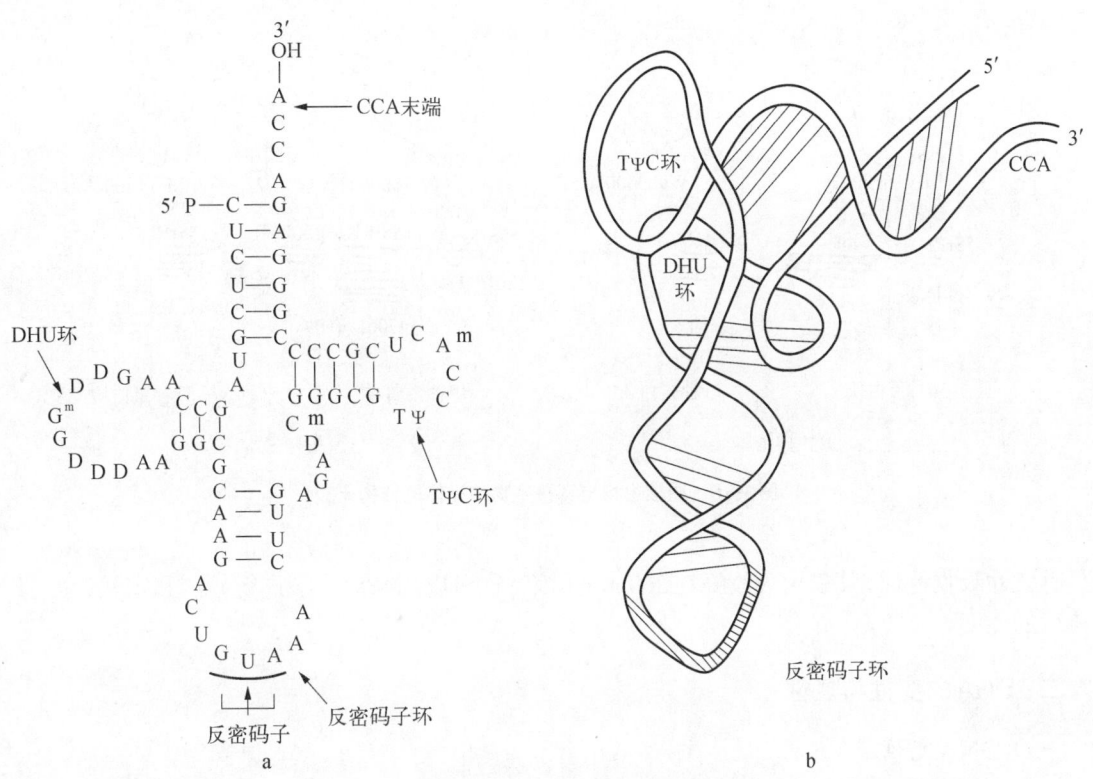

图3-15 tRNA的二级(a)与三级结构(b)

三、核糖体RNA(rRNA)

核糖体RNA是细胞内含量最多的RNA,约占RNA总量的80%以上,是蛋白质合成的场所。核糖体蛋白(rp)有数十种,大多是分子量不大的多肽类,分布在核糖体大亚基的蛋白质称为rpl,在小亚基的称rps。原核生物和真核生物的核糖体均由易于解聚的大、小亚基组成。对大肠杆菌核糖体的研究发现,其组成中三分之二是rNRA,三分之一是蛋白质。原核生物的rRNA分为5S、16S、23S三种。"S"是大分子物质在超速离心沉降中的一个物理学单位,可反映分子量的大小。原核生物小亚基由16S rRNA和21种蛋白质(rps)构成,大亚基由5S、23S rRNA和34种蛋白质(rpl)构成。真核生物核糖体小亚基含18S rRNA和33种蛋白质(rps),大亚基含28S、5.8S、5S三种rRNA及49种蛋白质(rpl)(图3-16)。

第五节 核酸的理化性质

一、核酸的一般理化性质

核酸为多元酸,具有较强的酸性。DNA是线状高分子,黏度很大,在机械力的作用下易发生断裂。RNA分子较小,因此黏度也小得多。DNA和RNA分子中所含的碱基都有共轭双键的性质,故

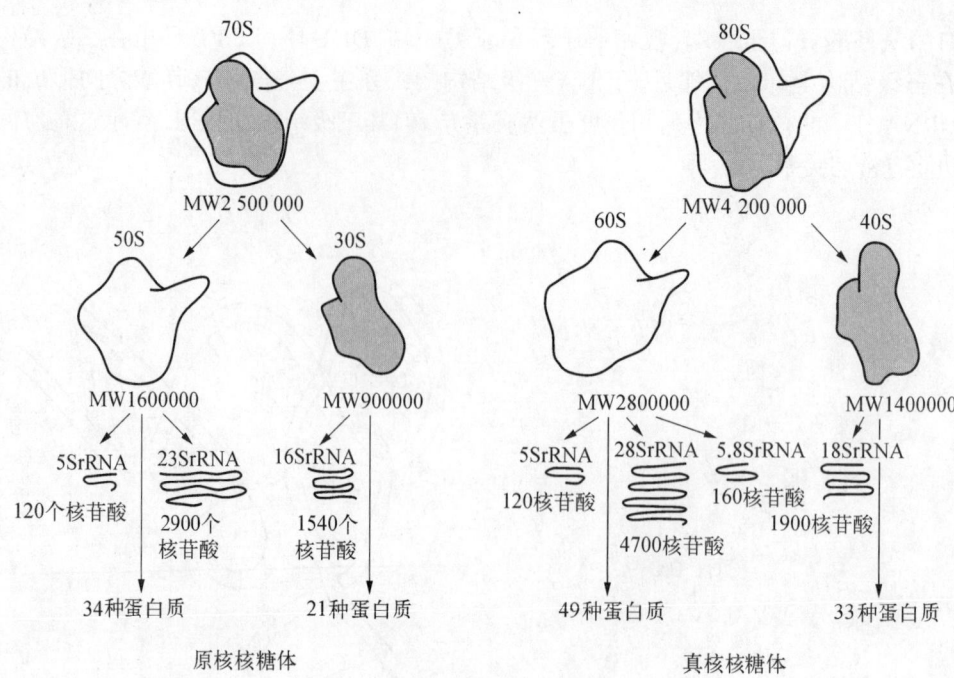

图3-16 原核生物与真核生物核糖体的结构比较

都具有紫外吸收特征,其最大吸收峰在260 nm。该特征可以用来对核酸进行检测和定量,也可以分析核酸的纯度。

二、DNA的变性与复性

(一)DNA变性

DNA变性指DNA分子由稳定的双螺旋结构松解为无规则线性结构的现象。变性时维持双螺旋稳定性的氢键断裂,碱基间的堆积力遭到破坏,但不涉及其一级结构的改变。凡能破坏双螺旋稳定性的因素,如加热,极端的pH,有机溶剂甲醇、乙醇、尿素及甲酰胺等,均可引起核酸分子变性。变性后DNA溶液黏度降低,旋光性发生改变。

增色效应:指变性后DNA溶液的紫外吸收作用增强的效应。在DNA双螺旋结构中碱基藏入内侧,变性时DNA双螺旋解开,于是碱基外露,碱基中电子的相互作用更有利于紫外吸收,故而产生增色效应。

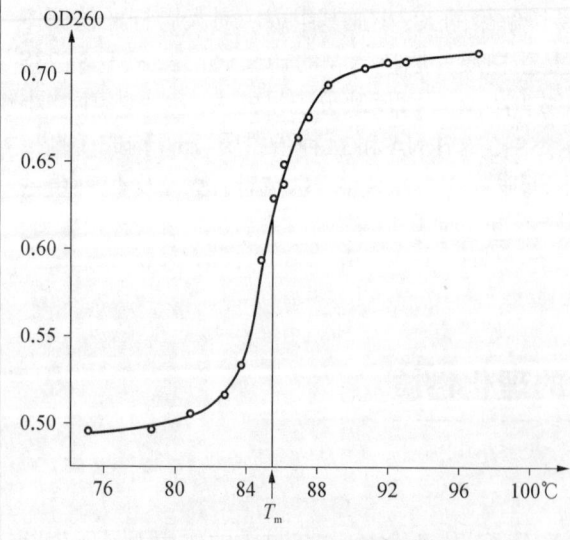

图3-17 DNA的熔解曲线和T_m值

对双链DNA进行加热变性,当温度升高到一定高度时,DNA溶液在260 nm处的吸光度突然明显上升至最高值,随后即使温度继续升高,吸光度也不再明显变化。若以温度对DNA溶液的紫外吸光率作图,得到的典型DNA变性曲线呈S形(图3-17)。通常将核酸加热变性过程中,紫外光吸收值达到最大值的50%时的温度称为核酸的解链温度,由于这一现象和结晶的熔解相类似,又称熔解温度(T_m)。在T_m时,核酸分子内50%的双螺旋结构被破坏。特定核酸分子的T_m值与其G+C所占总碱基数的百分比成正相关,两者的关系可表示为:$T_m=69.3+0.41$[%(G+C)]。

（二）DNA复性

DNA的复性是指变性DNA在适当条件下，两条互补链全部或部分恢复到天然双螺旋结构的现象。复性是变性的一种逆转过程。热变性DNA一般经缓慢冷却后即可复性，此过程称为退火。一般认为比T_m低20~25℃左右的温度是复性的最佳条件。DNA的变性和复性原理，现已在医学和生命科学上得到广泛的应用。如核酸杂交与探针技术，聚合酶链反应（PCR）技术等。

（三）分子杂交

不同来源的核酸变性后，合并在一起进行复性，这时，只要这些核酸分子的核苷酸序列含有可以形成碱基互补配对的片段，不同的核酸链之间发生复性，形成所谓的杂化双链，这个过程称为杂交。杂交可以发生于DNA与DNA之间，也可以发生于RNA与RNA之间和DNA与RNA之间。

知识拓展

近年来，非编码RNA的研究成了热点。非编码RNA（non-coding RNA，ncRNA）是指不编码蛋白质的RNA。DNA上的信息最终翻译为蛋白质的仅为少数，而大多数成了非编码RNA。其中包括rRNA，tRNA，snRNA，snoRNA和microRNA等多种已知功能的RNA，还包括未知功能的RNA。这些RNA的共同特点是都能从基因组上转录而来，但是不翻译成蛋白，在RNA水平上就能行使各自的生物学功能了。非编码RNA从长度上来划分可以分为3类：小于50 nt，包括microRNA，siRNA，piRNA；50 nt到500 nt，包括rRNA，tRNA，snRNA，snoRNA，SLRNA，SRPRNA等等；大于500 nt，包括长的mRNA-like的非编码RNA，长的不带polyA尾巴的非编码RNA等等。但是，目前对整个ncRNA的世界却了解甚少，这一研究的道路还很长。

案例分析

为什么各个医院里消毒会采用紫外线杀菌？

紫外线杀菌就是通过紫外线的照射，破坏及改变微生物的DNA或RNA的分子结构，改变了细胞的遗传转录特性，使生物体丧失蛋白质的合成能力，使细菌当即死亡或不能繁殖后代，达到杀菌的目的。紫外线波长在240~280 nm范围内最具杀伤力，真正具有杀菌作用的是UVC紫外线，因为C波段紫外线很易被生物体的DNA吸收，尤以253.7 nm左右的紫外线最佳。紫外线杀菌属于纯物理消毒方法，具有简单便捷、广谱高效、无二次污染、便于管理和实现自动化等优点，所以广为应用。

小 结

核酸的基本组成单位核苷酸由碱基、戊糖和磷酸构成，核苷酸以3′,5′-磷酸二酯键相连接，具有5′→3′方向性。DNA含2′-脱氧核糖，碱基为A、G、C、T，RNA含核糖，碱基为A、G、C、U。核糖或脱氧核糖与碱基通过糖苷键形成核苷，核苷与磷酸通过磷酸酯键形成核苷酸。

DNA的一级结构是指分子中四种脱氧核苷酸的排列顺序和连接方式；DNA的二级结构是由两条反向平行的多核苷酸链构成的双螺旋结构，两条链通过碱基互补配对原则形成的氢键相连接；环状DNA的三级结构为超螺旋结构，线性DNA有核小体连接形成。

RNA以单链为主。mRNA是蛋白质合成的模板,分子中含有决定蛋白质氨基酸排列顺序的三联体密码,真核生物成熟mRNA具有帽和尾结构;tRNA具有转运氨基酸的功能,其二级结构呈三叶草型,反密码子环含有反密码子,氨基酸结合于氨基酸臂3′末端CCA—OH;rRNA与蛋白质结合形成核糖体,是蛋白质合成的场所。

核酸分子在260 nm波长有强吸收峰。在理化因素的作用下,DNA双链解开形成单链的过程称为DNA变性,变性DNA的A_{260}增高(增色效应);DNA在热变性过程中紫外吸收值达到最大值的50%时的温度称为DNA的解链温度,又称熔解温度(T_m);热变性DNA在温度缓慢下降时,两条链又重新缔合形成双链的过程称为复性或退火,不同来源的核苷酸单链形成杂化双链称为杂交。

【思考题】

(1) 名词解释:增色效应、DNA的变性、熔解温度(T_m)、碱基互补规则。
(2) 比较RNA和DNA在组成、结构、分布和功能上的特点。
(3) 简述DNA双螺旋结构模式的要点及其与DNA生物学功能的关系。
(4) RNA有哪些主要类型?比较其结构和功能的特点。
(5) 请描述tRNA二级结构的特征及其功能。
(6) 什么是解链温度?影响特定核酸分子T_m的因素有哪些?
(7) 试从以下几个方面对蛋白质与DNA进行比较:

基本组成单位、一级结构、空间结构、主要的生理功能、理化性质(两性解离、变性、复性及紫外吸收特性等)。

(李华玲)

笔记栏

第四章

酶与维生素

学习要点

- **掌握**：①酶的概念、酶促反应特点；②影响酶促反应速率的诸因素；③米氏常数K_m的含义及竞争性抑制。
- **熟悉**：①酶的结构与功能的关系；②酶在医学上的应用。
- **了解**：①酶的作用机制；②酶的动力学特性。

第一节 酶的结构与功能

一、酶的分子组成及作用

按照酶的化学组成可将酶分为单纯酶和结合酶两大类。单纯酶的基本组成单位仅为氨基酸，通常只有一条多肽链。它的催化活性仅仅决定于它的蛋白质结构。体内只有少数酶为单纯酶，如淀粉酶、脂肪酶、蛋白酶等均属于单纯酶。结合酶由蛋白质部分和非蛋白质部分组成，前者称为酶蛋白，后者称为辅助因子。由酶蛋白与辅助因子结合形成的复合物又被称为全酶。在催化作用中组成全酶的两者缺一不可，如果将两者分开则酶活力消失。在酶促反应中酶蛋白起着决定反应特异性的作用，辅助因子则决定反应的类型与性质。

二、酶的辅助因子

酶的辅助因子包括金属离子和小分子有机化合物。

（一）金属离子

许多酶中均含有金属离子，作为辅助因子的常见金属离子有K^+、Na^+、Mg^{2+}、Cu^{2+}、Cu^+、Zn^{2+}、Fe^{2+}、Fe^{3+}等。金属离子在酶促反应中具有多方面功能：如稳定酶的构象；参与催化反应，传递电子；在酶与底物间起桥梁作用；正电荷可中和底物的阴离子，降低反应中的静电斥力等。

（二）小分子有机化合物

生物体内结合酶的种类众多，而辅助因子的种类并不多，一种辅助因子可与不同的酶蛋白结合构成不同的全酶。辅助因子按其与酶蛋白结合的紧密程度不同可分为辅酶与辅基。辅酶与酶蛋白往往以非共价键相连，结合较为疏松，可用透析或超滤的方法除去；辅基则与酶蛋白以共价键相连，结合较为紧密，不能通过透析或超滤将其除去。这类辅助因子主要是指含有B族维生素的小分子有机化合物，其主要作用是参与电子、原子、化学基团的传递等酶的催化过程（详见第二节辅酶与维生素）。

笔记栏

三、酶的活性中心

与酶的活性密切相关的化学基团称为酶的必需基团。常见的必需基团有羟基、巯基、咪唑基和羧基等。这些必需基团在一级结构上可能相距很远，但在空间结构上彼此靠近，集中在一起形成一个能与底物特异地结合并将底物转变为产物的特定的空间区域，这一区域称为酶的活性中心。对结合酶来说，辅酶或辅基也是酶活性中心的组成部分。

酶活性中心内的必需基团按其作用可分为两种：能直接与底物结合的必需基团称为结合基团；能催化底物发生化学变化的必需基团称为催化基团。但有的基团既有结合作用，也有催化作用。还有一些必需基团虽然不参加活性中心的组成，但却是维持酶活性中心应有的空间构象所必需的，这些基团被称为酶活性中心外的必需基团（图4-1）。

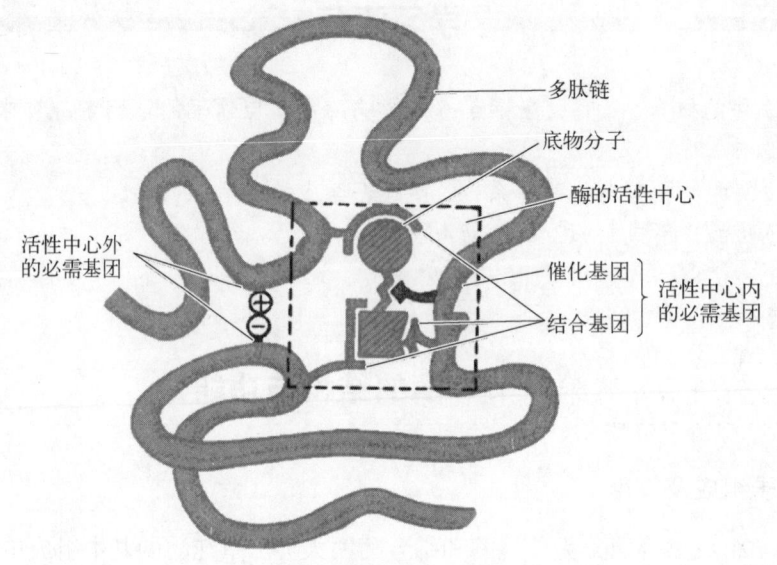

图4-1 酶活性中心示意图

第二节 辅酶与维生素

维生素是一类维持生命活动所必需的小分子有机化合物，其既不构成机体组织的成分，也不能氧化供能，而是在参与和调节物质代谢等方面起着重要作用。虽然每日的维生素需要量很少，但由于人体不能合成或合成量相对不足而必须从食物中摄取。维生素的化学结构差异很大，按其溶解性质可将维生素分为水溶性和脂溶性两大类。脂溶性维生素有维生素A、维生素D、维生素E、维生素K；水溶性维生素有B族维生素和维生素C。由于B族维生素构成了许多辅酶或辅基分子的组成成分，故本节重点介绍B族维生素的化学结构、活性形式及其主要功能见表4-1。

表4-1 B族维生素及其辅酶或辅基形式

B族维生素	辅酶或辅基形式	主要生化功用
维生素B_1（硫胺素）	焦磷酸硫胺素（TPP）	α-酮酸氧化脱羧酶的辅酶
维生素B_2（核黄素）	黄素单核苷酸（FMN） 黄素腺嘌呤二核苷酸（FAD）	黄素酶的辅基 黄素酶的辅基

(续表)

B族维生素	辅酶或辅基形式	主要生化功用
维生素PP（尼克酰胺）	尼克酰胺腺嘌呤二核苷酸（NAD^+） 尼克酰胺腺嘌呤二核苷酸磷酸$NADP^+$	不需氧脱氢酶的辅酶 不需氧脱氢酶的辅酶
维生素B_6（吡哆素）	磷酸吡哆醛（胺）	转氨酶、脱羧酶的辅酶
叶酸	四氢叶酸	一碳单位的载体
泛酸	辅酶A	酰基转移酶的辅酶
生物素	生物素	羧化酶的辅酶
维生素B_{12}（钴胺素）	5-甲基钴胺素 5-脱氧腺苷钴胺素	甲基转移酶的辅酶

第三节 酶作用的特点及催化机制

一、酶促反应的特点

（一）高度的催化效率

酶与一般催化剂均是通过降低反应的活化能（activation energy）而起到加速化学反应的作用。酶在催化底物反应时，首先酶的活性中心与底物结合生成酶-底物复合物，然后复合物再分解为产物和游离的酶，此即中间产物学说，其过程可用下式表示：

$$E+S \rightleftharpoons ES \longrightarrow P+E$$

上式中E代表酶，S代表底物，ES代表酶-底物复合物，P代表反应产物。由于ES的形成，改变了原来反应的途径，大大降低了反应活化能，因此表现为酶作用的高度催化效率。

酶的催化效率比无催化剂的自发反应速度高$10^8 \sim 10^{20}$倍，比一般催化剂的催化效率高$10^7 \sim 10^{13}$倍，而且不需要较高的反应温度。

（二）高度的特异性

1. 绝对特异性 有的酶只能催化一种底物发生一定的化学反应并生成一定的产物，称为绝对特异性。如脲酶只能催化尿素水解成NH_3和CO_2，而不能催化甲基尿素水解。

2. 相对特异性 有些酶的特异性相对较差，这种酶可作用于一类化合物或一种化学键，这种不太严格的特异性称为相对特异性。如脂肪酶不仅水解脂肪，也能水解简单的酯类。

3. 立体异构特异性 当底物有立体异构现象时，酶对底物的立体构型有特异要求，称为立体异构特异性。如L-乳酸脱氢酶只催化L-乳酸脱氢，而对D-乳酸则没有催化作用。

（三）酶促反应的可调节性

机体为了适应内外环境的变化和生命活动的需要通过调节酶活性和酶含量这两种方式来改变酶的催化能力，维持生命活动的正常进行。

（四）酶活性的不稳定性

酶的化学本质是蛋白质，因此强酸、强碱、有机溶剂、重金属盐、高温、紫外线、剧烈振荡等任何能使蛋白质变性的理化因素都可使酶变性而使其失去催化活性。

二、酶促反应的机制

（一）邻近效应与定向排列

酶与底物相结合，使参加反应的诸底物在酶的活性中心处相接近，同时形成有利于反应的正确

定向排列,将分子间的反应转变成类似于分子内的反应,从而大大提高反应速度。

(二) 多元催化

酶是两性电解质,常常兼有酸、碱双重催化作用。这种多功能基的协同作用,可极大地提高酶的催化效能。

(三) 表面效应

酶的活性中心多是一个疏水的"口袋",疏水环境可以排除水分子对酶、辅酶与底物中功能基团的干扰性吸引与排斥,防止酶与底物之间形成水化膜。疏水环境也有利于酶与底物的密切接触。

不同的酶起主要作用的机制可能不同,一种酶的催化反应常常是多种催化机制综合作用的结果。

第四节 酶促反应动力学

酶促反应动力学是研究酶促反应速度及其影响因素的科学。酶促反应的影响因素主要包括底物浓度、酶浓度、温度、pH、激活剂和抑制剂等。需要强调的是:① 在研究某一因素对酶促反应速度的影响时,应该维持反应体系中其他因素不变,而只改变所要研究的因素。② 酶促反应速度是采用酶促反应初始时的速度,以避免反应进行过程中因底物的减少或产物的增加等对反应速率产生影响。

一、酶浓度对酶促反应速度的影响

在一定的温度和pH条件下,当底物浓度足以使酶饱和时,酶浓度与酶促反应速度呈正比关系(图4-2)。其关系式为:$v=k[E]$。

二、底物浓度对酶促反应速度的影响

1. 米氏方程　1913年Michaelis和Menten在推导底物浓度与反应速度的关系时曾假设:① 测定的反应速度为初速度,即反应刚刚开始,产物的生成量极少,逆反应可忽略不计。② 底物浓度([S])超过酶的浓度[E],[S]的变化在测定初速度的过程中可以忽略不计。在此假设的基础上,他们推导出反应速度与底物浓度关系的数学方程式,即米氏方程:

$$v=\frac{V_{max}[S]}{K_m+[S]}$$

式中,V_{max}为最大反应速度,K_m为米氏常数,v是在不同[S]时的反应速度。实验中测得的反应速度对相应的底物浓度作图,得出矩形曲线(图4-3)。这一曲线与米氏方程一致。

从图4-3可知,当底物浓度很低时,增加底物浓度,可使[ES]的形成呈正比关系增加,因此反应速度随底物浓度的增加而增加,两者呈直线正比关

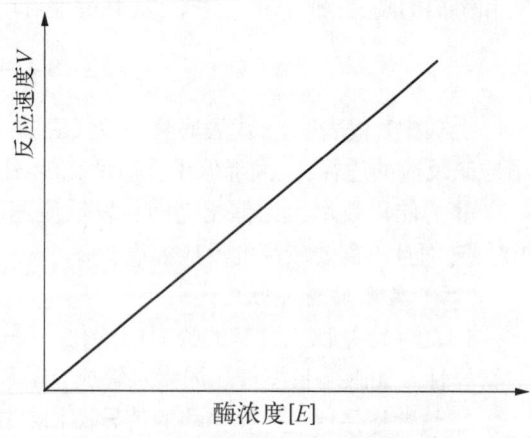

图4-2　酶浓度对酶促反应速度的影响

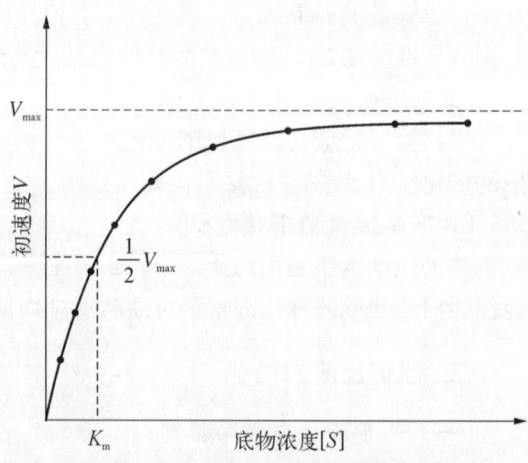

图4-3　底物浓度对酶促反应速度的影响

系；当底物浓度较高时，反应速度虽然随着底物浓度的升高而加快，但不再呈正比关系；当底物浓度增高到一定程度时，酶全部形成了[ES]，如果继续加大底物浓度，反应速度则不再增加，说明酶已被底物所饱和。

2. K_m 与 V_{max} 的意义

（1）当反应速度为最大速度一半时，米氏方程可以变换如下：

$$\frac{V_{max}}{2} = \frac{V_{max}[S]}{K_m+[S]} \longrightarrow K_m=[S]$$

因此，K_m 值等于酶促反应最大速度一半时的底物浓度，单位为摩尔/升（mol/L）。

（2）K_m 值近似于 ES 的解离常数 K_s，可用于表示酶对底物的亲和力，K_m 值愈大，酶与底物的亲和力愈小；反之，K_m 值愈小。

（3）K_m 值是酶的特征性常数，只与酶的结构、酶所催化的底物和酶促反应条件有关，而与底物的浓度无关。

（4）最大速度 V_{max} 是酶被底物完全饱和时的反应速度，此时反应速度与酶的浓度呈正比而与底物浓度无关。对于生理性底物，大多数酶的转换数在 $1\sim 10^4$/s 之间。

3. K_m 值与 V_{max} 值的求法　　通过上述底物浓度曲线来测定 K_m 值和 V_{max} 值，只能近似的测出 V_{max} 和 K_m。为此人们将米氏方程进行种种变换，其中应用最多的是双倒数作图法（林-贝氏作图法），其将米氏方程式两边取倒数，得到对应的双倒数方程：

$$\frac{1}{V} = \frac{K_m}{V_{max}} \cdot \frac{1}{S} + \frac{1}{V_{max}}$$

以 $1/v$ 对 $1/[S]$ 作图（图4-4），可得一直线，其纵轴上的截距为 $1/V_{max}$，横轴上的截距为 $-1/K_m$。

三、温度对酶促反应速度的影响

升高温度可以增加分子的热运动，从而提高反应速度。但由于酶是蛋白质，随着温度的升高酶会逐渐变性失活从而使反应速度降低。在酶促反应过程中，温度对酶促反应的双重影响同时存在。在温度较低时，前一种影响较大，反应速度随温度升高而加快，但温度超过一定范围后，酶变性的因素占主导地位，反应速度反而随温度上升而减慢。一般来说，温度升高到 60℃以上时，大多数酶开始变性；80℃时，多数酶的变性已经不可逆转。酶在某一温度时，其酶促反应速度可达到最大，此时反应体系的温度称为酶的最适温度，因此以酶活性（酶反应速度v）对温度作图，可得一条钟罩形曲线（图4-5）。

四、pH对酶促反应速度的影响

酶、辅助因子与底物分子都常含有许多极性基团，在不同的pH条件下其所带的电荷各不相同，呈现出不同的带电状态。酶活性中心的必需基团与辅酶、

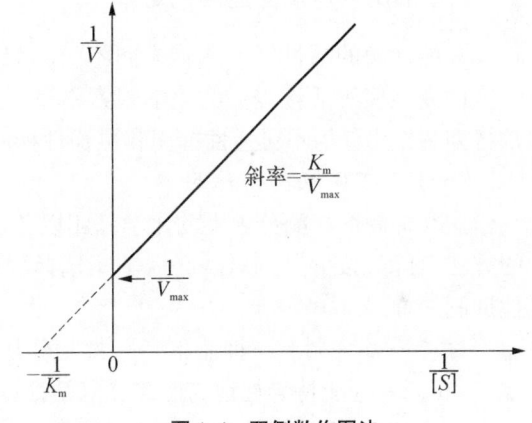

图4-4　双倒数作图法

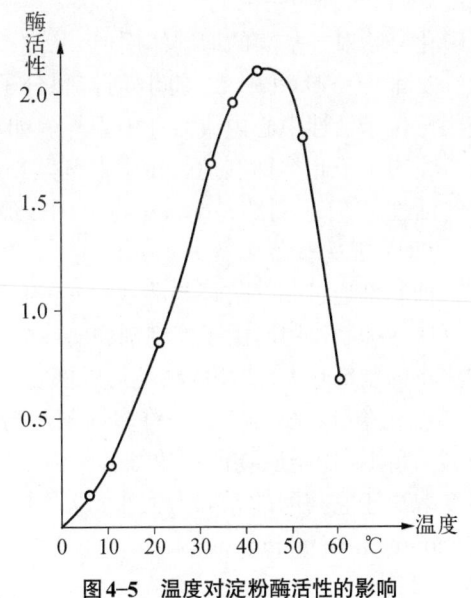

图4-5　温度对淀粉酶活性的影响

底物的可解离基团往往仅在某一解离状态时才最容易相互结合,表现出最大的反应活性。因此,环境pH的改变可以通过影响其解离状态来影响酶促反应的速度。酶促反应速度达最大时的环境pH称作酶的最适pH(图4-6)。人体内酶的最适pH往往与其所处的环境密切相关,如体液中的多数酶的最适pH接近中性,而胃蛋白酶的最适pH约为1.8,肝精氨酸酶最适pH约为9.8。

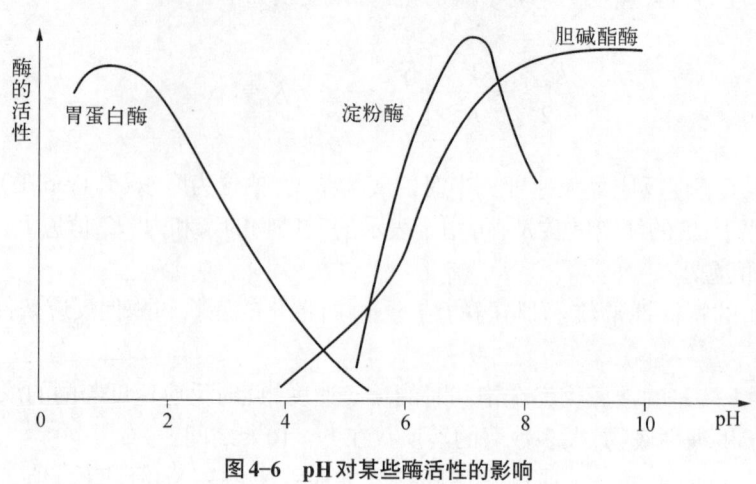

图4-6　pH对某些酶活性的影响

五、抑制剂对反应速度的影响

凡能使酶的活性降低或丧失而不引起酶蛋白变性的物质统称酶的抑制剂(inhibitor)。但引起酶蛋白变性使酶活性丧失的化学因素不属于抑制剂的范畴。根据抑制剂与酶作用的机制不同,通常将抑制作用分为不可逆性抑制和可逆性抑制两大类。

(一) 不可逆性抑制作用

这类抑制剂与酶分子上的化学基团以共价键的方式结合,其抑制作用不能用透析、超滤等物理的方法解除。按抑制剂对酶必需基团选择程度不同,不可逆性抑制作用又可分为专一性和非专一性抑制两种。

1. 专一性抑制　　抑制剂专一性地作用于酶活性中心的必需基团而使酶活性受到抑制。例如,有机磷农药能特异性地与胆碱酯酶活性中心丝氨酸的羟基结合,使酶失活。当胆碱酯酶被有机磷农药抑制后,胆碱能神经末梢分泌的乙酰胆碱不能及时分解,过多的乙酰胆碱会导致胆碱能神经过度兴奋,表现为一系列中毒的症状。解磷定可与有机磷化合物结合成稳定的复合物,从而解除有机磷化合物对羟基酶的抑制作用。

2. 非专一性抑制　　抑制剂与酶分子上的某些基团结合而抑制酶的活性。与抑制剂结合的基团可位于活性中心内或活性中心外。如对氯汞苯甲酸、路易士气,重金属离子如Ag^+、Pb^{2+}、Hg^{2+}、Cu^{2+}等均属于此类抑制剂。化学毒剂路易士气是一种含砷的化合物,它能非专一性地抑制含巯基酶的活性,临床上对路易士气中毒可用二巯丙醇(BAL)进行解救。

(二) 可逆性抑制作用

抑制剂通过非共价键与酶或酶-底物复合物可逆性结合,使酶活性受到抑制,这种抑制作用称为可逆性抑制作用。由于抑制剂和酶或酶-底物复合物的结合较为疏松,可采用透析或超滤等物理方法将抑制剂除去,使酶的活性得以恢复。可逆性抑制作用常见以下三种类型(图4-7)。

1. 竞争性抑制作用　　许多抑制剂与酶作用的底物结构相似,可与底物共同竞争酶的活性中心,从而阻碍酶与底物的有效结合。由于底物、抑制剂与酶的结合均是可逆的,所以抑制剂的抑制强度取决于它与酶的亲和力大小,以及与底物相对的浓度比率。这种抑制作用称作竞争性抑制作用(competitive inhibition)。

$$E + S \rightleftharpoons ES \longrightarrow E + P$$
$$+ \quad I$$
$$K_i \updownarrow$$
$$EI$$

琥珀酸
```
COOH
|
CH₂
|
CH₂
|
COOH
```

丙二酸
```
COOH
|
CH₂
|
COOH
```

竞争性抑制作用有以下特点：① 抑制剂结构与底物相似。② 抑制剂结合的部位是酶的活性中心。③ 抑制作用的大小取决于抑制剂与底物的相对浓度，在抑制剂浓度不变时，通过增加底物浓度可以减弱甚至解除竞争性抑制作用。④ 按米氏方程的推导，当有竞争性抑制剂存在时，V_{max} 不变，K_m 增大。很多药物都是通过竞争性抑制作用的原理来发挥作用的。磺胺类药物是典型的竞争性抑制剂。对磺胺类药物敏感的细菌在生长繁殖时，不能直接利用环境中的叶酸，而必须在二氢叶酸合成酶的作用下，利用对氨基苯甲酸、二氢蝶呤及谷氨酸合成二氢叶酸，后者再转变为四氢叶酸，四氢叶酸是一碳单位的载体，是细菌合成核酸所不可缺少的辅酶。磺胺药的化学结构与对氨基苯甲酸十分相似，故能与对氨基苯甲酸竞争二氢叶酸合成酶的活性中心，使该酶的活性受到抑制，进而减少四氢叶酸和核酸的合成，最终导致细菌生长繁殖停止。根据竞争性抑制作用的特点，在临床上使用磺胺类药物时，首次剂量要加倍并必须保持血液中较高的药物浓度，以发挥有效的抑菌作用。

H₂N—⌬—COOH 　　　　H₂N—⌬—SO₂NHR

对氨基苯甲酸　　　　　　　　　磺胺类药物

另外，许多抗癌药物，如氨甲蝶呤（MTX）、5-氟尿嘧啶（5-FU）、6-巯基嘌呤（6-MP）等抗代谢物也是利用酶的竞争性抑制作用来达到抑制肿瘤生长的目的。

2. 非竞争性抑制作用　　非竞争性抑制剂（I）与酶活性中心以外的部位结合，抑制剂可以和酶结合形成 EI，也可以和 ES 复合物结合形成 ESI，酶、底物的结合与酶、抑制剂的结合互不影响，无竞争关系。然而，生成的酶-底物-抑制剂复合物不能解离出产物从而使酶催化作用受到抑制，这种抑制作用称作非竞争性抑制作用，其反应式如下：

$$E + S \rightleftharpoons ES \longrightarrow E + P$$
$$+ \qquad +$$
$$I \qquad I$$
$$K_i \updownarrow \qquad K_i \updownarrow$$
$$EI + S \rightleftharpoons ESI$$

非竞争性抑制作用的特点是：① 抑制剂与底物结构不相似。② 抑制剂结合的部位是酶活性中心外。③ 抑制作用的强弱只取决于抑制剂的浓度，此种抑制不能通过增加底物浓度而减弱或消除。④ 按米氏方程的推导，当有非竞争性抑制剂存在时，V_{max} 下降，K_m 不变。

3. 反竞争性抑制作用　　有的抑制剂仅能可逆地与酶-底物复合物相结合，所生成的三元复合物不能分解出产物。这样，抑制剂既减少从中间产物转化为产物的量，也减少从中间产物解离出游离酶和底物的量，从而发挥抑制酶活性的作用。这种抑制作用称为反竞争性抑制作用。其反应式如下：

$$E + S \rightleftharpoons ES \longrightarrow E + P$$
$$+$$
$$I$$
$$K_i \updownarrow$$
$$ESI$$

反竞争性抑制作用的特点是：① 抑制剂与底物结构不相似。② 抑制剂只能与酶-底物复合物（ES）结合。③ 抑制作用的强弱取决于抑制剂的浓度，此种抑制不能通过增加底物浓度而减弱或消除。④ 按米氏方程的推导，当有反竞争性抑制剂存在时，V_{max} 下降，K_m 减小。

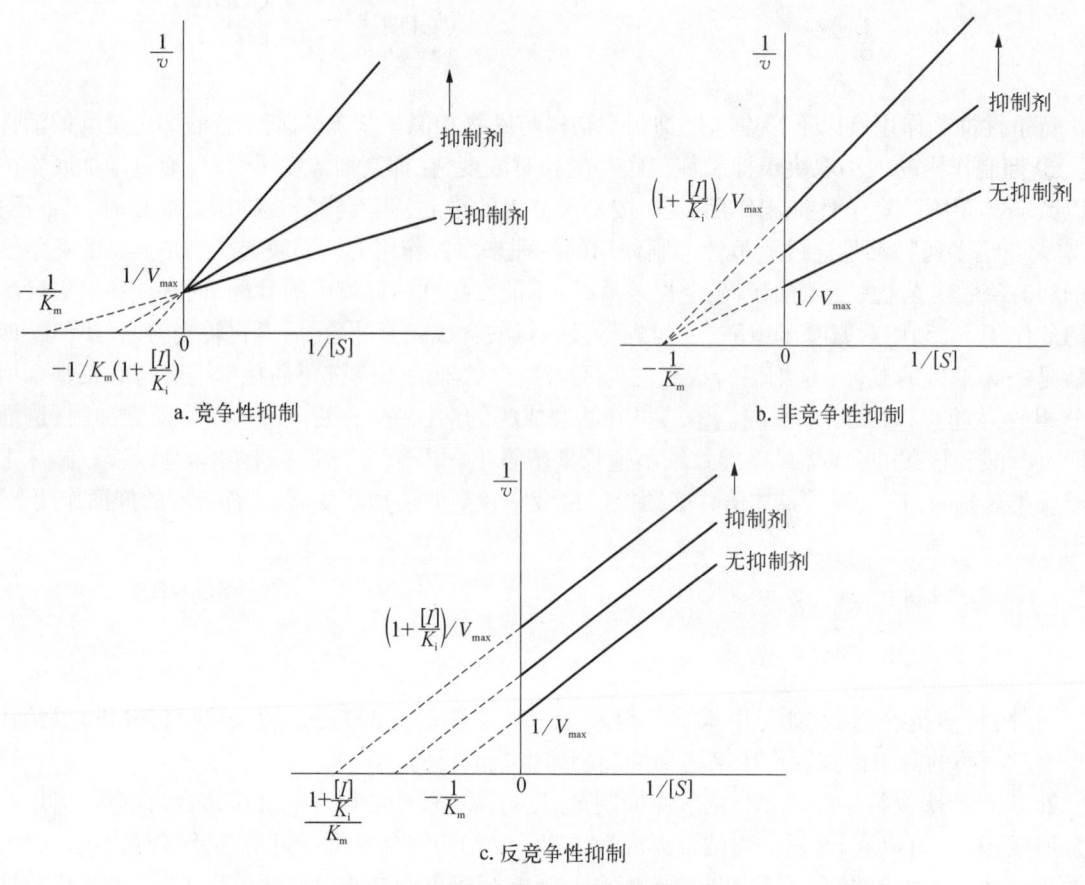

图 4-7　三种可逆性抑制作用的特征性曲线

现将三类可逆性抑制作用的主要特点归纳如表 4-2。

表 4-2　三类可逆性抑制作用主要特点的比较

作用特征	无抑制剂	竞争性抑制	非竞争性抑制	反竞争性抑制
与 I 结合形式		E	E, ES	ES
底物的影响		增加 [S] 可解除抑制	抑制作用与 [S] 无关	[ES] 形成是抑制的前提
动力学改变				
表观 K_m	K_m	增大	不变	减小
最大速率 V_{max}	V_{max}	不变	降低	降低

六、激活剂对反应速度的影响

凡能使酶从无活性变为有活性或使酶从低活性变为高活性的物质统称为酶的激活剂。从化学本质看，酶的激活剂包括无机离子和小分子有机物，如 Mg^{2+}、Mn^{2+}、K^+、Cl^- 及胆汁酸盐等。按激活剂对酶影响的程度不同，可将酶的激活剂分为必需激活剂和非必需激活剂两大类。大多数金属离子激活剂对酶促反应不可缺少，称为必需激活剂，如 Mg^{2+} 是己糖激酶及多种激酶的必需激活剂，Mg^{2+} 与底物 ATP 结合成 Mg^{2+}-ATP 复合物，后者作为酶的真正底物参加反应，缺乏 Mg^{2+} 时，酶将不表现出活性。有些激活剂不存在时,酶仍有一定活性,这类激活剂称非必需激活剂,如Cl^-是唾液淀粉酶的非必需激活剂。

第五节 酶活性的调节

一、细胞内酶活性的调节

细胞中的一些酶促反应常常构成一个连续的反应体系,前一个酶反应的产物正好是后一个酶催化的底物,使某一种底物经过一系列化学反应转变成最终产物,这一系列酶促反应组成一条代谢途径。

在一条代谢途径中,往往有一到几个酶促反应速度较慢,控制着整个代谢途径的反应速度,这些酶称为关键酶。机体可通过调节关键酶活性从而协调代谢途径的速度和方向。关键酶活性调节有变构调节和化学修饰调节两种方式。

(一) 酶的变构调节

体内某些特异性分子可以与某些酶分子活性中心外的某一部位可逆地非共价结合,使酶分子的构象发生改变,进而改变酶的活性。酶的这种调节作用称为变构调节,受变构调节的酶称变构酶,能够使酶变构的特异性分子称为变构效应剂。其中使酶活性增强的效应剂称为变构激活剂;使酶活性减弱的效应剂称为变构抑制剂。

变构酶分子常由多个亚基组成。能与底物结合、具有催化功能的亚基称为催化亚基;能与效应剂结合引起酶的构象改变而起调节作用的亚基称为调节亚基,但有的酶其催化部位与调节部位可在同一亚基上。变构抑制调节是最常见的变构调节方式,变构抑制剂经常是代谢通路的终产物,而变构酶常处于代谢途径的起始部位,通过反馈抑制,可以及早地调节整个代谢过程,减少不必要的底物消耗,也避免各种产物的过多生成,对维持体内的代谢恒定起着重要的作用。例如葡萄糖的氧化分解使ADP转变成ATP,当ATP过多时,通过变构调节可限制葡萄糖的分解,而ADP增多时,则可促进糖的分解。通过调节ATP/ADP的水平,可以维持细胞内能量的正常供应。

效应剂与酶的一个亚基结合不仅使该亚基发生变构,同时还引起邻近的亚基也发生构象改变,从而使这些亚基对此效应剂的亲和力增大或减小。这种现象称为协同效应。若引起的变化是使邻近亚基对效应剂的亲和力增大,则此协同效应称为正协同效应;相反,若发生变构的相邻亚基对此效应剂的亲和力下降,则称为负协同效应。如果底物对酶具有正协同效应,则底物浓度曲线是一条S形曲线(图4-8),而不是非变构酶的矩形双曲线。

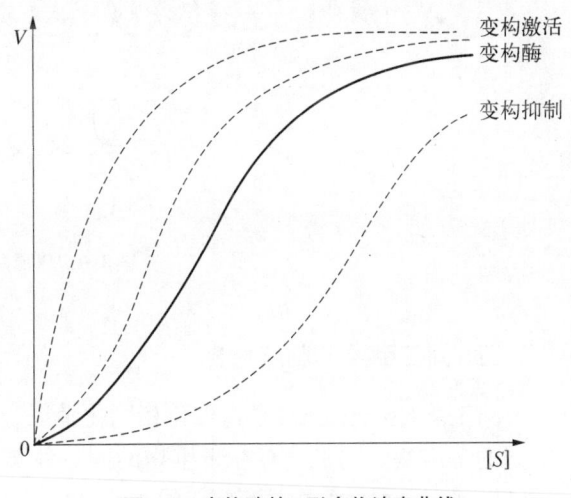

图4-8 变构酶的S形底物浓度曲线

(二) 酶的共价修饰调节

体内有些酶可在其他酶的催化作用下,对酶的结构进行共价修饰,从而使酶的活性发生改变,这种调节方式称为酶的共价修饰调节。体内常见的共价修饰类型有:磷酸化与脱磷酸化、乙酰化与去乙酰化、甲基化与去甲基化、腺苷化与去腺苷化,以及—SH与S—S等方式,其中磷酸化与脱磷酸化最为常见。共价修饰反应迅速,并且可以连锁方式进行,即某种激素或调节因子使第一个酶发生共价修饰后,被修饰的酶又可催化另一个酶发生共价修饰,每修饰一次,就将调节信号放大一次,因此具有级联式放大效应。酶的共价修饰调节是体内物质代谢快速调节的一种重要方式。

二、酶原与酶原的激活

有些酶在细胞内合成或初分泌时,没有催化活性,这种无活性状态的酶的前体称为酶原(zymogen)。如胃蛋白酶、胰蛋白酶等许多消化道的蛋白水解酶,在它们初分泌时都是以无活性的酶原形式存在。在一定条件下,酶原受某种因素作用后,其分子构象发生变化,从而使无活性的酶原转变成有活性的酶,这一过程称为酶原的激活。酶原的激活的实质是活性中心形成或暴露的过程。例如,胰蛋白酶原随胰液进入肠道后,在肠激酶的作用下,从N端水解掉一个六肽片段,使酶分子空间构象发生改变,形成酶的活性中心,于是胰蛋白酶原变成了具有催化活性的胰蛋白酶(图4-9)。除消化道的蛋白酶外,血浆中大多数凝血因子基本上也是以无活性的酶原形式存在,以保证血液的流动,只有当组织或血管内膜受损后,凝血系统被激活,凝血酶原则转变为有催化活性的凝血酶,进行止血。由此可见,酶原的存在与激活能防止细胞内产生的蛋白酶对细胞进行自身消化,并可使酶在特定的部位和环境中发挥作用,对保护机体具有重要的生理意义。

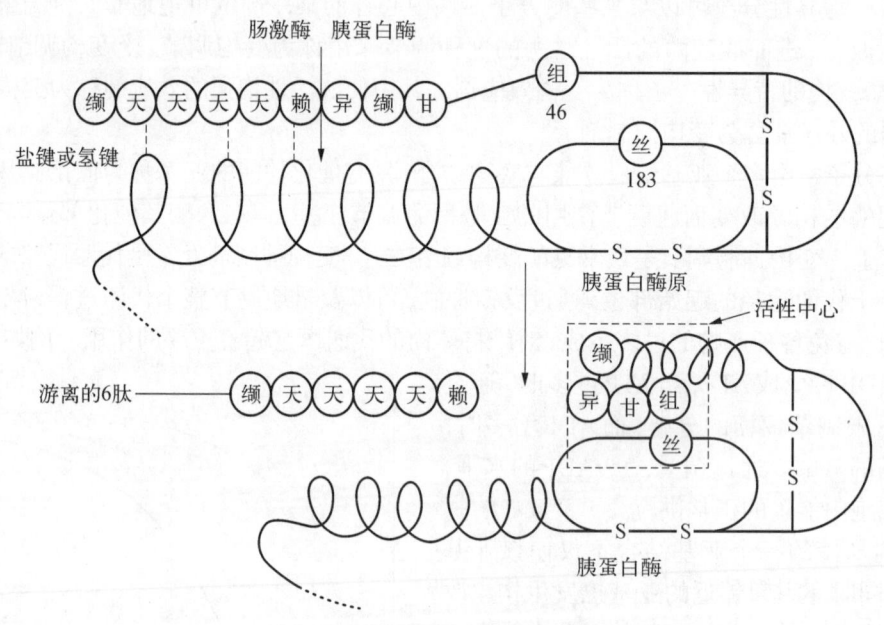

图4-9 胰蛋白酶原激活示意图

三、同工酶及其临床意义

同工酶(isoenzyme)是指催化相同化学反应,但酶蛋白的分子结构、理化性质乃至免疫学性质不同的一组酶。同工酶存在于生物的同一种属或同一个体的不同组织,甚至同一组织或细胞中。现已发现有一百多种酶具有同工酶。

同工酶在代谢调节上起着重要作用。同工酶谱可作为发育过程中各组织分化的一项重要特征监控,在胎儿发育过程中有其规律性的变化。同时一些同工酶的出现与消失还可用于解释发育过程中某些阶段特有的代谢特征。

在临床上,同工酶的测定有助于疾病的鉴别诊断。乳酸脱氢酶(LDH)是研究最早、应用最为广泛的同工酶。如通过检测患者血清中LDH同工酶的电泳图谱,辅助诊断哪些器官组织发生病变:心肌受损患者血清LDH_1含量上升,肝细胞受损者血清LDH_5含量增高。

第六节　酶的命名、分类

酶的命名方法分为习惯命名法和系统命名法两种。习惯命名法主要根据酶作用的底物、催化反应的性质或酶的来源来命名。如脂肪酶、乳酸脱氢酶、胃蛋白酶等。习惯命名法简单明了，使用方便，但这种命名方法有时会因为不能说明酶促反应的本质而出现一酶多名或不同的酶用同一种名称的混乱现象，为此国际酶学委员会于1961年提出使用系统命名法，即按酶的所有底物与反应性质来进行命名，首先按酶促反应性质将酶分为六大类，包括：氧化还原酶类、转移酶类、水解酶类、裂合酶类、异构酶类和合成酶类。在每一大类中，再根据更具体的酶促反应、底物性质分成若干亚类和亚亚类。系统命名法规定，每一个酶的名称均由两部分组成：① 酶所催化的全部底物，底物名称之间以"："分隔。② 反应的类型，并在其后加"酶"。如谷氨酸脱氢酶按系统命名法为：L-谷氨酸：NAD^+氧化还原酶。但有些酶是双底物或多底物反应，因而根据系统命名法得到的酶的名称过于复杂。为应用方便，国际酶学委员会又从每种酶的数个习惯名称中选定一个简便而实用的推荐名称，并规定发表以酶为主题的论文时，在第一次出现酶的正文处要写出酶的国际系统编号和系统名称，其余仍可用习惯名。

第七节　酶与医学的关系

一、酶与疾病的关系

(一) 酶与疾病发生

生物体正常代谢活动离不开酶的催化作用，因此不论是遗传缺陷或外界因素造成的酶结构的异常或酶活性的改变均可导致疾病的发生甚至危及生命。现已发现的140余种先天性代谢缺陷中，多是由酶的先天性或遗传性缺陷所致。如缺乏6-磷酸葡萄糖脱氢酶可引起蚕豆病；酪氨酸羟化酶缺乏导致白化症；苯丙氨酸羟化酶缺陷导致苯丙酮酸尿症等。另外，很多中毒现象都与酶活性改变有关，如常用的有机磷农药美曲膦酯、敌敌畏等，能与胆碱酯酶活性中心的丝氨酸羟基结合而使其活性受到抑制；重金属As^{2+}、Hg^{2+}、Ag^{2+}等可与某些酶的巯基结合而使酶活性丧失，此外氰化物（CN^-）、一氧化碳（CO）等能与细胞色素氧化酶结合，可使呼吸链中断而严重威胁生命。

某些疾病或其他后天因素也可引起酶的异常。如急性胰腺炎时，胰蛋白酶原在胰腺中被激活而导致胰腺组织被水解破坏；激素代谢障碍或维生素缺乏也可引起某些酶活性的异常。

(二) 酶与疾病的诊断

酶在临床诊断中具有重要作用。许多疾病表现出血液或其他体液中酶活性异常的主要原因是：① 细胞破裂或细胞膜的通透性增强，造成细胞内酶释放入血。② 细胞的转换率增高或细胞的增殖过快，其特异的标志酶释放入血。③ 酶生物合成或诱导增强，释放入血的酶量增多。④ 酶的清除受阻，造成酶浓度增高。⑤ 酶的生物合成受阻，使血清酶水平下降。因此，通过酶的相关检测，可诊断疾病、观察疗效、判断预后。如许多遗传性疾病是由于先天性缺乏某种有活性的酶所致，因此可从羊水或绒毛中检测该酶的缺陷或其基因表达的缺陷进行产前诊断；当某些器官组织发生病变导致细胞损伤或细胞通透性增加，可使细胞内的某些酶进入体液中，使体液中该酶的含量升高，如急性胰腺炎时，血清淀粉酶活性增加，心梗或肝炎时，血清转氨酶活性增加；某些疾病可因酶合成速率的改变或酶的清除排泄障碍而引起血液中酶活性的改变。如骨肉瘤、胆道

梗阻时，碱性磷酸酶的活性增加。因此在临床上，通过对血、尿等体液和分泌液中某些酶活性的测定，可以反映某些组织器官的病变情况，从而有助于疾病的诊断。常用于临床诊断的血清酶见表4-3。

表4-3 常用于临床诊断的血清酶

血清酶	主要来源	诊断的主要疾病
谷氨酸脱氢酶	肝	肝实质疾病
乳酸脱氢酶	心、肝、骨骼肌、钉细胞、血小板、淋巴结	心肌梗死、溶血、肝实质疾病
山梨醇脱氢酶	肝	肝实质疾病
丙氨酸氨基转移酶	肝、骨骼肌、心	肝实质疾病
天冬氨酸氨基转移酶	肝、骨骼肌、心、肾、红细胞	心肌梗死、肝实质疾病、肌肉病
γ-谷氨酰转移酶	肝、肾	肝实质疾病、酒精中毒
肌酸激酶	骨骼肌、脑、心、平滑肌	心肌梗死、肌肉病
碱性磷酸酶	肝、骨、肠黏膜、胎盘、肾	骨病、肝胆疾病
酸性磷酸酶	前列腺、红细胞	前列腺癌、骨病
淀粉酶	唾液腺、胰腺、卵巢	胰腺疾病
胆碱酯酶	肝	有机磷杀虫剂中毒、肝实质疾病
5'-核苷酸酶	肝胆臂	肝胆疾病
胰蛋白酶（原）	胰腺	胰腺疾病
醛酶	骨骼肌、心	肌肉病

（三）酶与疾病的治疗

临床上许多药物可通过影响酶的活性而达到治疗作用，如前所述，磺胺类药物是通过竞争性抑制细菌中的二氢叶酸合成酶活性而达到抑菌的作用；许多抗癌药物则是通过影响核苷酸代谢途径中相关的酶类而达到遏止肿瘤生长的目的；另外利用胰蛋白酶、胰凝乳蛋白酶、链激酶、尿激酶、纤溶酶、溶菌酶、木瓜蛋白酶、菠萝蛋白酶等进行外科扩创、化脓伤口的净化、浆膜粘连的防治和一些炎症的治疗；利用链激酶、尿激酶、纤溶酶等防治血栓的形成等。但由于酶是蛋白质，具有很强的抗原性，故用酶进行体内治疗疾病受到一定的限制。

二、酶在医学研究领域中的应用

酶除了与临床疾病的发生、诊断、治疗有密切关系外，在医学研究领域也有广泛的应用。如酶作为试剂用于临床检验——利用酶偶联测定法，对一些酶的活性、底物浓度、激活剂、抑制剂等进行定量分析；酶可以代替放射性核素与某些物质相结合，从而使该物质被酶所标记，通过测定酶的活性来判断被标记物质或与其定量结合的物质的存在和含量；人们利用酶具有高度特异性的特点，将酶作为工具，在分子水平上对核酸分子进行定向的分割与连接，在基因工程中广泛应用。

小 结

酶是活细胞产生的在体内外均有催化作用的高效、特异性生物催化剂，具有催化剂和蛋白质的双重特点。其催化作用机制是酶与底物诱导契合形成中间产物，通过邻近效应、定向排列、多元催化和浓聚效应等降低所催化反应的活化能。单纯酶仅由多肽链组成，结合酶还含有非蛋白辅助因子。辅助因子分辅基和辅酶。金属离子多为辅基，小分子有机化合物有的是辅酶，有的是辅基，且其分子组成中多含维生素或类维生素物质。酶蛋白决定酶促反应的特异性,辅助因子则影响酶促反应的种类与性质,在反应中起递氢、递电子或转移某些化学基团的作用。由必需基团在酶分子的一定部位按特定的构象排布形成的、能特异结合底物并直接参与将底物转变为产物的空间区域称为酶的活性中心。活性中心的形成和空间构象的完整性是保证酶活性的前提。酶原的激活是酶活性中心形成或暴露的过程。同工酶是指催化相同的化学反应而酶蛋白的分子结构、理化性质和免疫学性质不同的一组酶。同工酶谱的差异,为临床诊断奠定了基础,也为细胞分化、遗传、生物的分子分类及生态等方面的研究提供了分子基础。酶的变构调节和化学修饰是酶活性调节的重要方式,是体内代谢快速调节的主要机制。

影响酶促反应速率的因素有酶的浓度、底物浓度、温度、pH、激活剂与抑制剂等。酶促反应速率与酶浓度成直线正比关系;与底物浓度呈矩形双曲线关系,其定量关系式是米氏方程。K_m值是反应速率为最大速率一半时的底物浓度。双倒数作图可求取V_{max}和K_m。反应速率最快时的介质温度与pH分别称为最适温度与最适pH。抑制剂不破坏酶的结构而使酶的活性下降或消失。重金属盐和有机磷农药是酶的不可逆性抑制剂,可用化学方法解除抑制。可逆性抑制作用分为竞争性、非竞争性与反竞争性抑制作用三种,V_{max}和K_m的变化各有其特点。竞争性抑制作用的原理可用来阐明某些药物的作用机制和指导探索合成控制代谢的新药。

疾病的发生与酶的结构异常或酶活性的改变密切相关。测定体液中某些酶活性的变化有利于疾病的诊断、疗效和预后判断。酶作为药品、试剂或工具广泛应用于疾病治疗、临床检验、科学研究与生产实践。

【思考题】
(1) 名词解释:酶的活性中心、变构调节与变构酶、酶的化学修饰、同工酶、最适温度、竞争性抑制作用。
(2) 结合酶由哪两大部分组成?在酶促反应中各自的主要作用是什么?
(3) 何谓酶原?酶原激活的实质和意义是什么?
(4) 简述温度对酶促反应速度的双重影响。
(5) 以磺胺药为例,说明竞争性抑制作用的原理。
(6) 列表说明B族维生素的名称、活性形式及其主要生理功用。

(王树强)

第五章

糖 代 谢

学习要点

- **掌握**：① 糖酵解概念、限速酶及生理意义；② 糖的有氧氧化概念、限速酶、ATP生成部位及生理意义；③ 磷酸戊糖途径的关键酶和生理意义；④ 糖原合成与分解的限速酶；⑤ 糖异生的概念、限速酶及生理意义；⑥ 血糖的来源与去路。
- **熟悉**：① 糖酵解途径的基本反应过程；② 糖的有氧氧化途径中丙酮酸氧化脱羧及三羧酸循环的基本反应过程；③ 糖原合成与分解的反应过程；④ 糖异生的反应过程；⑤ 乳酸循环及生理意义。
- **了解**：① 糖的重要功能及其在体内的消化吸收；② 激素对血糖水平的调节作用；③ 高血糖与低血糖等糖代谢失常疾病。

糖（carbohydrate）是广泛存在于自然界中的一大类有机化合物，其化学本质为多羟醛或多羟酮类及其衍生物或多聚糖，结构式是$(CH_2O)_n$，也被称为碳水化合物。人体每日摄入的糖占食物总量的50%以上。糖在体内以葡萄糖（glucose）形式运输，以糖原（glycogen）形式贮存，葡萄糖和糖原都可以氧化供能，人体所需能量约有70%来源于糖。此外，糖类还参与体内重要生理物质的组成，并在细胞识别、信号转导、免疫等过程中发挥作用。糖类被人体摄入后，经消化吸收，通过血液输送到各组织细胞进行中间代谢，最后转变为生物大分子（合成代谢）或被分解为小分子并释放能量（分解代谢）。人体内糖的中间代谢主要包括糖的无氧酵解、有氧氧化、磷酸戊糖途径、糖原的合成与分解以及糖异生等。

第一节 概 述

一、糖的生理功能

糖在体内的主要生理功能包括以下几方面：① 氧化供能，这是糖类最主要生理功能。② 提供碳源，合成其他的含碳化合物。③ 组成人体组织结构的重要成分；④ 参与构成体内一些重要的生物活性物质。此外，糖的磷酸衍生物参与构成许多重要生物活性物质，如FAD、NAD^+、DNA、RNA及ATP等。

二、糖的消化

人类食物中的糖以淀粉为主，淀粉是由多个葡萄糖分子组成的带分支的大分子多糖。此外食物中还有少量乳糖、蔗糖等二糖，这些糖必须消化成葡萄糖、果糖、半乳糖等单糖才可被吸收利用。

淀粉的消化从口腔就已开始,唾液及胰液中都含α-淀粉酶,但由于食物在口腔中停留时间很短,故小肠为消化淀粉的主要部位。淀粉在α-淀粉酶的作用下分解成麦芽糖、麦芽三糖、异麦芽糖和α-临界糊精,随后在小肠黏膜刷状缘上的α-葡萄糖苷酶(包括麦芽糖酶)以及α-临界糊精酶(包括异麦芽糖酶)的作用下,水解为葡萄糖。肠黏膜细胞中还有蔗糖酶和乳糖酶等分别水解蔗糖、乳糖。有些成人食用牛奶后腹胀、腹泻,是由于缺乏乳糖酶,导致乳糖消化吸收障碍所致。

三、糖的吸收

糖被消化成葡萄糖后主要在小肠上段被吸收,然后经门静脉入肝。小肠黏膜对葡萄糖的摄入由特定的载体转运,是一个主动耗能的过程,目前已知的葡萄糖转运体(GLUT)有5种,具有组织特异性。

第二节 糖的分解代谢

氧供应状况对糖的分解代谢影响很大。人及动物体内糖的分解代谢主要有3条途径:① 有氧氧化,生成CO_2和H_2O。② 缺氧或无氧条件下酵解生成乳酸。③ 进入磷酸戊糖途径,提供机体合成代谢所需的还原当量(图5-1)。其中有氧氧化是葡萄糖或糖原分解代谢的主要途径。

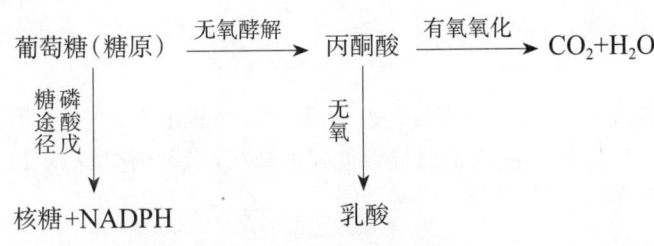

图5-1 糖的分解代谢途径

一、糖酵解

糖的无氧酵解是指当机体处于相对缺氧情况时,葡萄糖或糖原分解生成乳酸并产生能量的过程。这一代谢过程与酵母的生醇发酵非常相似,故又称为糖酵解(glycolysis)。糖酵解途径在生物界普遍存在,参与糖酵解反应的一系列酶存在于细胞胞质中,因此糖酵解全部反应过程均在胞质中进行。糖酵解反应过程可分为两个阶段:葡萄糖分解为丙酮酸的过程及丙酮酸还原为乳酸的过程,前一阶段也称为糖酵解途径,是糖的无氧分解和有氧氧化的共有途径。

(一)葡萄糖分解为丙酮酸(糖酵解途径)

1. 葡萄糖或糖原磷酸化生成6-磷酸葡萄糖(G-6-P)

(1)葡萄糖首先在第6位碳上被磷酸化生成6-磷酸葡萄糖,磷酸根由ATP供给,这一过程不仅活化了葡萄糖,有利于它进一步参与合成与分解代谢,同时还能使进入细胞的葡萄糖不再逸出细胞。此反应不可逆,并需要消耗能量ATP,Mg^{2+}是反应的激活剂。

笔记栏

催化该反应的酶为己糖激酶（HK），是糖酵解反应过程的关键酶（key enzyme），其产物6-磷酸葡萄糖是HK的反馈抑制物。HK在生物组织中分布很广，专一性较低，它能催化多种己糖如葡萄糖、果糖等进行不可逆的磷酸化反应。哺乳动物中已发现了四种HK的同工酶，其中Ⅳ型酶只存在于肝脏，对葡萄糖有高度专一性，又称葡萄糖激酶（GK），GK对葡萄糖的亲和力很低，仅在肝内葡萄糖浓度很高时催化葡萄糖磷酸化，这对维持血糖浓度恒定很重要。

（2）若从糖原开始分解，糖原先生成1-磷酸葡萄糖（G-1-P），再生成G-6-P。此过程不消耗ATP。

$$\text{糖原} \xrightarrow{\text{磷酸化酶}} \text{1-磷酸葡萄糖} \xrightarrow{\text{变位酶}} \text{6-磷酸葡萄糖}$$

2. 6-磷酸葡萄糖转变为6-磷酸果糖（F-6-P） 这是由磷酸己糖异构酶催化的一个醛-酮异构反应。反应可逆，需Mg^{2+}。

6-磷酸葡萄糖 ⇌（己糖异构酶）6-磷酸果糖

3. 6-磷酸果糖生成1,6-二磷酸果糖（F-1,6-BP） 催化该反应的酶是6-磷酸果糖激酶-1（6-phosphofructokinase-1, PFK-1），这是糖酵解途径的第二次磷酸化反应。PFK-1是糖酵解过程的主要限速酶。此反应不可逆，需要消耗ATP及Mg^{2+}。

6-磷酸果糖 →（ATP, Mg^{2+}, ADP, 6-磷酸果糖激酶-1）1,6-二磷酸果糖

4. 1,6-二磷酸果糖裂解为2个磷酸丙糖 醛缩酶催化F-1,6-BP生成磷酸二羟丙酮和3-磷酸甘油醛，两者互为异构体，此反应可逆。

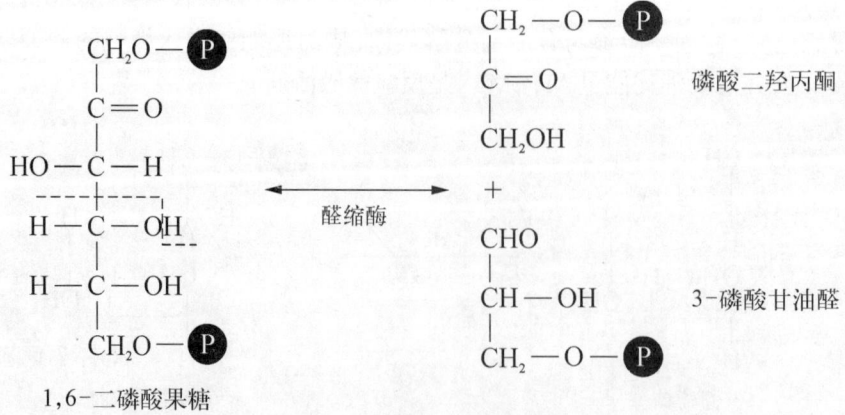

笔记栏

5. 磷酸丙糖同分异构化 3-磷酸甘油醛和磷酸二羟丙酮在磷酸丙糖异构酶催化下可互相转变。由于反应中3-磷酸甘油醛不断移去,使磷酸二羟丙酮迅速转变为3-磷酸甘油醛,以利于继续代谢。这样1分子F-1,6-BP相当于生成2分子3-磷酸甘油醛。

$$\begin{array}{c} CH_2-O-\text{P} \\ | \\ C=O \\ | \\ CH_2OH \end{array} \quad \underset{\text{磷酸丙糖异构酶}}{\longleftrightarrow} \quad \begin{array}{c} CHO \\ | \\ CH-OH \\ | \\ CH_2-O-\text{P} \end{array}$$

磷酸二羟丙酮　　　　　　　　　　　3-磷酸甘油醛

上述5步反应为糖酵解过程中的耗能阶段,至此,1分子葡萄糖分解消耗2分子ATP,同时产生2分子3-磷酸甘油醛。

6. 3-磷酸甘油醛脱氢氧化成为1,3-二磷酸甘油酸 此反应由3-磷酸甘油醛脱氢酶催化,脱下的氢交给NAD^+生成$NADH+H^+$,反应释放的能量储存在所生成的1,3-二磷酸甘油酸1位的羧酸与磷酸构成的混合酸酐内,此高能磷酸基团可将能量转移给ADP形成ATP。

$$\begin{array}{c} CHO \\ | \\ CH-OH \\ | \\ CH_2-O-\text{P} \end{array} \quad \underset{\text{3-磷酸甘油醛脱氢酶}}{\overset{P_i、NAD^+ \quad NADH+H^+}{\longleftrightarrow}} \quad \begin{array}{c} O=C-O\sim\text{P} \\ | \\ C-OH \\ | \\ CH_2-O-\text{P} \end{array}$$

3-磷酸甘油醛　　　　　　　　　　　　　　　　　　　1,3-二磷酸甘油酸

7. 1,3-二磷酸甘油酸转变为3-磷酸甘油酸 在磷酸甘油酸激酶催化下,1,3-二磷酸甘油酸生成3-磷酸甘油酸,同时其1位上的高能磷酸根转移给ADP生成ATP,这种ADP或其他核苷二磷酸的磷酸化作用与底物的脱氢作用直接相偶联的反应称为底物水平磷酸化。这是糖酵解过程中第一个产生ATP的反应。由于1分子葡萄糖产生2分子1,3-二磷酸甘油酸,所以在这一过程中,1分子葡萄糖可产生2分子ATP。此反应可逆,需要Mg^{2+}。

$$\begin{array}{c} O=C-O\sim\text{P} \\ | \\ C-OH \\ | \\ CH_2-O-\text{P} \end{array} \quad \underset{\text{磷酸甘油酸激酶}}{\overset{ADP \quad ATP}{\longleftrightarrow}} \quad \begin{array}{c} COOH \\ | \\ C-OH \\ | \\ CH_2-O-\text{P} \end{array}$$

1,3-二磷酸甘油酸　　　　　　　　　　　　　　　3-磷酸甘油酸

8. 3-磷酸甘油酸转变成2-磷酸甘油酸 此反应可逆,由磷酸甘油酸变位酶催化。

$$\begin{array}{c} COOH \\ | \\ C-OH \\ | \\ CH_2-O-\text{P} \end{array} \quad \underset{\text{磷酸甘油酸变位酶}}{\longleftrightarrow} \quad \begin{array}{c} COOH \\ | \\ C-O-\text{P} \\ | \\ CH_2-OH \end{array}$$

3-磷酸甘油酸　　　　　　　　　　　2-磷酸甘油酸

9. 2-磷酸甘油酸转变为磷酸烯醇式丙酮酸(PEP)　此反应可逆,由烯醇化酶催化,2-磷酸甘油酸脱水的同时,能量重新分配,生成含高能磷酸键的磷酸烯醇式丙酮酸。

$$\text{2-磷酸甘油酸} \xrightleftharpoons[\text{烯醇化酶}]{} \text{磷酸烯醇式丙酮酸} + H_2O$$

10. 磷酸烯醇式丙酮酸转变为丙酮酸　由丙酮酸激酶催化,磷酸烯醇式丙酮酸上的高能磷酸根转移至ADP生成ATP。这是糖酵解过程第二次生成ATP,产生方式也是底物水平磷酸化。由于1分子葡萄糖产生2分子丙酮酸,所以在这一过程中,1分子葡萄糖可产生2分子ATP。此反应不可逆,丙酮酸激酶也是糖酵解过程中的关键酶。

$$\text{磷酸烯醇式丙酮酸} \xrightarrow[\text{丙酮酸激酶}]{ADP \quad ATP, K^+, Mg^{2+}} \text{丙酮酸}$$

(二) 丙酮酸转变为乳酸

在无氧条件下,丙酮酸被还原为乳酸。此反应由乳酸脱氢酶(LDH)催化,其辅酶为NADH,由第一阶段中3-磷酸甘油醛脱氢时产生。NADH脱氢后成为NAD^+,再作为3-磷酸甘油醛脱氢酶的辅酶。因此,NAD^+来回穿梭,起着递氢作用,使无氧酵解过程持续进行。

$$\text{丙酮酸} \xrightleftharpoons[\text{乳酸脱氢酶(LDH)}]{NADH+H^+ \quad NAD^+} \text{乳酸}$$

(三) 糖酵解的反应特点

1) 糖酵解过程无需氧的参与。

2) 糖酵解释放少量能量,1分子葡萄糖可净生成2分子ATP,若从1分子糖原开始分解,则净生成3分子ATP。

3) 糖酵解中有3个关键酶,分别催化了3步不可逆的单向反应,其中磷酸果糖激酶-1的催化活性最低,是最重要的限速酶。

(四) 糖酵解的生理意义

1. 主要生理功能是在缺氧(应激状态)时迅速提供能量　这对肌肉收缩尤为重要,肌肉内ATP含量很低,当剧烈运动时肌肉内局部血流相对不足,此时的能量主要通过糖酵解获得。

2. 正常情况下为一些细胞提供部分能量　如成熟红细胞没有线粒体,完全依赖糖酵解提供能量。还有少数组织,如视网膜、睾丸、肾髓质和红细胞等组织细胞,即使在有氧条件下,仍需从糖酵解获得能量。

3. 糖酵解途径　是糖有氧氧化的前段过程,部分中间代谢物是脂类、氨基酸等合成的前体(图5-2)。

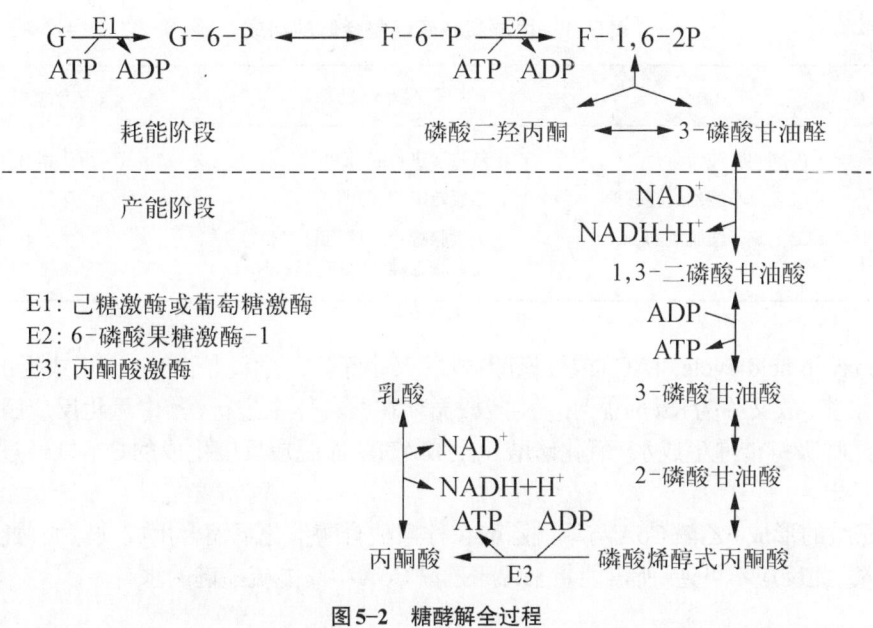

图5-2　糖酵解全过程

二、糖的有氧氧化

有氧氧化(aerobic oxidation)是指葡萄糖或糖原在有氧条件下彻底氧化成水和CO_2并产生大量能量的反应过程。有氧氧化在细胞的胞液和线粒体中进行，是糖分解代谢的主要方式，体内大多数组织通过有氧氧化获得能量。

(一) 反应过程

糖的有氧氧化可分为3个阶段：① 葡萄糖或糖原在胞液中循糖酵解途径分解成丙酮酸。② 丙酮酸进入线粒体，氧化脱羧生成乙酰CoA。③ 乙酰CoA进入三羧酸循环彻底氧化生成水和CO_2并释放大量能量。

$$葡萄糖(糖原) \xrightarrow{胞液} 2×丙酮酸 \xrightarrow{线粒体} 2×乙酰CoA \xrightarrow[线粒体]{TAC} CO_2+H_2O+ATP$$

1. **葡萄糖生成丙酮酸**　该反应过程与糖酵解基本相同。不同的是在有氧条件下，3-磷酸甘油醛氧化产生的$NADH+H^+$不用于还原丙酮酸，而是通过穿梭机制进入线粒体氧化产生能量。

2. **丙酮酸氧化脱羧生成乙酰CoA**　细胞液内生成的丙酮酸经线粒体内膜上特异载体转运进入线粒体，在丙酮酸脱氢酶复合体的催化下进行氧化脱羧，生成乙酰CoA，此反应不可逆。

$$丙酮酸 \xrightarrow[丙酮酸脱氢酶复合体]{NAD^+,HSCoA \quad\quad CO_2,NADH+H^+} 乙酰CoA$$

丙酮酸脱氢酶复合体由3种酶和5种辅酶或辅基组成(表5-1)。在反应过程中，中间产物不离开多酶复合体，使紧密相连的连锁反应迅速完成，催化效率高，最终使丙酮酸脱羧、脱氢生成乙酰CoA及$NADH+H^+$。丙酮酸脱氢酶复合体是糖有氧氧化过程中的关键酶。

3. **三羧酸循环**　乙酰CoA进入由一系列反应构成的循环体系，被氧化生成H_2O和CO_2。由于这个循环反应开始于乙酰CoA与草酰乙酸缩合生成的含有三个羧基的柠檬酸，因此称为三羧酸

表5-1 丙酮酸脱氢酶复合体的组成

酶		辅酶(辅基)	所含维生素
E1	丙酮酸脱羧酶	硫胺素焦磷酸(TPP)、	维生素B_1
E2	二氢硫辛酸乙酰转移酶	二氢硫辛酸、辅酶A	硫辛酸、泛酸
E3	二氢硫辛酸脱氢酶	黄素腺嘌呤二核苷酸(FAD)、尼克酰胺腺嘌呤二核苷酸(NAD^+)	维生素B_2、维生素PP

循环(tricarboxylic acid cycle, TAC)或柠檬酸循环,又由于这一学说是由Krebs正式提出,1953年他为此获诺贝尔奖,故又称为Krebs循环。三羧酸循环在线粒体中进行,其中氧化反应脱下的氢在线粒体内膜上经呼吸链传递生成水,氧化磷酸化生成ATP;而脱羧反应生成的CO_2则通过血液运输到呼吸系统被排出。

(1) 柠檬酸的形成:乙酰CoA与草酰乙酸在柠檬酸合酶催化下缩合生成柠檬酸,此酶是三羧酸循环的关键酶,此反应不可逆,所需能量来源于乙酰CoA中高能硫酯键的水解。

(2) 异柠檬酸的形成:由顺乌头酸酶催化,柠檬酸脱水、加水生成异柠檬酸。

(3) 第一次氧化脱羧:此反应在异柠檬酸脱氢酶作用下进行脱氢、脱羧,生成α-酮戊二酸,这是三羧酸循环中第一次氧化脱羧。异柠檬酸脱氢酶是三羧酸循环的限速酶,是最主要的调节点,辅酶是NAD^+,脱氢生成的$NADH+H^+$经线粒体内膜上经呼吸链传递生成水,氧化磷酸化生成2.5分子ATP。

笔记栏

(4) 第二次氧化脱羧:由α-酮戊二酸脱氢酶复合体催化α-酮戊二酸脱氢、脱羧生成琥珀酰辅酶A,这是三羧酸循环中第二次氧化脱羧。α-酮戊二酸脱氢酶复合体也是三羧酸循环的关键酶。α-酮戊二酸脱氢酶复合体的组成及反应方式都与丙酮酸脱氢酶复合体相似。它所含的三种酶是α-酮戊二酸脱氢酶（需TPP）、硫辛酸琥珀酰基转移酶（需硫辛酸和辅酶A）及二氢硫辛酸脱氢酶（需FAD、NAD$^+$）。脱氢生成NADH+H$^+$，在线粒体内膜上经呼吸链传递生成水，氧化磷酸化生成2.5分子ATP。反应中分子内部能量重排，因此产物琥珀酰辅酶A中含有一个高能硫酯键，此反应不可逆。

$$\begin{array}{c}CH_2-COO^-\\|\\CH_2\\|\\C-COO^-\\||\\O\end{array} \xrightarrow[\text{CoA-SH NAD}^+\quad\text{NADH}]{} \begin{array}{c}CH_2-COO^-\\|\\CH_2\\|\\C-S\sim CoA\\||\\O\end{array} + CO_2$$

α-酮戊二酸 → 琥珀酰CoA

（5）底物水平磷酸化反应：在琥珀酰辅酶A合成酶催化下，琥珀酰辅酶A中的高能硫酯键释放能量，转移给GDP形成GTP。形成的GTP可在二磷酸核苷激酶催化下，将高能磷酸基团转移给ADP生成ATP。这是三羧酸循环中唯一的一次底物水平磷酸化，生成1分子ATP。

$$\begin{array}{c}CH_2-COO^-\\|\\CH_2\\|\\C-S-CoA\\||\\O\end{array} \xrightleftharpoons[\text{GDP+Pi GTP CoA-SH}]{} \begin{array}{c}COO^-\\|\\CH_2\\|\\CH_2\\|\\COO^-\end{array}$$

琥珀酰CoA → 琥珀酸

（6）琥珀酸脱氢生成延胡索酸：由琥珀酸脱氢酶催化，辅酶是FAD，脱氢后生成FADH$_2$，经线粒体内膜上经呼吸链传递生成水，氧化磷酸化生成1.5分子ATP。

$$\begin{array}{c}COO^-\\|\\CH_2\\|\\CH_2\\|\\COO^-\end{array} \xrightleftharpoons[\text{FAD FADH}_2]{} \begin{array}{c}COO^-\\|\\CH\\||\\HC\\|\\COO^-\end{array}$$

琥珀酸 → 延胡索酸

（7）延胡索酸生成苹果酸：此反应由延胡索酸酶催化，加水生成苹果酸，反应可逆。

$$\begin{array}{c}COO^-\\|\\CH\\||\\HC\\|\\COO^-\end{array} \xrightleftharpoons[\text{H}_2\text{O}]{} \begin{array}{c}COO^-\\|\\HO-CH\\|\\HC-H\\|\\COO^-\end{array}$$

延胡索酸 → 苹果酸

（8）苹果酸脱氢生成草酰乙酸：此反应由苹果酸脱氢酶催化，辅酶是NAD$^+$，脱氢后生成

NADH+H⁺,经线粒体内膜上经呼吸链传递生成水,氧化磷酸化生成2.5分子ATP。生成的草酰乙酸,则不断用于柠檬酸的合成,故这一可逆反应向生成草酰乙酸的方向进行。

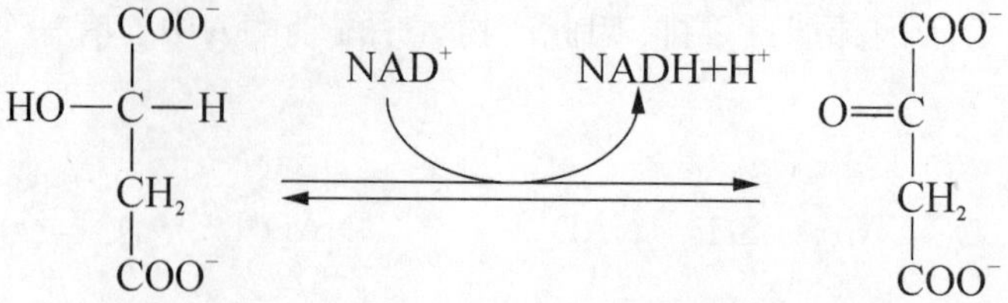

苹果酸 ⇌ 草酰乙酸

三羧酸循环的总反应方程式为:

乙酰CoA+3NAD⁺+FAD+GDP+Pi+2H₂O ⟶ CoA~SH+3(NADH+H⁺)+FADH₂+2CO₂+GTP

三羧酸循环的反应过程如图5-3所示。

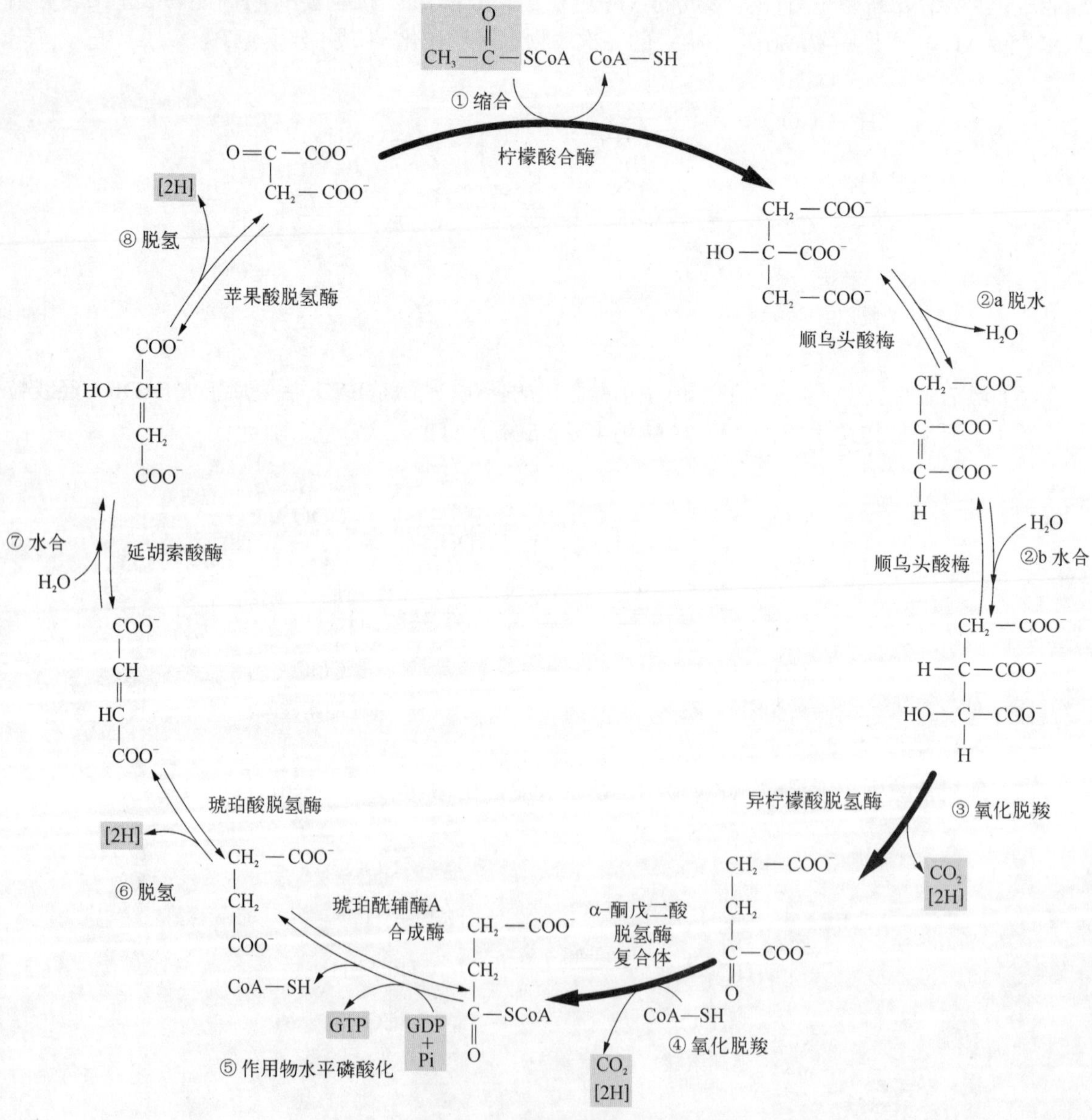

图5-3 三羧酸循环(TAC)

(二) 三羧酸循环的特点

1. **三羧酸循环是乙酰辅酶A的彻底氧化过程** 终产物为CO_2、H_2O和ATP，无草酰乙酸的净生成。CO_2中的碳原子来自草酰乙酸，而非乙酰辅酶A。

2. **三羧酸循环是能量的产生过程** 1分子乙酰CoA通过TAC经历了4次脱氢，其中3次脱氢生成$NADH+H^+$（每分子$NADH+H^+$经呼吸链氧化可产生2.5分子ATP），1次脱氢生成$FADH_2$（每分子$FADH_2$经呼吸链氧化可产生1.5分子ATP），故4次脱氢共产生9分子ATP；再加上1次底物水平磷酸化，因此1分子乙酰CoA通过TAC共产生10分子ATP。

3. **单向反应体系** 三羧酸循环中柠檬酸合酶、异柠檬酸脱氢酶、α-酮戊二酸脱氢酶复合体是反应的关键酶，催化单向不可逆反应，因此三羧酸循环是不可逆的。

4. **三羧酸循环的中间产物需不断补充** 由于体内各代谢途径相互联系，循环中的某些产物还可参与其他代谢，因此为维持三羧酸循环中间产物的一定浓度，保证三羧酸循环的正常进行，必须不断补充消耗的中间产物，称为回补反应。

(三) 有氧氧化的生理意义

(1) 有氧氧化是机体获取能量的主要方式。1分子葡萄糖经无氧酵解仅净生成2分子ATP，而有氧氧化可净生成30或32分子ATP（表5-2）。

(2) 有氧氧化是糖、脂肪和蛋白质等营养物质在体内彻底氧化的共同代谢途径。

(3) 有氧氧化是糖、脂肪和蛋白质等营养物质代谢互变的枢纽。

表5-2 糖酵解和糖有氧氧化的比较

	糖 酵 解	糖的有氧氧化
反应部位	胞液	胞液和线粒体
需氧条件	无氧或缺氧	有氧
底物、产物	糖原、葡萄糖→乳酸	糖原、葡萄糖→H_2O+CO_2
产能	1分子葡萄糖净生成2分子ATP	1分子葡萄糖净生成30或32分子ATP
产能方式	底物水平磷酸化	氧化磷酸化、底物水平磷酸化
关键酶	己糖激酶，6-磷酸果糖激酶-1，丙酮酸激酶	糖酵解关键酶（3个），丙酮酸脱氢酶复合体，柠檬酸合成酶，异柠檬酸脱氢酶，α-酮戊二酸脱氢酶复合体
生理意义	迅速供能	机体产能的主要方式

三、磷酸戊糖途径

磷酸戊糖途径是指从6-磷酸葡萄糖（G-6-P）脱氢反应开始，经一系列代谢反应生成磷酸戊糖等中间代谢物，然后再重新进入糖氧化分解代谢途径的一条旁路代谢途径。它的功能不是用于产生ATP，而是产生细胞所需的具有重要生理作用的特殊物质，如NADPH和5-磷酸核糖。这条途径存在于肝脏、脂肪组织、甲状腺、肾上腺皮质、性腺、红细胞等组织中。

(一) 反应过程

磷酸戊糖途径在胞液中进行，总反应式为：

$$G-6-P + 12NADP^+ + 7H_2O \longrightarrow 6CO_2 + 12NADPH + 12H^+ + H_3PO_4$$

反应可分为两个阶段：第一阶段是氧化反应，产生NADPH及5-磷酸核糖；第二阶段是非氧化反应，是一系列基团的转移过程。

1. **磷酸戊糖的生成** 在6-磷酸葡萄糖脱氢酶及6-磷酸葡萄糖酸脱氢酶的催化下，G-6-P在第一位碳原子上脱氢脱羧而转变为5-磷酸核酮糖，同时生成2分子$NADPH+H^+$。5-磷酸核酮糖在异构酶的作用下成为5-磷酸核糖。6-磷酸葡萄糖脱氢酶为磷酸戊糖途径的关键酶，此阶段反应不可逆。

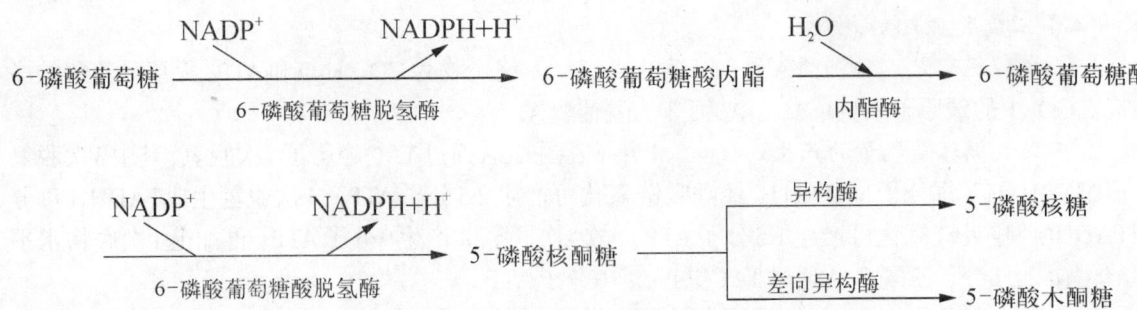

2. 基团转移反应 5-磷酸核糖和5-磷酸木酮糖在转酮基酶(TPP为辅酶)和转醛基酶催化下进行基团转移,中间生成三碳、四碳、七碳和磷酸酯等,最终生成6-磷酸果糖和3-磷酸甘油醛,它们可转变为6-磷酸葡萄糖继续进行磷酸戊糖途径,也可以进入糖有氧氧化或糖酵解途径。

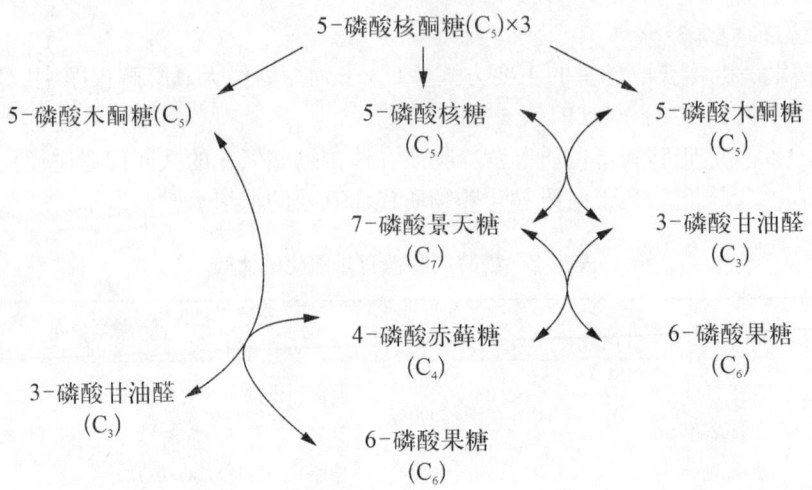

(二) 磷酸戊糖途径的生理意义

1. 为核酸的生物合成提供核糖 体内的核糖并不依赖从食物摄取,磷酸戊糖途径是葡萄糖在体内生成5-磷酸核糖的唯一途径,5-磷酸核糖是合成核苷酸及核酸的主要原料。

2. 提供$NADPH+H^+$作为供氢体参与许多代谢反应

(1) 作为供氢体,参与体内多种生物合成反应:例如脂肪酸、胆固醇和类固醇激素的生物合成,都需要大量的$NADPH+H^+$。

(2) $NADPH+H^+$是谷胱甘肽还原酶的辅酶,对维持还原型谷胱甘肽(GSH)的正常含量有重要的作用:GSH能保护某些蛋白质中的巯基,如保护红细胞膜上的巯基免受氧化物的损害,保护红细胞膜的完整性,从而维持红细胞的正常结构与功能,缺乏6-磷酸葡萄糖脱氢酶的人,因$NADPH+H^+$缺乏,导致GSH含量过低,红细胞易于破坏而发生溶血性贫血;若服用某些可导致H_2O_2生成的药物(抗疟药伯氨喹)或食用含氧化剂的食物(如蚕豆),可使体内生成的H_2O_2迅速将GSH耗尽,使红细胞膜破裂而出现溶血性贫血,俗称"蚕豆病"。

(3) $NADPH+H^+$参与体内羟化反应,参与激素、药物、毒物的生物转化过程。

第三节 糖原的合成与分解

糖原(glycogen)是由许多葡萄糖分子聚合而成的带有分支的高分子多糖类化合物。糖原分子的直链部分借α-1,4-糖苷键连接,支链部分则借α-1,6-糖苷键而形成分支(图5-4)。糖原是体内

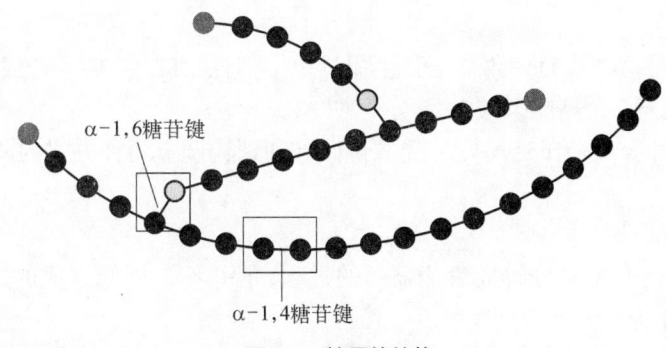

图5-4 糖原的结构

糖的储存形式，主要以肝糖原、肌糖原形式存在。肝糖原的合成与分解主要是为了维持血糖浓度的相对恒定；肌糖原是肌肉糖酵解提供能量的主要来源。

一、糖原的合成代谢

由单糖（主要是葡萄糖）合成糖原的过程称为糖原合成，反应在胞液中进行，需要消耗ATP和UTP。

（一）反应过程

1. 葡萄糖磷酸化生成6-磷酸葡萄糖（G-6-P） 由己糖激酶或葡萄糖激酶催化，反应不可逆，需消耗ATP。

$$葡萄糖 \xrightarrow[\text{（葡萄糖激酶）}]{\text{己糖激酶}} 6\text{-磷酸葡萄糖}$$
（ATP → ADP）

2. 6-磷酸葡萄糖转变成1-磷酸葡萄糖（G-1-P） 由变位酶催化，反应可逆。

$$6\text{-磷酸葡萄糖} \xrightleftharpoons{\text{变位酶}} 1\text{-磷酸葡萄糖}$$

3. G-1-P转变成尿苷二磷酸葡萄糖 G-1-P与UTP在尿苷二磷酸葡萄糖焦磷酸化酶作用下，生成尿苷二磷酸葡萄糖（UDPG）。

$$G\text{-}1\text{-}P + UTP \xrightleftharpoons{\text{UDPG焦磷酸化酶}} UDPG + PPi$$

4. 糖原合成 在糖原合酶的作用下，UDPG提供的葡萄糖残基转移到糖原引物的非还原端，以α-1,4-糖苷键连接。每次反应增加一个葡萄糖单位，使糖链不断延长。

$$UDPG + (G)_n \xrightarrow{\text{糖原合酶}} (G)_{n+1} + UDP$$

（二）糖原合成的特点

1. 糖原合成反应不能从头开始合成第一个糖分子　需要至少含4个葡萄糖残基的引物，每次反应使糖原增加一个葡萄糖单位。

2. 糖原合酶只能延长糖链，不能形成分支　当直链部分不断加长到超过11个葡萄糖残基时，分支酶可将一段糖链（至少含有6个葡萄糖残基）转移到邻近糖链上，以α-1,6-糖苷键相连接，形成新的分支。

3. **UDPG是活性葡萄糖基的供体** 其生成过程中消耗UTP,故糖原合成是耗能过程,每增加一个葡萄糖残基,需消耗2个高能磷酸键(2分子ATP)。

4. **糖原合酶是糖原合成的限速酶** 受共价修饰和别构调节两种方式的调节。

二、糖原的分解代谢

糖原分解一般是指肝糖原分解成为葡萄糖的过程,但并不是糖原合成的逆反应。反应在胞液中进行,无需消耗能量。

(一) 反应过程

1. **1-磷酸葡萄糖的生成** 糖原分解从糖链的非还原端开始,在糖原磷酸化酶的作用下水解α-1,4-糖苷键,逐个生成1-磷酸葡萄糖。

$$糖原_{n+1} \xrightarrow{糖原磷酸化酶} 糖原_n + 1\text{-磷酸葡萄糖}$$

2. **6-磷酸葡萄糖的生成** 在变位酶作用下,1-磷酸葡萄糖转变为6-磷酸葡萄糖。

$$1\text{-磷酸葡萄糖} \xleftrightarrow{磷酸葡萄糖变位酶} 6\text{-磷酸葡萄糖}$$

3. **葡萄糖的生成** 6-磷酸葡萄糖在葡萄糖-6-磷酸酶的作用下,水解为葡萄糖。

$$6\text{-磷酸葡萄糖} \xrightarrow[(肝,肾)]{葡萄糖-6-磷酸酶} 葡萄糖$$

(二) 糖原分解的特点

(1) 糖原磷酸化酶只能分解α-1,4-糖苷键,对α-1,6-糖苷键无作用。当糖链分解至分支点约4个葡萄糖残基时,磷酸化酶不能再发挥作用,此时由脱枝酶将分支链上的三个葡萄糖残基转移到直链的非还原端,仍以α-1,4-糖苷键相连,磷酸化酶继续作用,而暴露的分支点上的α-1,6-糖苷键则由脱枝酶催化,水解为游离葡萄糖(图5-5)。

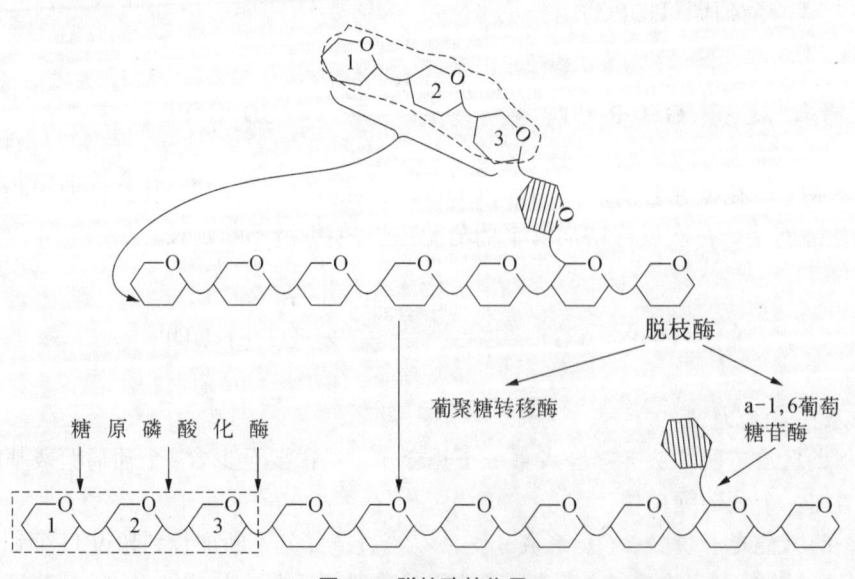

图5-5 脱枝酶的作用

（2）糖原磷酸化酶是糖原分解的限速酶，受共价修饰和别构调节两种方式的调节。

（3）葡萄糖-6-磷酸酶只存在于肝脏和肾脏中，因此可以分解糖原，补充血糖。而肌肉组织中没有葡萄糖-6-磷酸酶，因此肌糖原不能直接分解为葡萄糖，产生的G-6-P在有氧的条件下被有氧氧化彻底分解，在无氧的条件下糖酵解生成乳酸，后者经血循环运到肝脏进行糖异生，再合成葡萄糖或糖原。

第四节 糖异生

体内糖原储备有限，10多个小时肝糖原即被耗尽，但即使禁食24小时，血糖仍维持正常水平，此时，一些非糖物质也可以转变成葡萄糖，以补充血糖。这种从非糖物质，如生糖氨基酸、乳酸、丙酮酸及甘油等转变为葡萄糖或糖原的过程，称为糖异生（gluconeogenesis）。糖异生的主要器官是肝脏，长期饥饿或酸中毒时，肝脏的糖异生能力大大加强。

一、糖异生反应途径

糖异生的途径基本上是糖酵解的逆过程，糖酵解通路中大多数的酶促反应是可逆的，但是己糖激酶、磷酸果糖激酶和丙酮酸激酶三个限速酶催化的三个反应过程不可逆，相应的逆过程由另外不同的酶来催化逆行过程而绕过各自能障。糖异生是耗能的合成过程，反应在胞液和线粒体中进行。

1. 丙酮酸转变为磷酸烯醇式丙酮酸（PEP）　包括丙酮酸羧化酶和PEP羧激酶催化的两步反应，构成"丙酮酸羧化支路"。该反应是糖酵解过程中丙酮酸激酶催化的PEP生成丙酮酸的逆过程。

（1）丙酮酸转变为草酰乙酸：由丙酮酸羧化酶催化，辅酶是生物素，在ATP、CO_2存在条件下，丙酮酸羧化生成草酰乙酸。

$$\text{丙酮酸} + ATP + CO_2 \xrightarrow[\text{（生物素）}]{\text{丙酮酸羧化酶}} \text{草酰乙酸} + ADP + Pi$$

（2）草酰乙酸转变为PEP：由PEP羧激酶催化，由GTP提供能量，释放CO_2。

$$\text{草酰乙酸} + GTP \xrightarrow{\text{磷酸烯醇式丙酮酸羧激酶}} PEP + GDP + CO_2$$

丙酮酸羧化酶存在于线粒体中，故丙酮酸必须进入线粒体才能被羧化为草酰乙酸，这也是体内草酰乙酸的重要来源之一。PEP羧激酶在线粒体及胞液中都存在，存在于线粒体中的PEP羧激酶，可直接催化草酰乙酸生成PEP，PEP从线粒体转运到胞液，继续糖异生反应。而因为草酰乙酸不能自由进出线粒体内膜，因此草酰乙酸先要按图5-6所示从线粒体转运到细胞质，然后存在于细胞质中的PEP羧激酶可催化其脱羧生成PEP。

2. 1,6-二磷酸果糖（F-1,6-BP）转变为6-磷酸果糖（F-6-P）　由果糖二磷酸酶催化进行。这个反应是糖酵解过程中磷酸果糖激酶-1催化6-磷酸果糖生成1,6-二磷酸果糖的逆过程。

$$F\text{-}1,6\text{-}BP + H_2O \xrightarrow{\text{果糖二磷酸酶}} F\text{-}6\text{-}P + Pi$$

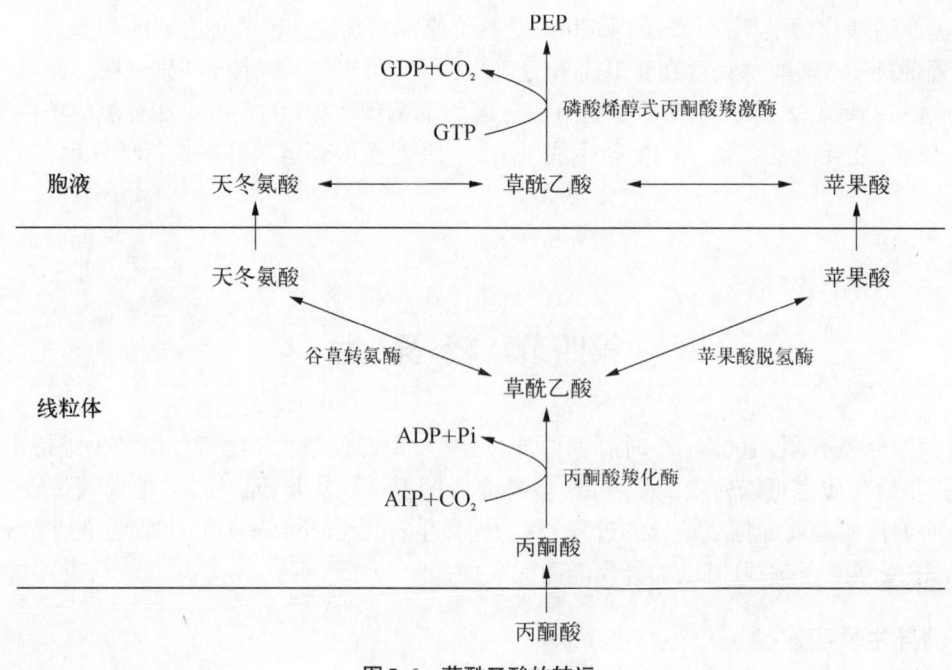

图5-6 草酰乙酸的转运

3. 6-磷酸葡萄糖（G-6-P）转变为葡萄糖（G） 此反应由葡萄糖-6-磷酸酶催化进行。这个反应是糖酵解过程中己糖激酶催化葡萄糖生成6-磷酸葡萄糖的逆过程。

$$\text{G-6-P} + \text{H}_2\text{O} \xrightarrow{\text{葡萄糖-6-磷酸酶}} \text{G} + \text{Pi}$$

乳酸、甘油和生糖氨基酸可先生成相应的糖酵解或三羧酸循环中间产物后再进入糖异生途径（图5-7）。

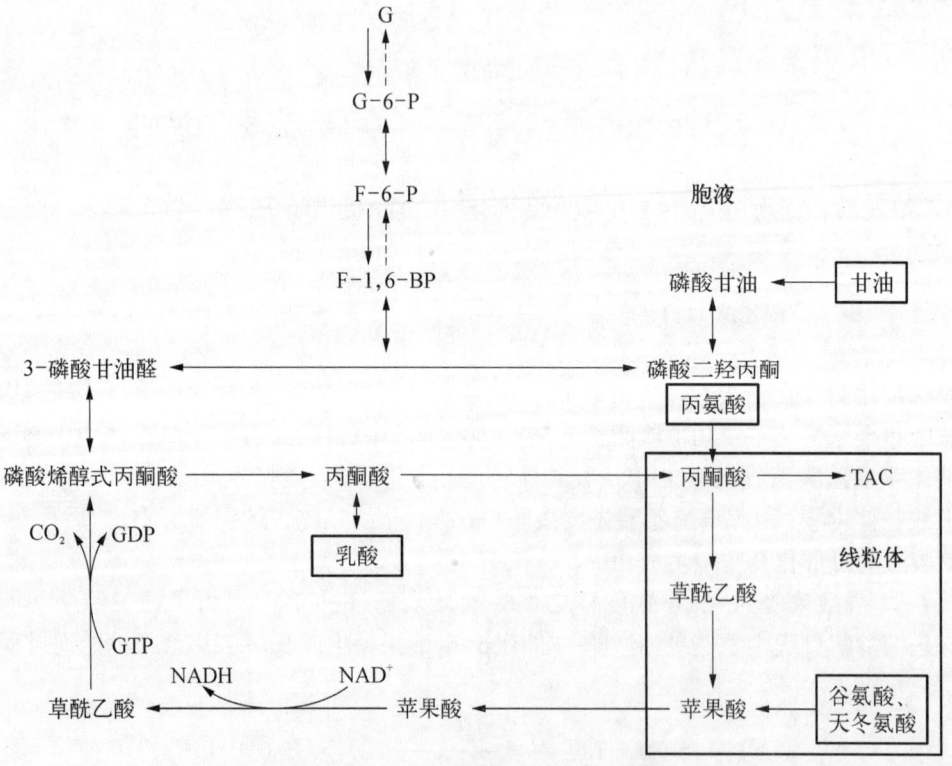

图5-7 乳酸、甘油、生糖氨基酸的糖异生途径

二、糖异生的生理意义

1. **在空腹或饥饿情况下维持血糖浓度的相对恒定** 保证脑、红细胞等重要组织器官的能量供应,这是糖异生最重要的生理意义。

2. **调节酸碱平衡** 长期饥饿可造成代谢性酸中毒,促进肾小管中磷酸烯醇式丙酮酸羧激酶的合成,使糖异生作用加强;另外,当肾中α-酮戊二酸因糖异生而减少时,可促进谷氨酰胺脱氢生成谷氨酸以及谷氨酸的脱氨反应以补充三羧酸循环,肾小管将NH_3分泌入管腔,与原尿中的H^+中和,有利于排氢保钠,对防止酸中毒有重要作用。

3. **通过糖异生回收乳酸,防止乳酸中毒** 肌肉在缺氧或剧烈运动时,肌糖原酵解产生大量乳酸,但因肌肉组织缺乏葡萄糖-6-磷酸酶,因而不能进行糖异生,乳酸便弥散进入血液,再经门静脉进入肝脏;在肝脏中,乳酸通过糖异生作用合成肝糖原或葡萄糖以补充血糖,而血糖又可被肌肉摄取,合成肌糖原。这个循环即被称为乳酸循环或Cori循环(图5-8)。乳酸循环可避免损失乳酸,以及防止因乳酸堆积引起的酸中毒。

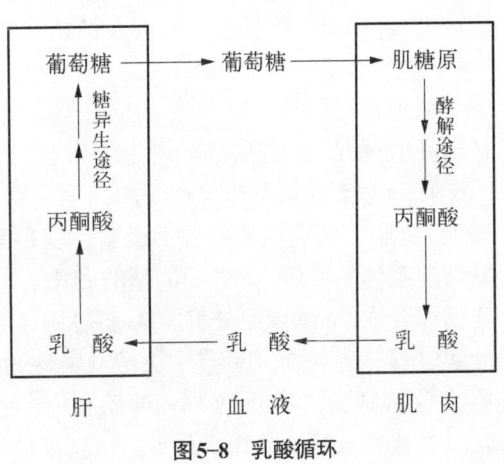

图5-8 乳酸循环

第五节 血 糖

血液中的葡萄糖,称为血糖(blood sugar)。体内血糖浓度是反映机体内糖代谢状况的一项重要指标。正常情况下,血糖浓度是相对恒定的,正常人空腹血浆葡萄糖浓度为3.9～6.1 mmol/L(葡萄糖氧化酶法)。血糖有许多来源和去路,并且受神经和激素的调节,这使血糖处于动态平衡之中,对于保证机体各组织器官特别是脑组织的正常机能活动极为重要。

一、血糖的来源和去路

血糖浓度的相对恒定依赖于血糖来源与去路的平衡。血糖的来源有:① 食物中的糖经消化、吸收,成为血糖的主要来源。② 肝糖原的分解,这是空腹时血糖的直接来源。③ 非糖物质如甘油、乳酸及生糖氨基酸等通过糖异生作用生成葡萄糖,这是饥饿时血糖的主要来源。血糖的去路有:① 葡萄糖在各组织细胞中氧化分解供能,这是血糖的主要去路。② 在肝脏、肌肉等组织进行糖原合成,生成肝糖原和肌糖原储存。③ 通过磷酸戊糖途径转变为其他糖及其衍生物,如核糖、氨基糖和糖醛酸等。④ 通过脂类、氨基酸代谢等转变为非糖物质脂肪、非必需氨基酸等。⑤ 血糖浓度过高时,由尿液排出,这是血糖的非正常去路。血糖浓度大于8.88～9.99 mmol/L,超过肾小管重吸收能力,出现糖尿。将出现糖尿时的血糖浓度称为肾糖阈。常见于糖尿病患者。血糖的来源与去路总结为图5-9。

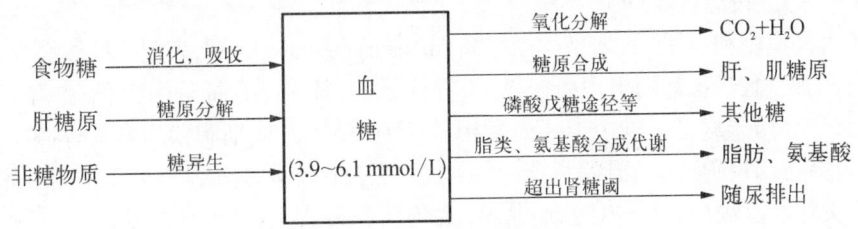

图5-9 血糖的来源与去路

二、血糖浓度的调节

正常人体内存在着精细的调节血糖来源和去路动态平衡的机制,保持血糖浓度的相对恒定是组织器官、激素及神经系统共同调节的结果。

(一) 肝脏对血糖的调节

肝脏是调节血糖浓度、维持血糖水平稳定的最主要器官。肝脏对于血糖浓度变化非常敏感,血糖升高时,肝加强合成糖原进行储存。血糖降低时,肝糖原加速分解,直接生成葡萄糖补充血糖。饥饿时,肝脏通过糖异生不断将非糖物质转变为葡萄糖,补充血糖。

(二) 激素对血糖的调节

调节血糖的激素有两大类:一类是降低血糖的激素,即胰岛素;另一类是升高血糖的激素:包括胰高血糖素、糖皮质激素、肾上腺素、生长激素等。

1. **胰岛素的调节作用**　胰岛素由胰岛β细胞合成,是体内唯一降低血糖的激素,也是唯一促进糖原、脂肪和蛋白质合成的激素。胰岛素降低血糖有多方面的机制:① 可通过调节细胞膜葡萄糖转运载体的数量,促进葡萄糖的利用。② 通过增强糖原合成酶活性,抑制磷酸化酶活性,从而加速糖原合成,抑制糖原分解。③ 通过诱导糖酵解途径的关键酶,激活丙酮酸脱氢酶而加快糖的氧化分解过程。④ 可抑制糖异生关键酶磷酸烯醇式丙酮酸羧激酶的合成,减少异生原料,抑制糖异生作用。⑤ 抑制脂肪动员,增加葡萄糖利用,促进葡萄糖转变成脂肪。

2. **胰高血糖素的调节作用**　胰高血糖素由胰岛α细胞合成,其升高血糖的机制为:① 通过抑制糖原合成酶,激活糖原磷酸化酶,抑制糖原合成,促进糖原分解。② 通过抑制6-磷酸果糖激酶,抑制糖分解的糖酵解途径,减少糖的氧化。③ 促进磷酸烯醇式丙酮酸羧激酶合成,并加速肝摄取氨基酸原料,加强糖异生。④ 加速脂肪动员,抑制周围组织摄取利用葡萄糖。

3. **糖皮质激素的调节作用**　糖皮质激素升高血糖作用的机制为:① 促进肌肉蛋白分解成氨基酸,并使之转移至肝中,增加糖异生。② 促进糖异生途径关键酶磷酸烯醇式丙酮酸羧激酶的合成。③ 抑制肝外组织摄取、利用葡萄糖,抑制丙酮酸氧化脱羧,从而抑制葡萄糖的氧化。

4. **肾上腺素的调节作用**　肾上腺素为强有力的升血糖激素,主要在应激状态下发挥作用,其作用机制主要为:① 激活糖原磷酸化酶,加速肝糖原分解为葡萄糖。② 肌糖原分解为乳酸后,通过糖异生间接升高血糖。

(三) 神经系统对血糖的调节

神经系统对血糖浓度的调节属于整体调节,主要通过下丘脑和自主神经系统调节相关激素的分泌。

三、高血糖与低血糖

(一) 高血糖

临床上将空腹血糖浓度高于6.1 mmol/L,餐后2 h血糖浓度高于7.8 mmol/L称为高血糖(hyperglycemia)。当血糖浓度高于8.89~10.00 mmol/L时,超过了肾小管的重吸收能力,则可出现糖尿,这一血糖水平称为肾糖阈。

1. 高血糖与糖尿

(1) 生理性高血糖和糖尿:生理情况下,情绪激动或一次摄入大量葡萄糖,可引起血糖短暂升高,也可出现糖尿,并按原因不同分为情感性糖尿和饮食性糖尿。

(2) 病理性高血糖和糖尿:主要见于糖尿病(diabetes mellitus, DM),表现为持续性高血糖和糖尿。

(3) 肾性糖尿:血糖正常而出现糖尿,见于慢性肾炎、肾病综合征等引起肾对糖的吸收障碍。

2. **糖尿病**　糖尿病是一种由于胰岛素相对或绝对缺乏,或细胞胰岛素受体减少,或受体敏感性降低导致的疾病,其特征为高血糖和糖尿,这是由于糖代谢发生紊乱所致。临床上将糖尿病分为二型:Ⅰ型(胰岛素依赖型)多发生于青少年,主要与遗传有关;Ⅱ型(非胰岛素依赖型)和肥胖关系密切。我国以成人多发的Ⅱ型糖尿病为主。

（二）低血糖

空腹血糖浓度低于2.8 mmol/L、糖尿病患者血糖浓度低于3.9时称为低血糖（hypoglycemia）。血糖水平过低，会影响脑细胞的功能，从而出现头晕、倦怠无力、心悸等症状，严重时出现昏迷。

低血糖的常见病因包括：① 饥饿或不能进食。② 胰性（胰岛β细胞功能亢进、胰岛α细胞功能低下等）：胰岛素分泌过多。③ 肝性（肝癌、糖原积累病等）：肝功能受损，不能有效调节血糖浓度，导致糖原的合成与分解，糖异生等均异常。④ 内分泌异常（垂体功能低下、肾上腺皮质功能低下等）：升血糖激素分泌过少。⑤ 肿瘤（胃癌等）。

小 结

糖的主要生物学功能是在代谢中提供能源和碳源。糖的主要代谢途径有糖酵解、糖的有氧氧化及磷酸戊糖途径、糖原合成与糖原分解和糖异生等。糖酵解是葡萄糖在无氧情况下分解生成乳酸的反应过程，在胞液中进行；调节糖酵解的关键酶是磷酸果糖激酶-1、丙酮酸激酶和己糖激酶；糖酵解的生理意义在于供能迅速，也是某些组织生理情况下的主要的供能途径；1分子葡萄糖（或糖原）经酵解可净生成2分子（或3分子）ATP。葡萄糖或糖原在有氧条件下彻底氧化，生成CO_2、H_2O并产生大量能量的过程称为糖的有氧氧化；它是体内糖氧化供能的主要方式，在胞液和线粒体中进行；1分子葡萄糖彻底氧化可产生30或32分子ATP；糖有氧氧化的关键酶除了与糖酵解相同的3个酶外，还有丙酮酸脱氢酶复合体、柠檬酸合酶、异柠檬酸脱氢酶和α-酮戊二酸脱氢酶复合体。磷酸戊糖途径在胞液中进行，限速酶是6-磷酸葡萄糖脱氢酶；磷酸戊糖途径的主要生理意义是提供NADPH和磷酸核糖。 糖原是体内糖的储存形式，肝糖原分解为葡萄糖的过程称为糖原分解；糖原合成与分解的限速酶分别为糖原合酶和磷酸化酶。非糖物质（乳酸、甘油、生糖氨基酸等）转变为葡萄糖或糖原的过程称为糖异生；肝脏是糖异生的主要场所；糖异生有四个关键酶：丙酮酸羧化酶、磷酸烯醇式丙酮酸羧激酶、果糖二磷酸酶和葡萄糖-6-磷酸酶；糖异生最主要的生理意义是在饥饿时维持血糖浓度的相对恒定。血糖是指血中的葡萄糖，是糖的运输形式；血糖水平维持在3.89～6.11 mmol/L（70～100 mg/dL）之间，这是由于血液中葡萄糖来源和去路达到动态平衡的结果。

【思考题】

(1) 名词解释：糖酵解、糖异生、乳酸循环、血糖。
(2) 比较糖酵解与有氧氧化（反应部位、关键酶、底物、终产物、能量计算及生理意义等）。
(3) 简述三羧酸循环的特点及生理意义。
(4) 简述磷酸戊糖途径的生理意义。
(5) 简述糖原合成与糖原分解的关键酶，并说明糖原合成时葡萄糖的活性供体是什么。
(6) 简述糖异生过程的主要原料和关键酶。
(7) 简述血糖的来源与去路。

（程　宏）

第六章

脂 类 代 谢

学习要点

- **掌握**：①脂肪动员的概念及限速酶；②脂肪酸β-氧化的步骤及能量计算；③酮体的概念、生成和利用的部位以及生成的生理意义；④胆固醇的合成部位、原料、限速酶及胆固醇的转化产物；⑤血脂的概念以及血浆脂蛋白的种类和功能。
- **熟悉**：①三酰甘油合成代谢的部位、合成原料；②脂肪酸合成原料、部位和限速酶；③胆固醇合成的主要步骤和调节；④血浆脂蛋白的结构以及载脂蛋白的功能；⑤血浆脂蛋白的代谢。
- **了解**：①脂类的分类和生理功能；②脂类的消化和吸收；③多不饱和脂肪酸的衍生物；④磷脂的分类、化学组成、结构和甘油磷脂的合成途径。

脂类是生物体内的一类有机物质，它包括范围很广，其化学结构有很大差异，生理功能各不相同，其共同理化性质是不溶于水而溶于有机溶剂。脂类是脂肪（fat）和类脂（lipids）及其衍生物的总称。脂肪即三酰甘油，其主要生理功能是为机体储存和提供能量。类脂主要包括磷脂、糖脂、胆固醇及胆固醇酯，其功能是维持生物膜的正常结构与功能，并参与细胞的识别及信号转导，并且是多种生理活性物质的前体。

第一节 概 述

一、脂类的一般概念

（一）脂肪

脂肪是由三分子脂肪酸与一分子甘油通过酯键连接形成的化合物，故又称三酰甘油（triacylglycerol, TAG）或三酯酰甘油。脂肪是机体饥饿或禁食时能量的主要来源，同时脂肪还具有保护内脏、保温、促进脂溶性维生素的吸收等功能。

（二）类脂

类脂是生物膜的重要组成成分，约占生物膜重量的一半。磷脂是含有磷酸的脂类，包括甘油磷脂和鞘磷脂，磷脂分子中的花生四烯酸是合成前列腺素及血栓素等的原料；糖脂是含有糖基的脂类；胆固醇是类固醇激素、胆汁酸盐和维生素D_3合成的原料。

笔记栏

二、脂类的消化和吸收

（一）脂类的消化

膳食中的脂类主要为脂肪，还含有少量磷脂、胆固醇、胆固醇酯和一些游离脂肪酸。脂肪的消化需要脂肪酶及胆汁酸盐，小肠是脂类消化吸收的主要部位。在小肠上段，通过小肠蠕动及胆汁中胆汁酸盐的作用，食物中的脂类被乳化成水包油的细小微团，提高了溶解度并增加了酶与脂类的接触面积，有利于脂类的消化及吸收。胰腺分泌到小肠中消化脂类的酶有胰脂肪酶、辅脂酶、胆固醇酯酶和磷脂酶A_2等。食物中的脂类经上述胰液中酶类消化后，生成单酰甘油、脂肪酸、胆固醇及溶血磷脂等，这些产物极性明显增强，易于穿过小肠黏膜细胞表面水屏障，可被肠黏膜细胞吸收。

（二）脂类的吸收

脂类的吸收主要在十二指肠下段及空肠上段。甘油、短链（2~4C）及中链（6~10C）脂肪酸无需混合微团协助，直接吸收入小肠黏膜细胞后，进而通过门静脉进入血液；长链脂肪酸及其他脂类消化产物随微团吸收入小肠黏膜细胞，之后在脂酰CoA合成酶催化下，生成脂酰CoA；转酰基酶可将单酰甘油、溶血磷脂和胆固醇酯化生成相应的三酰甘油、磷脂和胆固醇酯，再可与细胞内合成的载脂蛋白构成乳糜微粒，通过淋巴最终进入血液，被其他细胞所利用。

第二节　脂肪的代谢

人体内的脂肪处于不断自我更新的转变中。脂肪的分解与合成是脂类代谢的主要内容。

一、脂肪的分解代谢

（一）脂肪动员

储存于脂肪组织中的脂肪被一系列脂肪酶水解为甘油和游离脂肪酸（free fatty acid，FFA），并释放入血供全身各组织利用的过程，称为脂肪动员。

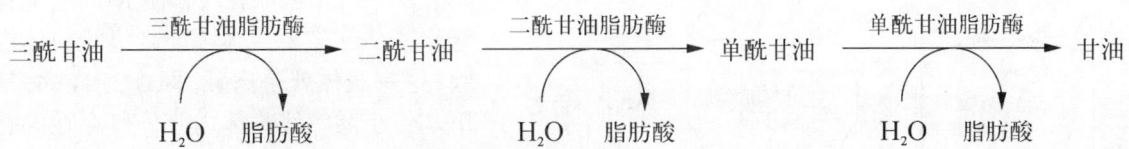

其中，三脂酰甘油脂肪酶是脂肪动员的限速酶，其活性受许多激素的调节称为激素敏感脂肪酶（HSL）。胰高血糖素、肾上腺素和去甲肾上腺素等可使胞内HSL磷酸化而活化，促进三酰甘油水解，因而被称为脂解激素；胰岛素和前列腺素等的作用与之相反，称为抗脂解激素（图6-1）。当禁食、饥饿或处于兴奋状态时，肾上腺素及胰高血糖素等分泌增加，脂解作用加强；而当进食后胰岛素分泌增加，脂解作用降低。

肝脏、心肌及骨骼肌等组织中的脂肪被组织脂肪酶水解为甘油和脂肪酸后，就在细胞内进一步代谢变化。脂肪酸在肌肉细胞中主要是氧化分解供能，在肝细胞中主要生成酮体，再释放入血供肝外组织利用。脑及神经组织和红细胞等不能利用脂肪酸，甘油被运输到肝脏，被甘油激酶催化生成3-磷酸甘油，进入糖酵解途径分解或用于糖异生。脂肪和肌肉组织中缺乏甘油激酶而不能利用甘油。

（二）脂肪酸的β-氧化分解

脂肪酸在有充足氧供给的情况下，可氧化分解为CO_2和H_2O，释放大量能量，因此脂肪酸是

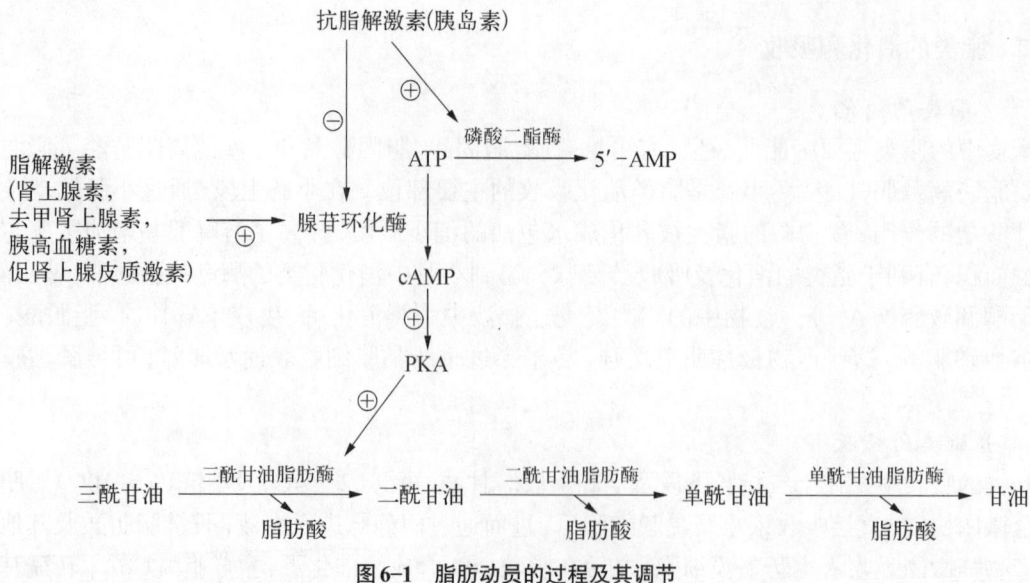

图6-1 脂肪动员的过程及其调节

机体主要能量来源之一。肝和肌肉是进行脂肪酸氧化最活跃的组织,其最主要的氧化形式是β-氧化。

1. **脂肪酸的活化** 脂肪酸在胞液中由脂酰CoA合成酶催化,ATP提供能量,活化形成脂酰CoA。

$$RCOOH+ATP+CoASH \xrightarrow[Mg^{2+}]{\text{脂酰CoA合成酶}} RCO\sim SCoA+AMP+PPi$$

脂酰CoA含有高能硫酯键,极性增强,易溶于水,性质活泼,与酶的亲和力大,因此更容易参加反应。该反应过程中生成的焦磷酸(PPi)立即被焦磷酸酶水解,阻止了逆向反应的进行,因此1分子脂酰CoA的生成消耗了2个高能磷酸键。

2. **脂酰CoA进入线粒体** 催化脂肪酸β-氧化的酶系在线粒体基质中,但长链脂酰CoA需要载体才能越过线粒体内膜,这一载体就是肉碱,即L-3-羟-4-三甲基铵丁酸。线粒体内膜外侧存在肉碱脂酰转移酶Ⅰ,内侧存在肉碱脂酰转移酶Ⅱ。在外侧面酶Ⅰ催化下先生成脂酰肉碱,通过膜上载体的作用转运至膜内侧,接着在内侧面酶Ⅱ的催化下,重新生成脂酰CoA,并释放肉碱,脂酰CoA则进入线粒体基质,成为脂肪酸β-氧化酶系的底物(图6-2)。

长链脂酰CoA进入线粒体是脂肪酸β-氧化的限速步骤,肉碱脂酰转移酶Ⅰ是控制脂肪酸β-氧化的限速酶,胰岛素及丙二酰该酶的抑制剂。

3. **β-氧化的反应过程** 含偶数碳的脂酰CoA在线粒体基质中进行β-氧

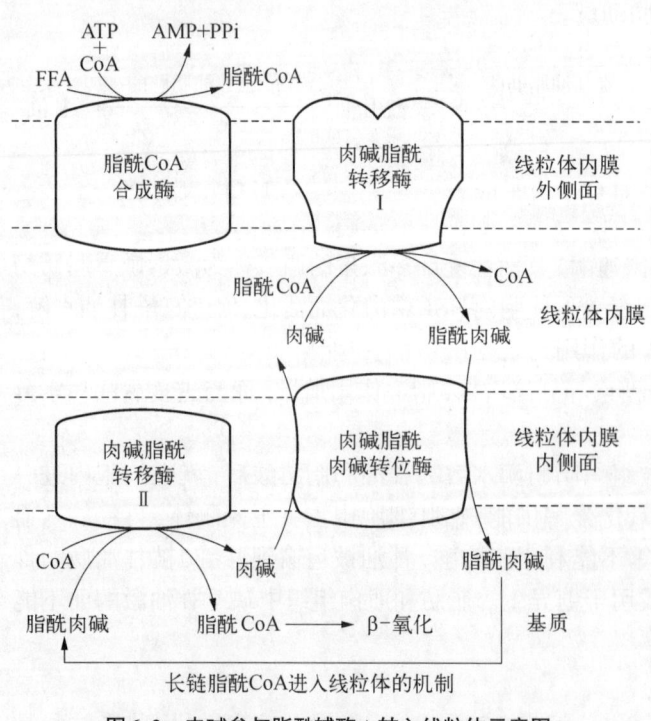

长链脂酰CoA进入线粒体的机制

图6-2 肉碱参与脂酰辅酶A转入线粒体示意图

化要经过四步反应：脱氢、加水、再脱氢和硫解，生成一分子乙酰CoA和一个少2个碳的新的脂酰CoA，如此反复进行，直到脂酰CoA全部变成乙酰CoA。

（1）脱氢：脂酰CoA脱氢酶催化，脂酰CoA在α和β碳原子上各脱去一个氢原子生成α、β-烯脂酰辅酶A及$FADH_2$。

$$R-CH_2-CH_2-CO\sim SCoA$$
$$\downarrow \text{I} \quad FAD \to FADH_2$$
反-Δ^2-烯脂酰CoA $\quad R-{^\beta}CH={^\alpha}CH-CO\sim SCoA$

（2）加水：烯脂酰CoA水合酶催化，生成L-β-羟脂酰CoA。

反-Δ^2-烯脂酰CoA $\quad R-{^\beta}CH={^\alpha}CH-CO\sim SCoA$
$$\downarrow \text{II} \quad H_2O$$
L-(+)-β-羟脂酰CoA $\quad R-{^\beta}CH-{^\alpha}CH_2-CO\sim SCoA$
$\qquad\qquad\qquad\qquad\quad\ \ |$
$\qquad\qquad\qquad\qquad\ \ OH$

（3）再脱氢：β-羟脂酰CoA脱氢酶催化，生成β-酮脂酰CoA及$NADH+H^+$。

L-(+)-β-羟脂酰CoA $\quad R-{^\beta}CH-{^\alpha}CH_2-CO\sim SCoA$
$\qquad\qquad\qquad\qquad\quad\ \ |$
$\qquad\qquad\qquad\qquad\ \ OH$
$\qquad\qquad\qquad\qquad\qquad\downarrow \text{III} \quad NAD^+ \to NADH+H^+$
$\qquad\qquad\qquad\qquad\quad\ \ O$
$\qquad\qquad\qquad\qquad\quad\ \ \|$
β-酮脂酰CoA $\qquad R-{^\beta}C-{^\alpha}CH_2-CO\sim SCoA$

（4）硫解：β-硫解酶催化，生成乙酰CoA和一个少两个碳原子的脂酰CoA。

$\qquad\qquad\qquad\qquad\quad\ \ O$
$\qquad\qquad\qquad\qquad\quad\ \ \|$
β-酮脂酰CoA $\qquad R-{^\beta}C-{^\alpha}CH_2-CO\sim SCoA$
$\qquad\qquad\qquad\qquad\qquad\downarrow \text{IV} \quad CoASH$
$\qquad\qquad\qquad\qquad R-CO-SCoA+CH_3CO\sim SCoA$
$\qquad\qquad\qquad\qquad\quad\ \ $脂酰CoA $\qquad$ 乙酰CoA

长链脂酰CoA经一次循环，碳链减少两个碳原子，生成一分子乙酰CoA，多次重复该循环，就会逐步生成乙酰CoA。乙酰CoA可进入三羧酸循环彻底氧化为水及二氧化碳，也可进一步转变为其他代谢中间产物。

β-氧化过程中有$FADH_2$和$NADH+H^+$生成，这些氢经呼吸链氧化释放能量，乙酰CoA的氧化也需要氧，因此，β-氧化是绝对需氧的过程（图6-3）。

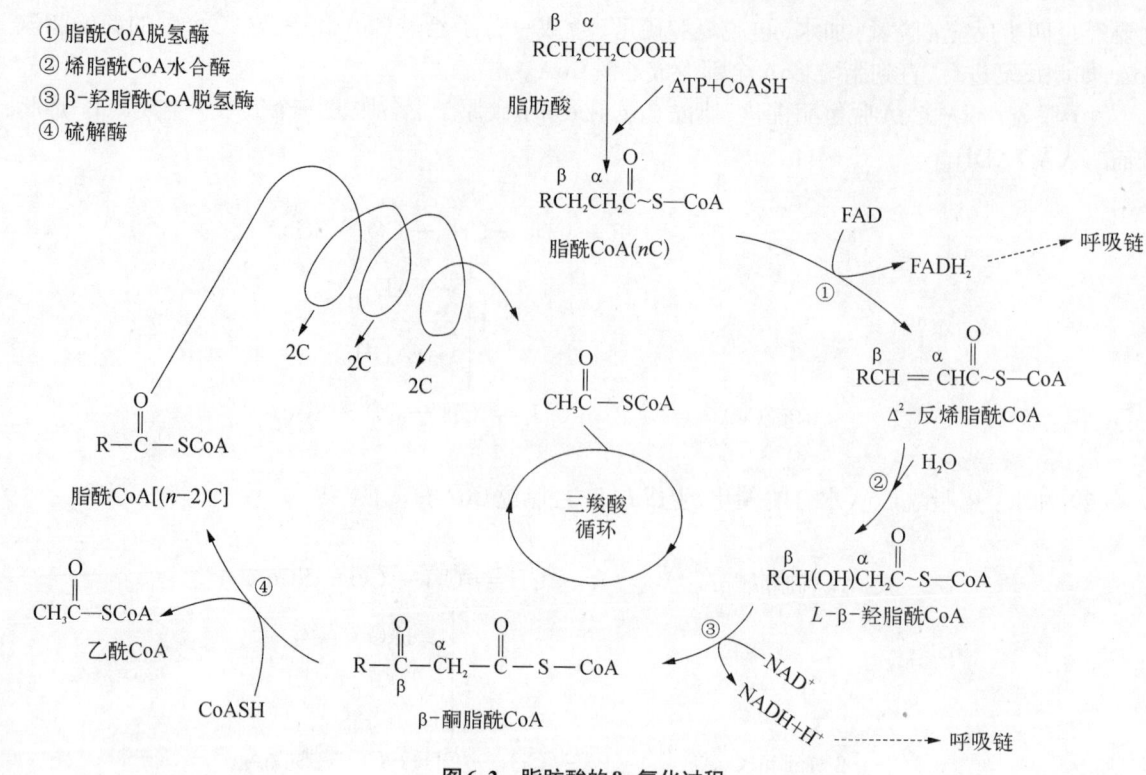

图 6-3 脂肪酸的 β-氧化过程

4. 脂肪酸 β-氧化的生理意义　脂肪酸β-氧化是体内脂肪酸分解的主要途径,该途径可为机体提供大量能量。以16C的软脂酸为例,1分子16C的软脂酸β-氧化需经7次循环,产生8分子乙酰CoA,7分子$FADH_2$和7分子$NADH+H^+$,其β-氧化的总反应为:

$$CH_3(CH_2)_{14}COSCoA + 8NAD^{2+} + CoASH + 8H_2O \longrightarrow 8CH_3COSCoA + 7FADH_2 + 7NADH + 7H^+$$

7分子$FADH_2$及7分子$NADH+H^+$经呼吸链氧化产生$7\times(1.5+2.5)=28$分子ATP,8分子乙酰CoA完全氧化提供$8\times10=80$分子ATP,因此1分子软脂酸彻底氧化生成CO_2和H_2O,共产生108分子ATP,活化过程消耗2分子ATP,可净生成106分子ATP。可见脂肪酸氧化分解能提供比葡萄糖更多的能量。

5. 不饱和脂肪酸的氧化　体内脂肪酸约50%以上为不饱和脂肪酸,食物中也含有不饱和脂肪酸,不饱和脂肪酸β-氧化在线粒体中进行,氧化途经与饱和脂肪酸基本相同,主要区别在于不饱和脂肪酸的氧化还需异构酶和还原酶的参加。

(三) 脂肪酸的其他氧化形式

1. 奇数碳原子脂肪酸的氧化　奇数碳原子脂肪酸,经过β-氧化除生成乙酰CoA外还生成一分子丙酰CoA,丙酰CoA经羧化反应及分子内重排转变为琥珀酰CoA进一步氧化分解,或经草酰乙酸异生成糖,也可经脱羧反应生成乙酰CoA。

2. ω-氧化　脂肪酸的ω-氧化是在肝微粒体中进行,由加单氧酶催化的。

3. α-氧化　脂肪酸在微粒体中由加单氧酶和脱羧酶催化生成α-羟脂肪酸或少一个碳原子的脂肪酸的过程称为脂肪酸的α-氧化。

(四) 酮体的生成和利用

酮体是乙酰乙酸、β-羟基丁酸及丙酮三种物质的总称,是脂肪酸在肝脏进行正常分解代谢所产生的特殊中间产物。β-氧化反应生成的乙酰CoA,大都在肝中转变成了酮体,而不像心肌及骨骼肌细胞中β-氧化产生的乙酰CoA能彻底氧化为H_2O和CO_2。

1. 酮体的生成　酮体是在肝细胞线粒体中生成的,其生成原料是脂肪酸β-氧化生成的乙酰CoA。酮体生成过程可见图6-4,其中HMG-CoA合酶是限速酶。酮体生成后迅速透过肝线粒体膜和细胞膜进入血液,转运至肝外组织利用。

2. **酮体的利用** β-羟丁酸可在脱氢酶的作用下生成乙酰乙酸,后者可经一些酶的作用最终生成乙酰CoA,乙酰CoA可进入三羧酸循环氧化供能,因此酮体可作为能源物质而被利用。肝细胞内缺乏转化乙酰乙酸的酶类,故酮体在肝内生成后随血液运输到其他组织而被利用。

丙酮除随尿排出外,有一部分直接从肺呼出,代谢上不占重要地位,肝外组织利用乙酰乙酸和β-羟丁酸的过程可用图6-5表示。

3. **酮体生成的意义** 酮体是脂肪酸在肝脏正常代谢的中间产物,是肝脏输出能源的一种形式。酮体分子质量小,水溶性好,在血中运输不需要载体,能通过血脑屏障及肌肉毛细血管壁,是肌肉尤其是脑组织的重要能源。正常情况下,脑组织主要利用血糖供能;饥饿或糖供应不足时,酮体替代葡萄糖,成为脑组织的能源,保证脑的正常功能。在正常情况下,血中酮体维持在 0.03～0.5 mmol/L,但在饥饿、低糖饮食或糖尿病时,脂肪动员加强,肝中酮体生成过多,超出肝外组织的利用能力,可引起血中酮体升高,造成酮血症;肾酮阈值为 70 mg/dL,血中酮体浓度超过此值时即出现酮尿症。由于β-羟丁酸和乙酰乙酸是酸性物质,当在血中浓度过高时,还可导致酮症酸中毒。

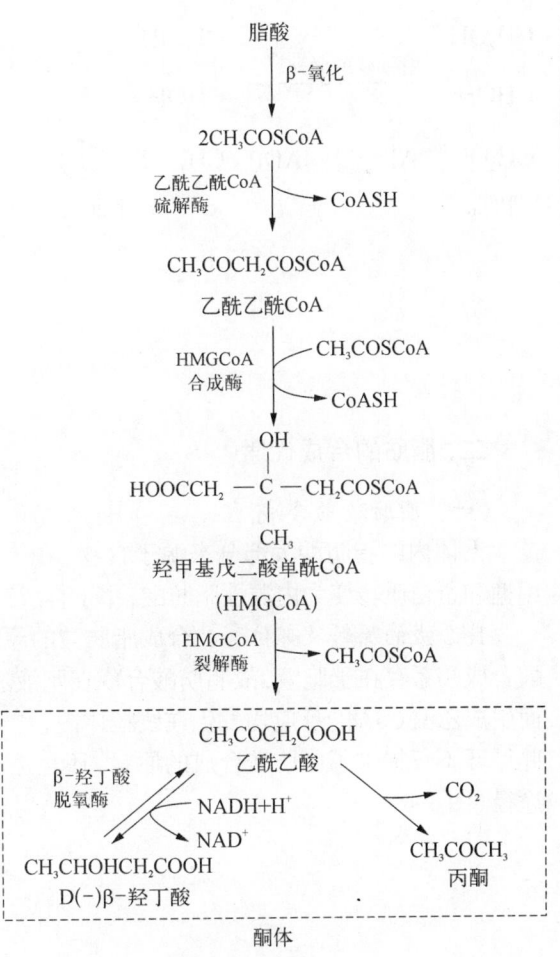

图6-4 酮体的生成

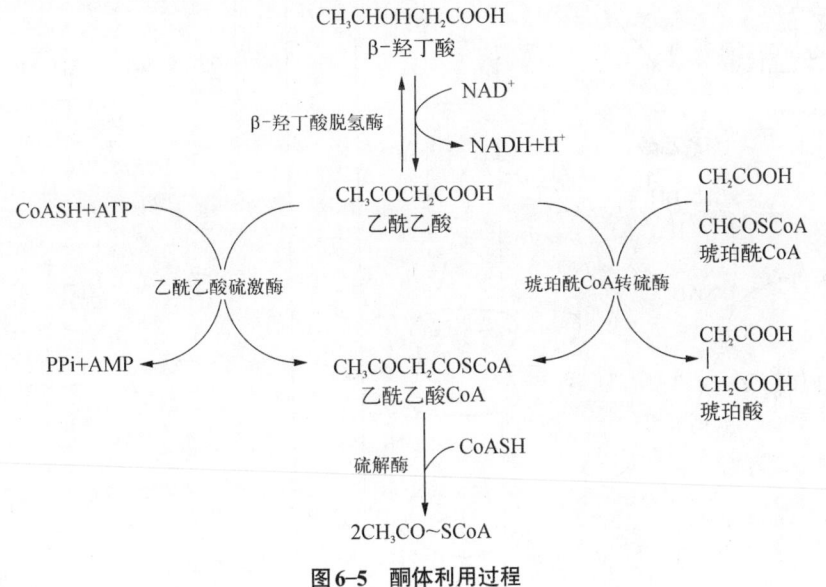

图6-5 酮体利用过程

(五)甘油的氧化分解

脂肪动员时的另一产物甘油在细胞内甘油磷酸激酶的催化下,与ATP作用生成α-磷酸甘油,进而在α-磷酸甘油脱氢酶催化下生成磷酸二羟丙酮,循糖分解代谢途径氧化分解释放能量,在肝细胞中也可经糖异生途径转变为葡萄糖或糖原。

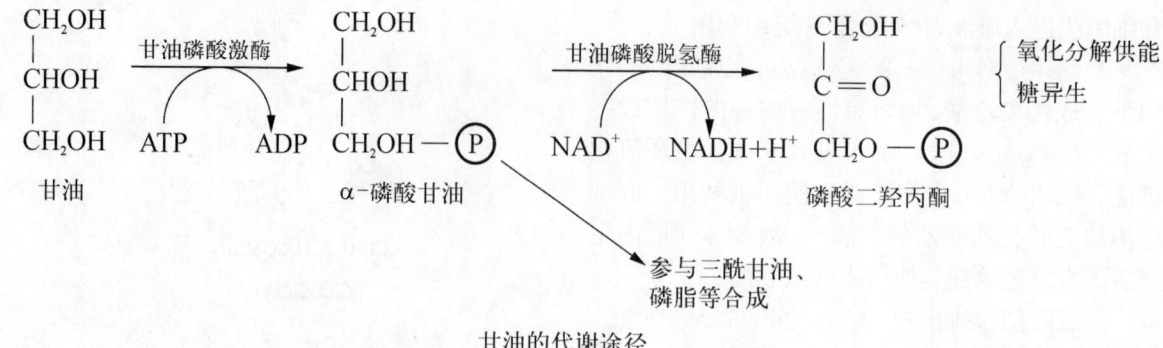

甘油的代谢途径

二、脂肪的合成代谢

(一)脂肪酸的合成

人体内的脂肪酸大部分来源于食物,在体内可通过改造加工被人体利用。同时机体还可以利用糖和蛋白质转变为内源性脂肪酸,用于合成三酰甘油,储存能量。

1. 合成的原料及部位　　合成脂肪酸的原料是乙酰CoA,还需NADPH供氢及ATP供能。脂肪酸合成酶系存在于胞液,故脂肪酸合成在胞液进行。合成脂肪酸的乙酰CoA主要来自糖分解代谢,而生成乙酰CoA的反应均发生在线粒体内,乙酰CoA需经柠檬酸丙酮酸循环穿出线粒体进入胞液。此循环不仅提供了脂肪酸合成的原料,还是除磷酸戊糖途径外又一条提供还原物质NADPH+H$^+$的途径(图6-6)。

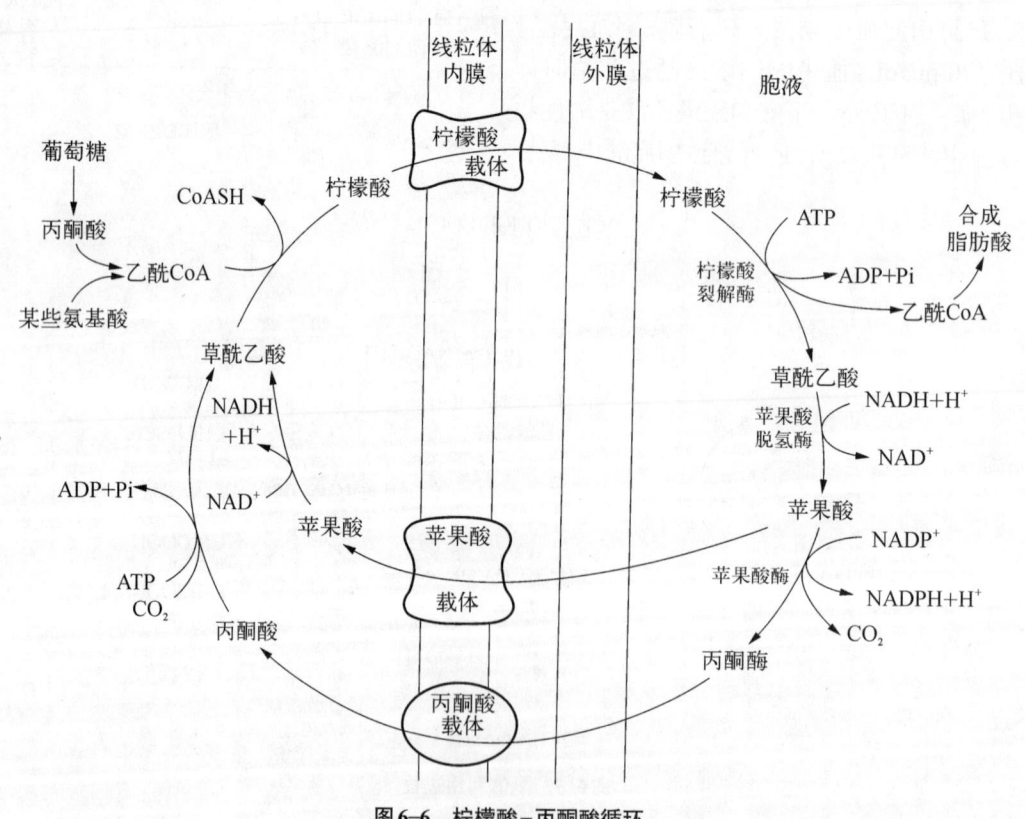

图6-6　柠檬酸-丙酮酸循环

2. 参与脂肪酸合成的酶

(1) 乙酰CoA羧化酶:乙酰CoA是合成脂肪酸的原料,但在合成过程中,仅有1分子乙酰CoA直接参与合成反应,其他均需先羧化为丙二酰CoA才能进入合成脂肪酸的途径。

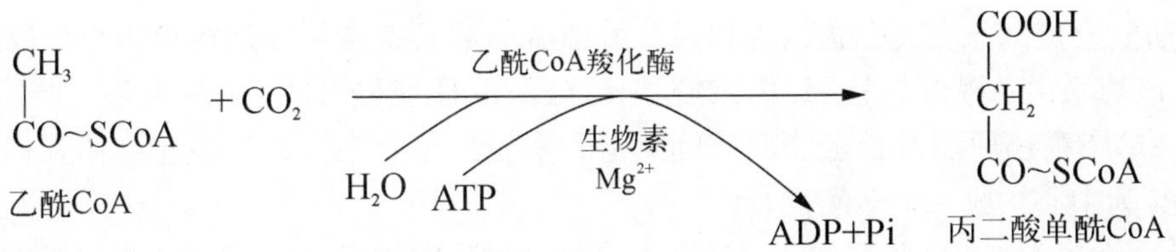

$$\underset{\text{乙酰CoA}}{\overset{CH_3}{\underset{CO\sim SCoA}{|}}} + CO_2 \xrightarrow[\underset{H_2O\ ATP}{}]{\text{乙酰CoA羧化酶}\atop\text{生物素}\ Mg^{2+}} \underset{\text{丙二酸单酰CoA}}{\overset{COOH}{\underset{CO\sim SCoA}{\overset{|}{\underset{|}{CH_2}}}}}$$

$$ADP+Pi$$

乙酰CoA羧化酶存在于胞液中,其辅基为生物素。乙酰CoA羧化酶是脂肪酸合成的限速酶,催化的反应为脂肪酸合成的限速步骤。

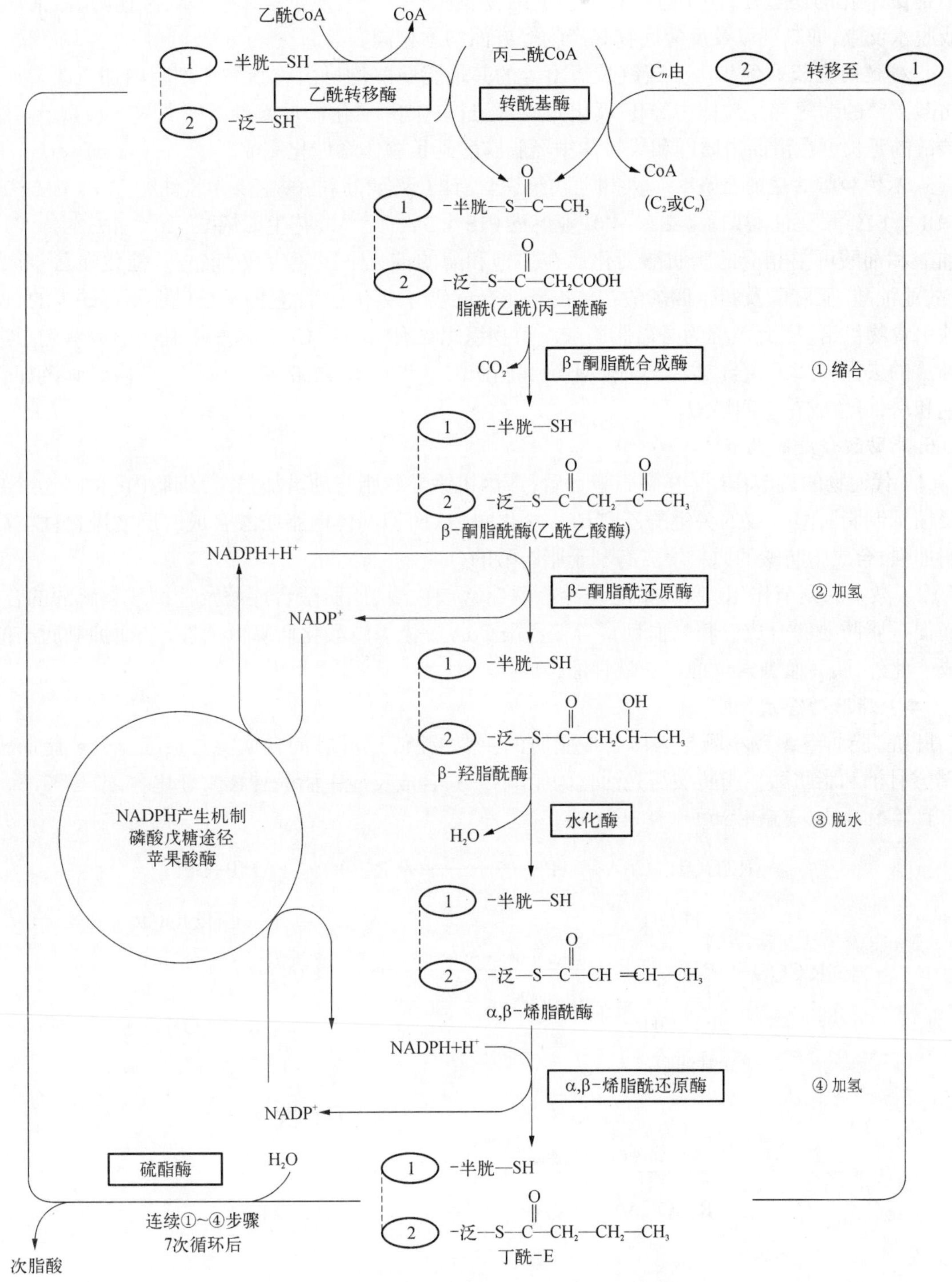

图6-7 原核生物脂肪酸合成酶复合物生成软脂酸

(2) 脂肪酸合成酶系：从乙酰CoA和丙二酰CoA合成长链脂肪酸是在脂肪酸合成酶系的催化下进行的。该酶系由乙酰基转移酶，丙二酰基转移酶，β-酮脂酰合酶，β-酮脂酰还原酶，β-羟脂酰脱水酶，Δ^2-烯脂酰还原酶及长链脂酰硫酯酶七种酶蛋白聚合在一起以酰基载体蛋白(acyl carrer protein, ACP)为中心构成一个多酶复合体。

3. **软脂酸的合成**　软脂酸的合成实际上是一个循环的过程，由1分子乙酰CoA与7分子丙二酰CoA在脂肪酸合成酶系分子上经转移、缩合、加氢、脱水和再加氢的重复过程，每一次使碳链延长2个碳，共7次循环，最终生成含十六碳的软脂酸(图6-7)。

脂肪酸合成时需消耗ATP和NADPH+H^+，NADPH主要来源于磷酸戊糖途径。脂肪酸合成的过程不是β-氧化的逆过程，两个过程在细胞定位、脂酰基携带者、质子受体/供体、限速酶、激活剂、水合或脱水反应、抑制剂以及反应底物和产物等方面均不相同。

4. **碳链的延长和缩短**　碳链长短不等的其他脂肪酸均可由软脂酸在细胞内加工改造而成。脂肪酸碳链的缩短在线粒体中经β-氧化完成，经过一次β-氧化循环就可以减少两个碳原子。脂肪酸碳链的延长可在滑面内质网和线粒体中经脂肪酸延长酶体系催化完成。

5. **不饱和脂肪酸的生成**　人和动物组织含有的不饱和脂肪酸主要为软油酸($16:1\Delta^9$)、油酸($18:1\Delta^9$)、亚油酸($18:2\Delta^{9,12}$)、亚麻酸($18:3\Delta^{9,12,15}$)、花生四烯酸($20:4\Delta^{5,8,11,14}$)等。软油酸和油酸可由相应的脂肪酸活化后在去饱和酶的催化下脱氢生成，该酶只催化在Δ^9形成双键，故亚油酸、亚麻酸及花生四烯酸在体内不能合成或合成不足，而它们又是机体不可缺少的，所以必须由食物供给，因此被称为必需脂肪酸。植物组织含有可以在C_{10}与末端甲基间形成双键(即ω_3和ω_6)的去饱和酶，能合成以上3种多不饱和脂肪酸。当食入亚油酸后，在动物体内经碳链加长及去饱和后，可生成花生四烯酸。

6. **脂肪酸合成的调节**

(1) 代谢物的调节作用：在高脂膳食后，或因饥饿导致脂肪动员加强时，细胞内脂酰CoA增多，可反馈抑制脂肪酸合成的关键酶乙酰CoA羧化酶，从而抑制体内脂肪酸合成。反之进食糖类后糖代谢加强，合成脂肪酸的原料增多有利于脂肪酸的合成。

(2) 激素的调节作用：胰岛素能诱导乙酰CoA羧化酶、脂肪酸合成酶及柠檬酸裂解酶的合成，从而促进脂肪酸的合成。胰高血糖素等使乙酰CoA羧化酶磷酸化而降低活性，从而抑制脂肪酸的合成。此外，胰高血糖素也抑制三酰甘油合成。

(二) 脂肪的合成

肝脏、脂肪组织及小肠是人体合成脂肪的主要场所，以肝脏的合成能力最强。合成脂肪需要3-磷酸甘油和脂肪酸。脂肪酸需先活化为脂酰CoA，合成反应由脂酰转移酶催化。

1. **单酰甘油(单酰甘油)途径**(图6-8)

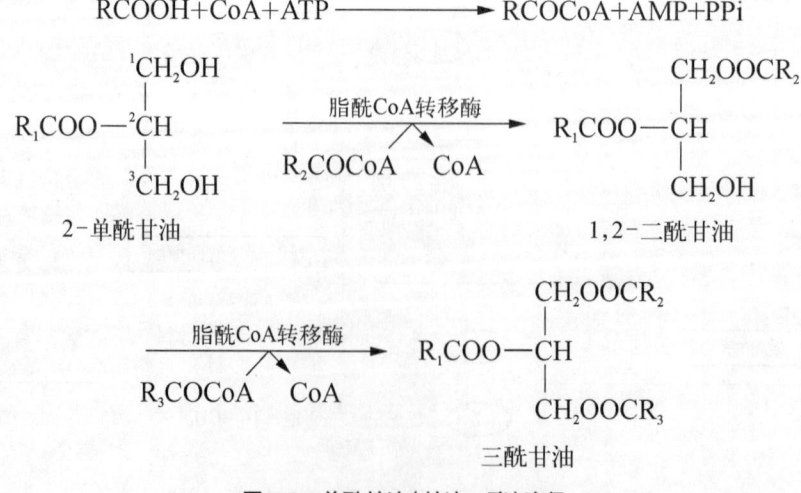

图6-8　单酰甘油(甘油一酯)途径

2. 二酰甘油（二酰甘油、磷脂酸）途径（图6-9）

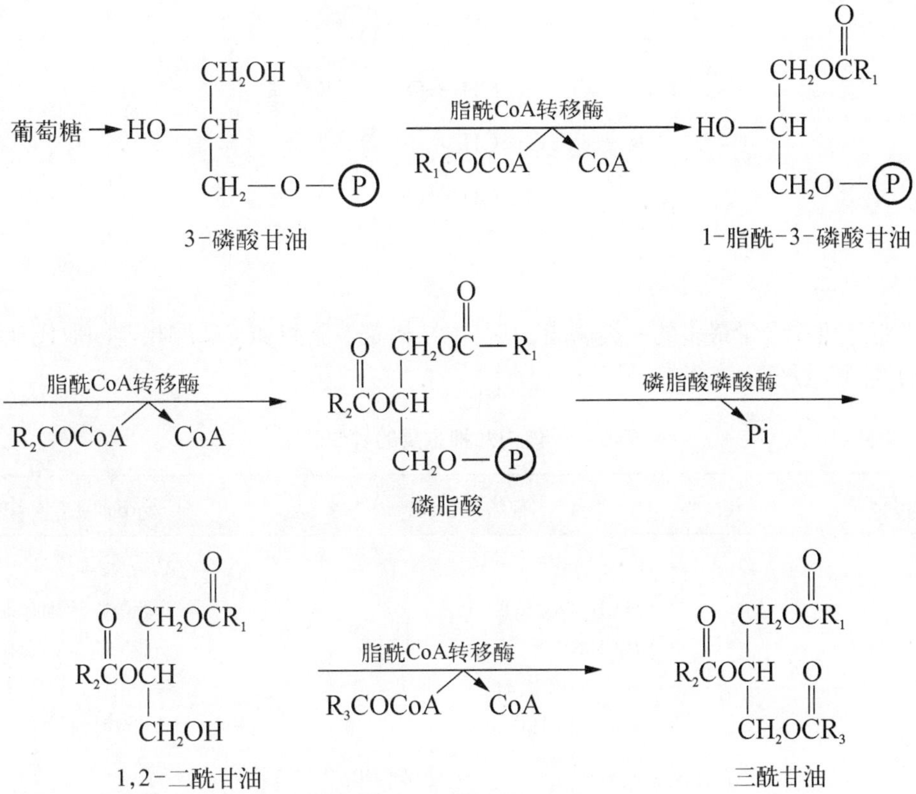

图6-9 二酰甘油（磷脂酸）途径

三、多不饱和脂肪酸的重要衍生物——前列腺素、血栓素及白三烯

前列腺素（PG），血栓素（TX）和白三烯（LT）均由花生四烯酸衍生而来。它们的生理活性很强，对细胞代谢调节有重要作用，而且与炎症、过敏反应和心血管疾病等多种病理过程有关，可作为调节物对几乎所有的细胞代谢发挥调节作用。

1. 前列腺素（PG）　　PGE_2能诱发炎症，促进局部血管扩张，毛细血管通透性增加，引起红、肿、痛、热等症状。PGE_2、PGA_2使动脉平滑肌舒张，有降低血压的作用；PGE_2及PGI_2抑制胃酸分泌，促进胃肠平滑肌蠕动。

2. 血栓素（TX）　　血小板产生的TXA_2可促进血小板聚集，血管收缩，促进凝血及血栓形成。

3. 白三烯（LT）　　已证实过敏反应的慢反应物质是LTC_4、TD_4及LTE_4的混合物，其使支气管平滑肌收缩的作用较组胺及PGF_2强10万倍，作用缓慢而持久。此外，LTG_4还能调节白细胞的功能，促进其游走及趋化作用，使多核白细胞脱颗粒，使炎症及过敏反应加重。

第三节　甘油磷脂的代谢

分子中含有磷酸的脂类称为磷脂，主要有两大类：由甘油构成的磷脂称为甘油磷脂，由神经鞘氨醇构成的磷脂，称为鞘磷脂。本节介绍甘油磷脂的代谢。

一、甘油磷脂的结构

$$\begin{array}{c} \quad\quad\quad\quad\quad\quad O \\ \quad\quad\quad\quad\quad\quad \| \\ \quad\quad\quad CH_2-O-C-R_1 \\ O \\ \| \\ R_2-C-O-CH \\ \quad\quad\quad\quad CH_2-O-P-O-X \\ \quad\quad\quad\quad\quad\quad | \\ \quad\quad\quad\quad\quad\quad O^- \end{array}$$

甘油磷脂是机体含量最多的一类磷脂,其基本结构是磷脂酸和与磷酸相连的取代基团(X),因取代基团的不同又可分为许多类,见表6-1。

表6-1 体内几种重要的甘油磷脂

X—OH	X取代基	甘油磷脂的名称
水	—H	磷脂酸
胆碱	—$CH_2CH_2N^+(CH_3)_3$	磷脂酰胆碱(卵磷脂)
乙醇胺	—$CH_2CH_2NH_3^+$	磷脂酰乙醇胺(脑磷脂)
丝氨酸	—CH_2CHNH_2COOH	磷脂酰丝氨酸
甘油	—$CH_2CHOHCH_2OH$	磷脂酰甘油
磷脂酰甘油	—$CH_2CHOHCH_2$—O—P(O)(OH)—O—CH_2—$HCOCOR_2$—CH_2OCOR_1	二磷脂酰甘油(心磷脂)
肌醇	(环己六醇结构)	磷脂酰肌醇

二、甘油磷脂的合成

1. **合成部位** 在细胞质滑面内质网上进行,通过高尔基体加工,最后可被组织生物膜利用或成为脂蛋白分泌出细胞。机体各种组织(除成熟红细胞外)都可进行磷脂合成,肝肾肠等组织中磷脂合成均很活跃,又以肝脏为最强。

2. **合成原料** 需甘油、脂肪酸、磷酸盐、胆碱、丝氨酸、肌醇等为原料。合成磷脂所需的能量主要由ATP提供,此外,还需CTP参加,CTP不但供能,而且为合成CDP-乙醇胺、CDP-胆碱等重要活性中间产物所必需(图6-10)。

3. **合成基本过程** 有两条途径,一条是二酰甘油途径,另一条是CDP-二酰甘油途径,磷脂酸是两条途径共同的起始反应物,每条途径特点如下:

(1)二酰甘油途径:磷脂酰胆碱和磷脂酰乙醇胺主要通过此途径合成,这两类磷脂占血液及组织中磷脂的75%以上。该途径的特点是参与合成的胆碱及乙醇胺需先活化为CDP-胆碱、CDP-乙醇胺,再转移到二酰甘油分子上(图6-10,图6-11)。

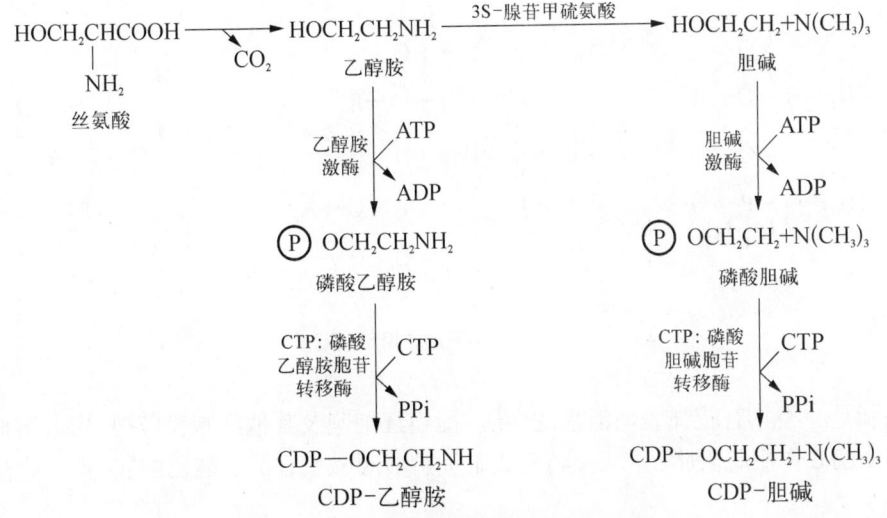

图 6-10　CDP-乙醇胺及 CDP-胆碱的生成

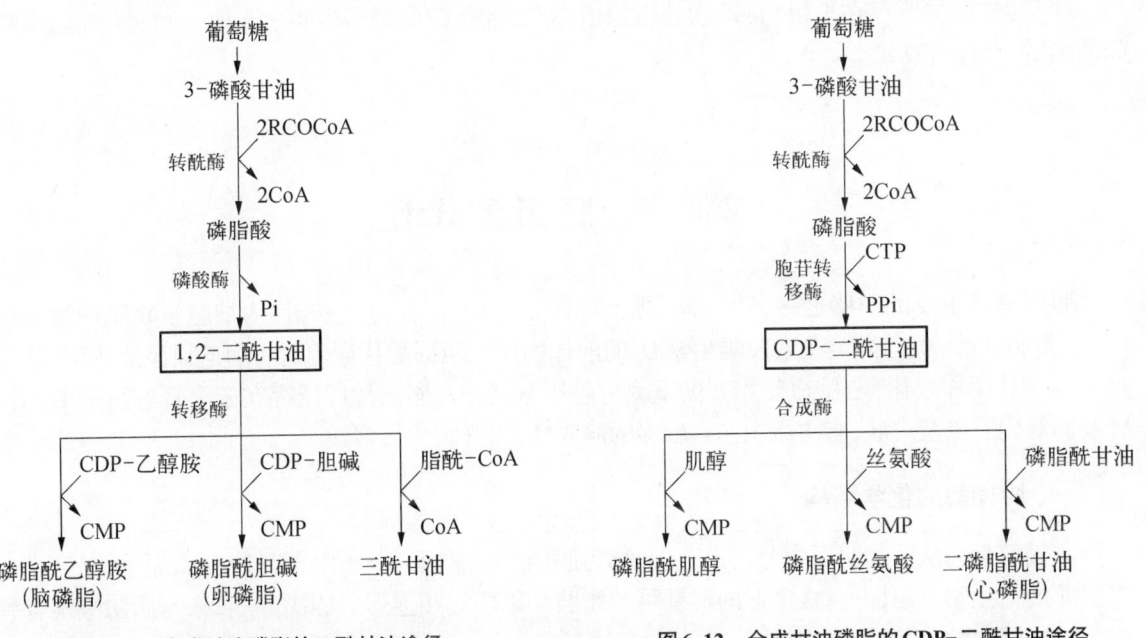

图 6-11　合成甘油磷脂的二酰甘油途径　　　　图 6-12　合成甘油磷脂的 CDP-二酰甘油途径

（2）CDP-二酰甘油途径：磷脂酰肌醇、磷脂酰丝氨酸和二磷脂酰甘油由此途径合成。该途径的特点是磷脂酸先与CTP在磷脂酸胞苷酰转移酶的催化下，生成CDP-二酰甘油，后者再分别与肌醇、丝氨酸及磷脂酰甘油反应，在合酶催化下，生成相应的磷脂（图6-12）。

三、甘油磷脂的分解

甘油磷脂在多种磷脂酶的作用下，水解为各组成成分，此过程即为甘油磷脂的分解。生物体内的磷脂酶，根据其作用部位的不同，分为磷脂酶A_1、A_2、B、C和D，它们特异地作用于磷脂分子内部的各个酯键，形成不同的产物（图6-13）。

磷脂酶A_1：主要存在于细胞的溶酶体内，蛇毒及某些微生物中亦存在，可催化甘油磷脂的第1位酯键断裂，产物为脂肪酸和溶血磷脂2。

磷脂酶A_2：普遍存在于动物各组织细胞膜及线粒体膜，能使甘油磷脂分子中第2位酯键水解，产物为溶血磷脂1、多不饱和脂肪酸、甘油磷酸胆碱或甘油磷酸乙醇胺等。

图6-13 磷脂酶作用示意图

溶血磷脂是一类具有较强表面活性的性质,能使红细胞及其他细胞膜破裂,引起溶血或细胞坏死。当经磷脂酶B作用脱去脂肪酸后,转变成甘油磷酸胆碱或甘油磷酸乙醇胺,即失去溶解细胞膜的作用。

磷脂酶C:存在于细胞膜及某些细菌中,特异水解甘油磷脂分子中第3位磷酸酯键,其结果是释放磷酸胆碱或磷酸乙醇胺,并余下作用物分子中的其他组分。

磷脂酶D:主要存在于植物,动物脑组织中亦有,催化磷脂分子中磷酸与取代基团(如胆碱等)间的酯键,释放出取代基团。

第四节 胆固醇代谢

胆固醇是重要的类脂之一,也是体内最丰富的固醇类化合物,它既作为细胞生物膜的组成成分,又是胆汁酸、类固醇类激素及维生素D_3的前体物质。胆固醇代谢障碍可引起血浆胆固醇增多,是形成动脉粥样硬化、心脑血管病变的重要危险因素之一。胆固醇广泛存在于全身各组织中,肝、肾及肠等内脏以及皮肤、脂肪组织亦含较多的胆固醇,以肝脏为最多。

一、胆固醇的化学结构

胆固醇最初从动物胆石中分离出来,故称为胆固醇。胆固醇分子中含有27个碳原子,是环戊烷多氢菲的衍生物。胆固醇C3位上的羟基可与脂肪酸以酯键相连形成胆固醇酯,未与脂肪酸结合者称为游离胆固醇,两者结构式如下:

二、胆固醇的生物合成

(一)合成原料

乙酰CoA是胆固醇合成的直接原料,它来自葡萄糖、脂肪酸及某些氨基酸的代谢产物。另外,还需要ATP供能和NADPH供氢。

（二）合成的部位

成年动物除脑组织及成熟红细胞外，几乎全身各组织细胞均可合成胆固醇。肝脏合成胆固醇的能力最强，小肠次之。胆固醇合成酶系存在于胞液及滑面内质网上，因此，胆固醇合成主要在细胞的这两个部位进行。

（三）胆固醇合成的基本过程

胆固醇合成过程有近30步反应，可分为3个阶段。

1. 3-羟-3甲基戊二酸单酰CoA（HMG-CoA）的生成　　在胞液中，3分子乙酰CoA生成HMG-CoA，此过程与酮体生成机制相同。但细胞内定位不同，此过程在胞液中进行，而酮体生成在肝细胞线粒体内进行，因此肝脏细胞中有两套同工酶分别进行上述反应。

2. 甲羟戊酸（MVA）的生成　　HMG-CoA在HMG-CoA还原酶催化下，消耗两分子NADPH+H^+生成甲羟戊酸（MVA），此过程不可逆，HMG-CoA还原酶是胆固醇合成的限速酶。

3. 胆固醇的生成　　MVA经磷酸化、脱羧、脱羟基、缩合生成含30C的鲨烯，经内质网环化酶和加氧酶催化生成羊毛脂固醇，后者再经氧化还原等多步反应，最后失去3个C，合成27C的胆固醇（图6-14）。

图6-14　胆固醇的合成过程

（四）胆固醇合成的调节

HMG-CoA还原酶是胆固醇合成的限速酶，可由各种因素调控。

1. 激素的调节　　胰高血糖素等通过第二信使cAMP影响蛋白激酶，加速HMG-CoA还原酶磷酸化失活，减少胆固醇合成。胰岛素能促进酶的去磷酸作用，有利于胆固醇合成。甲状腺素亦可促进该酶的合成，使胆固醇合成增多，但其同时又促进胆固醇转变为胆汁酸，增加胆固醇的转化，此作

用强于前者,故当甲状腺功能亢进时,患者血清胆固醇含量反而下降。

2. 胆固醇浓度的调节　　胆固醇可反馈抑制HMG-CoA还原酶的活性,并减少该酶的合成,从而减少胆固醇合成。

(五) 胆固醇的酯化

1. 细胞内胆固醇的酯化　　游离胆固醇可在脂酰辅酶A胆固醇脂酰转移酶(ACAT)的催化下,接受脂酰CoA的脂酰基形成胆固醇酯。

2. 血浆内胆固醇的酯化　　在卵磷脂胆固醇脂酰转移酶(LCAT)的催化下,生成胆固醇酯及溶血磷脂酰胆碱。

三、胆固醇在体内的转化与排泄

胆固醇的母核在人体内不能被降解,但其侧链可被氧化、还原为其他含环戊烷多氢菲母核的生理性化合物,参与体内的代谢和调节,有近一半的胆固醇可直接被排出体外。

1. 胆固醇转变成胆汁酸　　这是体内胆固醇的主要代谢去路。正常人每天合成的胆固醇总量中约有40%在肝内转变为胆汁酸,随胆汁排入肠道。

2. 胆固醇转变为类固醇激素　　胆固醇是肾上腺皮质激素、雌激素、孕激素、雄激素等类固醇激素的前体。

3. 胆固醇转变为维生素D_3　　皮肤中的胆固醇经酶促氧化生成7-脱氢胆固醇,在紫外线照射下,形成维生素D_3。

第五节　血浆脂蛋白代谢

血浆中含有的脂类统称为血脂,包括三酰甘油、磷脂、胆固醇及其酯和游离脂肪酸。血脂含量受饮食、营养、疾病等因素的影响。正常人血脂是以脂蛋白的形式存在并运输的,脂蛋白由脂类与载脂蛋白结合而形成。血浆脂蛋白在脂类的运输和代谢上起着重要作用。脂蛋白具有微团结构,非极性的三酰甘油、胆固醇酯等位于核心,外周为亲水性的载脂蛋白和胆固醇磷脂等的极性基因,这样使脂蛋白具有较强水溶性,可在血液中运输。

一、血浆脂蛋白的组成

(一) 血浆脂蛋白的组成

血浆脂蛋白主要由载脂蛋白和脂类组成,各类脂蛋白均含有三酰甘油、磷脂、胆固醇及其酯,但组成比例及含量有很大差异,见表6-2。

表6-2　血浆脂蛋白的分类、性质、组成及功能

分　类	密度法电泳法	乳糜微粒	极低密度脂蛋白 前β-脂蛋白	低密度脂蛋白 β-脂蛋白	高密度脂蛋白 α-脂蛋白
性质	密度	<0.95	0.95~1.006	1.006~1.063	1.063~1.210
	S值	>400	20~400	0~20	沉降
	电泳位置	原点	α_2-球蛋白	β-球蛋白	α_1-球蛋白
	颗粒直径(nm)	80~500	25~80	20~25	7.5~10
组成(%)	蛋白质	0.5~2	5~10	20~25	50
	脂类	98~99	90~95	75~80	50

笔记栏

(续表)

分 类		密度法电泳法	乳糜微粒	极低密度脂蛋白 前β-脂蛋白	低密度脂蛋白 β-脂蛋白	高密度脂蛋白 α-脂蛋白
组成(%)		三酰甘油	80～95	50～70	10	5
		磷脂	5～7	15	20	25
		胆固醇	1～4	15	45～50	20
		游离	1～2	5～7	8	5
		酯化	3	10～12	40～42	15～17
载脂蛋白组成(%)		apo A I	7	<1	—	65～70
		apo A II	5	—	—	20～25
		apo A IV	10	—	—	—
		apo B_{100}	—	20～60	95	—
		apo B_{48}	9	—	—	—
		apo C I	11	3	—	6

脂蛋白中与脂类结合的蛋白质称为载脂蛋白(apo),主要在肝脏和小肠黏膜细胞中合成。已发现十几种载脂蛋白,结构与功能研究得比较清楚的有 apo A、apo B、apo C、apo D 与 apo E 五类。每一类脂蛋白又分为不同的亚类,如 apo B 分为 B_{100} 和 B_{48};apo C 分为 C I、C II、C III 等。载脂蛋白的主要功能是稳定血浆脂蛋白结构,作为脂类的运输载体。除此以外有些脂蛋白还可作为酶的激活剂:如 apo A I 激活卵磷脂胆固醇脂酰转移酶(LCAT),apo C II 可激活脂蛋白脂肪酶(LPL)。有些脂蛋白也可作为细胞膜受体的配体:如 apo B_{48}、apo E 参与肝细胞对 CM 的识别,apo B_{100} 可被各种组织细胞表面 LDL 受体所识别等。

(二) 血浆脂蛋白的分类

各种血浆脂蛋白因所含脂类及蛋白质成分和比例不同,其颗粒密度、大小、表面电荷、电泳行为及免疫性质等各不相同。一般用电泳法及超速离心法可将血浆脂蛋白分为四类。

1. 电泳分类法 根据不同脂蛋白所带表面电荷不同,电泳迁移率不同,可将血浆脂蛋白分为四类:泳动最快的α-脂蛋白(α-LP);前β-脂蛋白次之(pre β-LP);β-脂蛋白(β-LP)泳动在 pre β-LP 之后;乳糜微粒(CM)停留在点样的位置上(图6-15)。

2. 超速离心法 不同脂蛋白分子密度不同,在一定离心力作用下,分子沉降速度也不同,因此可将脂蛋白分为四类,即乳糜微粒(CM)、极低密度脂蛋白(VLDL)、低密度脂蛋白(LDL)和高密度脂蛋白(HDL);分别相当于电泳分离中的乳糜微粒、前β-脂蛋白、β-脂蛋白和α-脂蛋白(图6-15)。除上述几类脂蛋白以外,还有一种中间密度脂蛋白(IDL),密度位于 VLDL 与 LDL 之间,是 VLDL 代谢的中间产物。

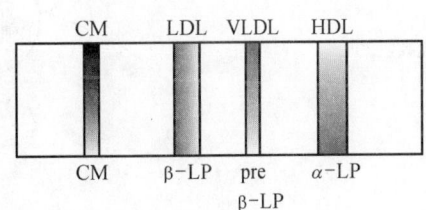

图6-15 血浆脂蛋白电泳图谱

二、血浆脂蛋白的代谢

1. 乳糜微粒(CM)代谢 乳糜微粒是在小肠黏膜细胞中生成的,食物中的脂类酯化后与载脂蛋白构成新生的乳糜微粒(包括三酰甘油、胆固醇酯和磷脂以及 apo B_{48}),分泌到细胞外,通过淋巴循环最终进入血液。新生乳糜微粒入血后,接受来自 HDL 的 apo C 和 apo E,同时失去部分 apo A,被修饰成为成熟的乳糜微粒。成熟分子上的 apo C II 可激活脂蛋白脂肪酶(LPL)催化乳糜微粒中三酰甘油水解为甘油和脂肪酸。LPL 存在于脂肪组织、心和肌肉组织的毛细血管内皮细胞外表面上。通过 LPL 的作用,乳糜微粒中的三酰甘油大部分被水解利用,同时 apo A、apo C、胆固醇和磷脂转移到 HDL 上,CM 逐渐变小,成为以含胆固醇酯为主的乳糜微粒残粒(CM 残粒)。肝细胞膜上的 apo E

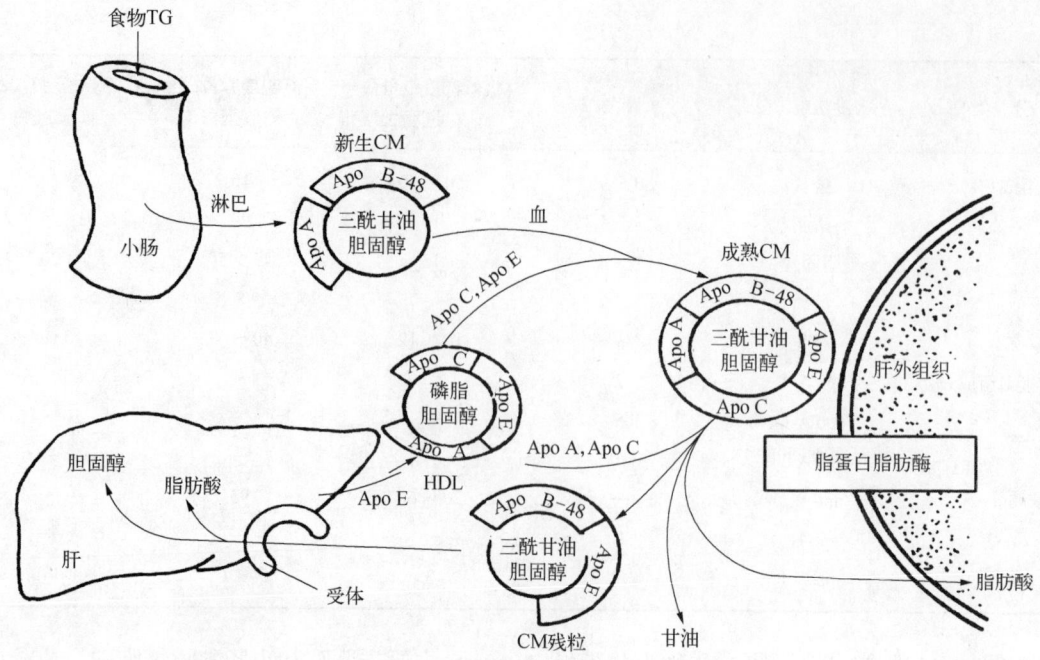

图 6-16 乳糜微粒（CM）的代谢过程

受体可识别 CM 残粒，将其吞噬入肝细胞，被肝脏利用或分解，完成最终代谢（图 6-16）。由此可见，CM 代谢的主要功能就是转运外源性三酰甘油。

2. 极低密度脂蛋白（VLDL）代谢　　VLDL 主要在肝脏内生成，主要成分是肝细胞利用糖和脂肪酸自身合成的脂肪，与肝细胞合成的载脂蛋白 apo B_{100}、apo A I 和 apo E 等加上少量磷脂和胆固醇（酯）。小肠黏膜细胞也能生成少量 VLDL。VLDL 分泌入血后，也接受来自 HDL 的 apo C 和 apo E。apo C II 激活 LPL，催化三酰甘油水解，VLDL 转变为中间密度脂蛋白（IDL）。IDL 有两条去路：一是可通过肝细胞膜上的 apo E 受体而被吞噬利用，另外还可进一步被水解生成 LDL（图 6-17）。由此

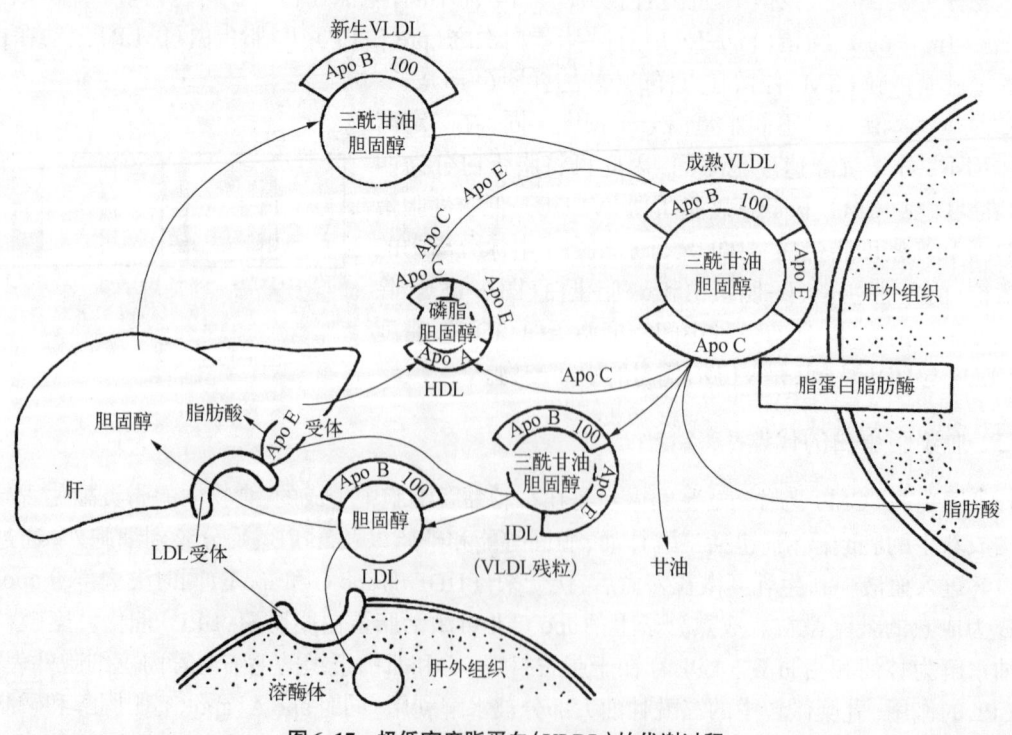

图 6-17 极低密度脂蛋白（VLDL）的代谢过程

可见，VLDL是体内转运内源性三酰甘油的主要方式。

3. **低密度脂蛋白（LDL）代谢**　　LDL由VLDL转变而来，LDL中主要脂类是胆固醇及其酯，载脂蛋白为apo B_{100}。LDL在血中被肝及肝外组织细胞表面存在的apo B_{100}受体识别，通过受体介导吞入细胞内，与溶酶体融合，胆固醇酯水解为胆固醇及脂肪酸。胆固醇可参与细胞生物膜的生成，还对细胞内胆固醇的代谢具有重要的调节作用：① 抑制HMG-CoA还原酶活性，减少细胞内胆固醇的合成。② 激活脂酰CoA胆固醇酯酰转移酶（ACAT）使胆固醇生成胆固醇酯而贮存。③ 减少LDL受体蛋白的合成，降低细胞对LDL的摄取（图6-18）。

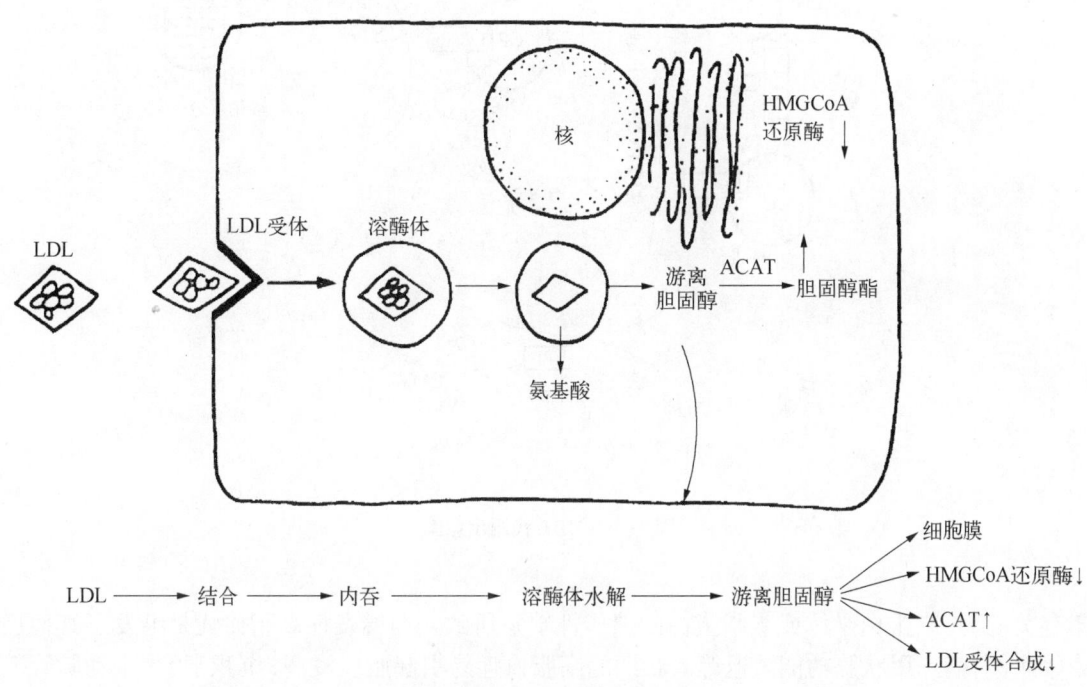

图6-18　LDL受体代谢途径

4. **高密度脂蛋白（HDL）代谢**　　HDL在肝脏和小肠中生成。新生HDL呈盘状双脂层结构，在肝和小肠细胞合成后分泌入血。血浆中新生HDL在血浆卵磷脂胆固醇酯酰转移酶（LCAT）催化下，卵磷脂的2位脂酰基转移到胆固醇3位羟基生成溶血卵磷脂及胆固醇酯，此过程消耗的卵磷脂及游离胆固醇不断从细胞膜、CM及VLDL得到补充。在LCAT的作用下，生成的胆固醇酯转运入HDL核心，双脂层的盘状HDL逐步膨胀为单脂层的球状HDL，同时其表面的apo C及apo E又转移到CM及VLDL上，最后新生HDL转变为成熟的密度较高的HDL_3（图6-19）。HDL主要在肝脏降解，其中的胆固醇可用于合成胆汁酸或直接随胆汁排出体外。

综上所述，HDL从外周组织细胞表面摄取胆固醇，经过胆固醇酯化最终将胆固醇从肝外组织转运到肝脏进行代谢。HDL的主要功能是逆向转运胆固醇，将外周组织中衰老细胞膜中的胆固醇运到肝脏代谢并清除出体外，避免了胆固醇在局部组织细胞中的大量堆积，可以防止胆固醇在血中聚积，防止动脉粥样硬化，血中HDL_2的浓度与冠状动脉粥样硬化呈负相关。HDL也是apo CⅡ的储存库。CM及VLDL形成进入血液后，需从HDL获得apo CⅡ激活LPL，CM及VLDL中的三酰甘油才能水解，一旦其中三酰甘油完全水解后，apo CⅡ又回到HDL。

三、血浆脂蛋白代谢异常

血脂水平的变化可反映脂类代谢的情况，脂类代谢异常通常表现为高脂蛋白血症亦称高脂血症。现将其六种主要类型列于表6-3。

高脂血症可分为原发性和继发性两大类。原发性高脂血症是指因基因突变而导致的与脂蛋白

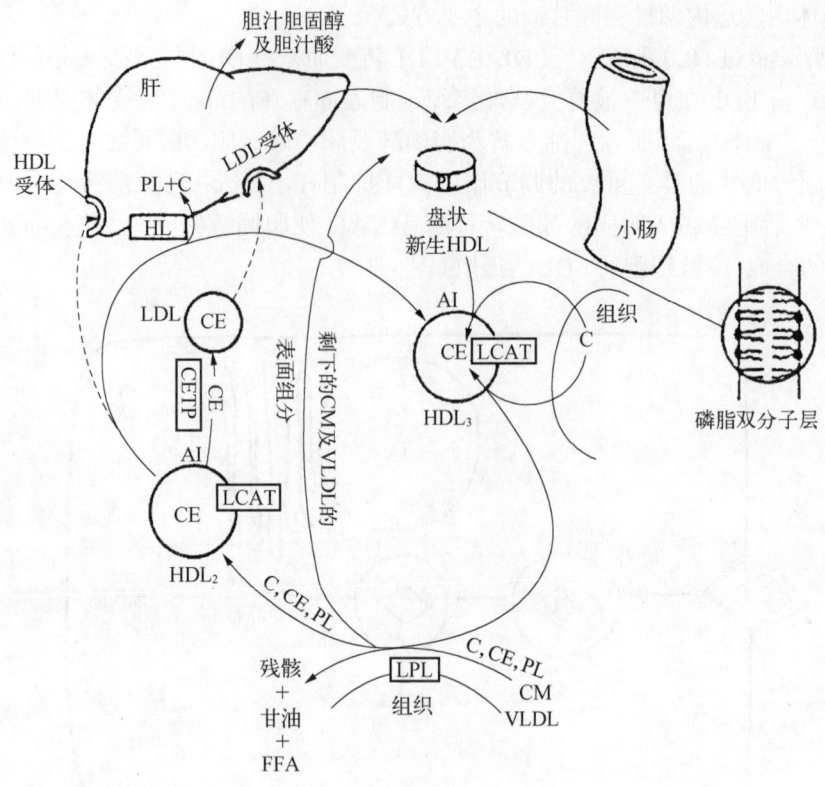

图6-19 HDL代谢示意图

代谢有关的酶、脂蛋白受体或载脂蛋白的遗传性缺陷所致。而继发性高脂血症是继发于其他疾病如糖尿病、肾病和甲状腺功能减退等。长期的高脂血症易引起脂质浸润，沉积于大、中动脉管壁而导致血管硬化并产生功能障碍，因此高脂血症常与动脉粥样硬化、心绞痛、心肌梗死、脑栓塞等疾病密切相关。

表6-3 高脂蛋白血症的类型

分 型	脂蛋白变化	血脂变化
Ⅰ	乳糜微粒增高	三酰甘油↑↑↑胆固醇↑
Ⅱa	低密度脂蛋白增加	胆固醇↑↑
Ⅱb	低密度及极低密度脂蛋白同时增加	胆固醇↑↑三酰甘油↑↑
Ⅲ	中间密度脂蛋白增加（电泳出现宽β带）	胆固醇↑↑三酰甘油↑↑
Ⅳ	极低密度脂蛋白增加	三酰甘油↑↑
Ⅴ	极低密度脂蛋白及乳糜微粒同时增加	三酰甘油↑↑↑胆固醇↑

小 结

脂类包括脂肪及类脂两大类。脂肪是机体储存能量的主要形式；肝、脂肪组织及小肠是合成脂肪的主要场所，以肝合成能力最强；合成所需的甘油及脂肪酸主要由糖代谢提供。脂肪动员是指脂肪组织内的三酰甘油水解产生甘油和脂肪酸，关键酶是三酰甘油脂肪酶，可受激素调节；脂肪酸的氧化分解需经活化、进入线粒体、β-氧化(脱氢、加水、再脱氢及硫解)等步骤;脂肪酸在肝内β-氧化生成酮体,但肝不能利用酮体,需运至肝外组织氧化利用;脂肪酸合成是在胞液中脂酸合成酶系的催化下,以乙酰CoA为原料,逐步缩合而成。磷脂分为甘油磷脂和鞘磷脂两大类,甘油磷脂的合成是以磷脂酸为前体,需CTP参与;甘油磷脂的降解是磷脂酶催化下的水解反应。人体胆固醇的合成以乙酰CoA为原料,关键酶是HMGCoA还原酶;胆固醇在体内可转化为胆汁酸、类固醇激素、维生素D_3及胆固醇酯。血脂以脂蛋白形式运输;通过超速离心法可将血浆脂蛋白分为CM、VLDL、LDL及HDL。CM主要转运外源性三酰甘油,VLDL主要转运内源性三酰甘油,LDL主要将肝合成的内源性胆固醇转运至肝外组织,而HDL则参与逆向转运胆固醇。

【思考题】

(1) 名词解释:脂肪动员、脂肪酸β-氧化、酮体。
(2) 用电泳法和超速离心法能将血浆脂蛋白各分为哪几类?简述各类脂蛋白的合成部位和主要生理功能。
(3) 合成胆固醇的基本原料、关键酶各是什么?胆固醇在体内可转变生成哪些重要物质?
(4) 简述血脂的来源和去路有哪些。
(5) 葡萄糖能变成脂肪吗?脂肪能变成葡萄糖吗?若能,写出简要反应过程,若不能则说明理由。
(6) 试述软脂酸彻底氧化的代谢途径并计算生成多少分子ATP。

(程 宏)

第七章

生物氧化

学习要点

- **掌握**：①生物氧化的概念、特点；②呼吸链的概念、组成及排列,呼吸链电子传递与水的生成机制,呼吸链抑制剂的作用部位；③氧化磷酸化的概念与偶联部位。
- **熟悉**：①呼吸链组分递氢递电子机制；②胞液NADH+H$^+$进入线粒体的穿梭机制。
- **了解**：①呼吸链组成、排列顺序及偶联部位的研究方法；②化学渗透学说的基本原理。

第一节 呼 吸 链

线粒体内膜上按一定顺序排列着一系列酶和辅酶,将NADH+H$^+$和FADH$_2$中所携带的氢和电子传递到氧,并生成水。这一系列的酶和辅酶即称为电子传递链或呼吸链。机体内糖、脂肪和蛋白质等营养物质通过氧化反应进行分解,生成H$_2$O和CO$_2$,同时伴有ATP的生成,这类反应进行过程中细胞要摄取O$_2$,释放CO$_2$,故又形象地称为细胞呼吸。呼吸链由四个复合体组成,见表7-1。

一、呼吸链的组成

表7-1 呼吸链复合体

复合体	酶名称	辅 基
复合体Ⅰ	NADH-Q-还原酶	FMN Fe-S
复合体Ⅱ	琥珀酸-Q-还原酶	FAD Fe-S
复合体Ⅲ	细胞色素还原酶	铁卟啉 Fe-S
复合体Ⅳ	细胞色素c氧化酶	铁卟啉 Cu^{2+}

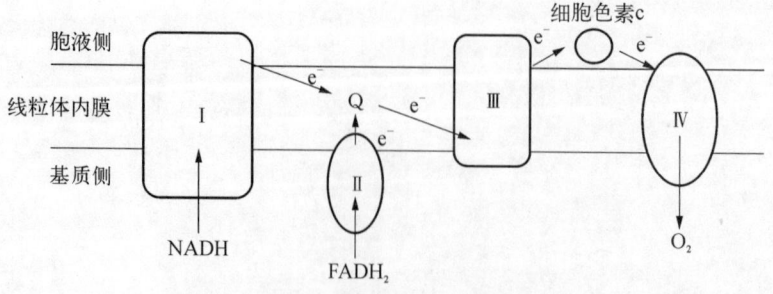

图7-1 线粒体中呼吸链各组分位置示意图

（一）复合体Ⅰ（NADH-Q-还原酶）

复合体Ⅰ将电子从还原型NADH传递到泛醌，由以FMN为辅基的黄素蛋白和以铁硫族（Fe-S）为辅基的铁硫蛋白组成，两者均具有催化功能。

FMN既是递氢体，又是递电子体，其分子中核黄素的异咯嗪环可从由氧化型接受1个质子和1个电子，成为不稳定的中间体FMNH·，然后再接受1个质子和1个电子转变为还原型$FMNH_2$。

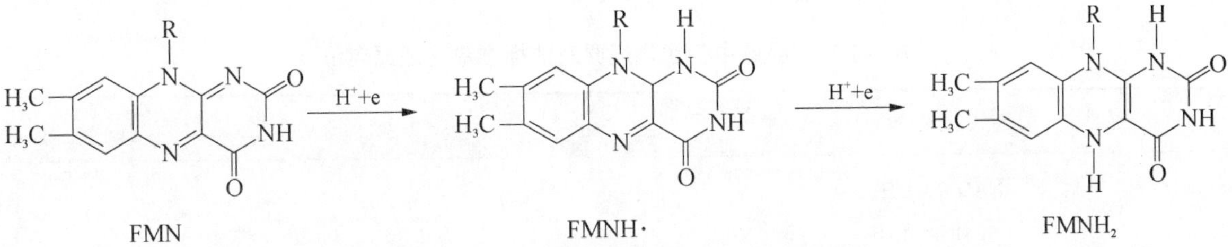

图7-2 FMN接受氢和电子被还原为$FMNH_2$

（二）泛醌

泛醌，简称为Q，又称辅酶Q（CoQ），为含有多个（人为10个）异戊二烯侧链的脂溶性醌类化合物。因侧链的疏水作用，泛醌可在线粒体内膜的脂质双分子层中迅速扩散，且极易从线粒体中分离，其含量也高于其他成分。泛醌和FMN一样，可接受1个质子和1个电子还原成半醌型（QH·），再接受1个质子和1个电子转变成还原醌型（QH_2）。泛醌不仅接受NADH—Q—还原酶脱下的氢和电子，还可以接受线粒体其他黄素酶如琥珀酰—Q—还原酶、脂酰辅酶A脱氢酶等脱下的氢和电子。

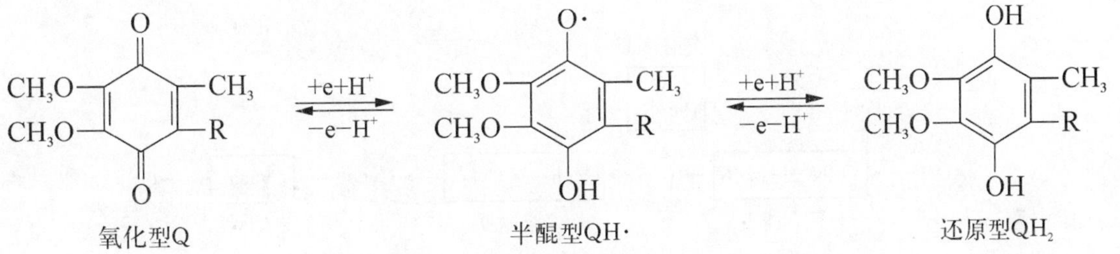

图7-3 泛醌（Q）接受氢和电子被还原为氢型（QH_2）

（三）复合体Ⅱ

又称琥珀酸-Q还原酶，将氢和电子从琥珀酸传递给泛醌。复合体Ⅱ主要由以FAD为辅基的黄素蛋白（琥珀酸脱氢酶）和铁硫蛋白组成。

此外，复合体Ⅱ还含有一种细胞色素——细胞色素b_{560}（Cyt b_{560}）。细胞色素类（Cyt）是含铁的单电子传递体，铁原子处于卟啉的结构中心，构成血红素，细胞色素类都以血红素作为辅基。参与呼吸链组成的细胞色素有细胞色素a、b、c，每一类中又因其最大吸收峰的微小差别再分为几种亚类。在电子传递链中至少含有5种不同的细胞色素，分别为细胞色素b、c、c_1、a、a_3。血红素中的铁离子通过价态的变化传递电子（$Fe^{3+}+e \rightarrow Fe^{2+}$）。

（四）复合体Ⅲ

又称细胞色素还原酶。催化氢和电子从QH_2转移到细胞色素c。复合体Ⅲ含有三种氧化还原蛋白：铁硫蛋白、细胞色素b（一条多肽链上结合了两种血红素：b_{562}和b_{566}）、细胞色素c_1。Cyt b接受从泛醌传来的电子，经铁硫蛋白、Cyt c_1传递给Cyt c。

（五）复合体Ⅳ

又称细胞色素c氧化酶或细胞色素氧化酶。复合体Ⅳ从Cyt c接受电子到氧，并生成水。复合体含细胞色素a和a_3，细胞色素aa_3以复合物形式存在。细胞色素aa_3还有两个必需的铜离子，并依靠铜离子的价态变化传递电子（$Cu^{2+} \rightarrow Cu^{+}$）。细胞色素a从细胞色素c接受电子后，即传递给$a_3$，

笔记栏

由还原型细胞色素a_3将电子直接传递给氧分子。

二、呼吸链组分的排列顺序

(一) 标准氧化还原电位的测定

呼吸链中的各组分的还原态和氧化态构成一对对的氧化还原对。在标准条件下,用标准氢电极(0V)作参比,得到的氧还对的电位即标准氧化还原电位($E^{0'}$)(表7-2)。

表7-2 呼吸链中各氧化还原对的标准氧化还原电位

氧化还原对	$E^{0'}(V)$
$NAD^+/NADH+H^+$	-0.32
$FMN/FMNH_2$	-0.30
$FAD/FADH_2$	-0.06
Cyt b Fe^{3+}/Fe^{2+}	0.04(或0.10)
$Q_{10}/Q_{10}H_2$	0.07
Cyt c_1 Fe^{3+}/Fe^{2+}	0.22
Cyt c Fe^{3+}/Fe^{2+}	0.25
Cyt a Fe^{3+}/Fe^{2+}	0.29
Cyt a_3 Fe^{3+}/Fe^{2+}	0.55
$1/2\ O_2/H_2O$	0.82

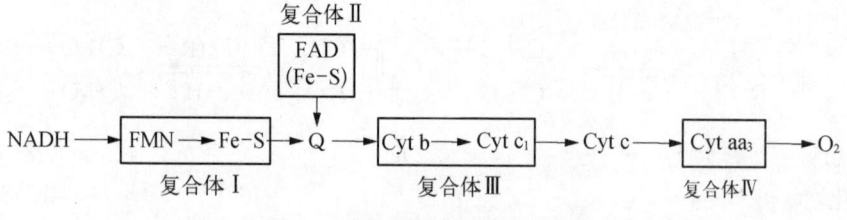

图7-4 呼吸链各组分的排列顺序

(二) 两条主要呼吸链

1. NADH氧化呼吸链　　人体内大多数脱氢酶都以NAD^+作辅酶,在脱氢酶催化下底物SH_2脱下的氢交给NAD^+生成$NADH+H^+$,在NADH脱氢酶作用下,$NADH+H^+$将两个氢原子传递给FMN生成$FMNH_2$,再将氢传递至Q生成QH_2,此时两个氢原子解离成$2H^+ +2e$,$2H^+$游离于介质中,2e经Cyt b、c_1、c、aa_3传递,最后将2e传递给$1/2O_2$,生成O_2^-,O_2^-与介质中游离的$2H^+$结合生成水。

2. 琥珀酸氧化呼吸链($FADH_2$氧化呼吸链)　　琥珀酸在琥珀酸脱氢酶作用下脱氢生成延胡索酸,FAD接受两个氢原子生成$FADH_2$,然后再将氢传递给Q,生成QH_2,此后的传递和NADH氧化呼吸链相同。

两条呼吸链的整个传递过程可用图7-5表示。

三、胞液中NADH的氧化

(一) α-磷酸甘油穿梭

这种作用主要存在于脑和骨骼肌中。如图7-6所示,胞液中的NADH在α-磷酸甘油脱氢酶的催化下,使磷酸二羟丙酮还原为α-磷酸甘油,α-磷酸甘油可以容易地通过外膜,并被分布在线粒体膜间隙的另一种类型α-磷酸甘油脱氢酶(辅基为FAD)重新氧化成磷酸二羟丙酮,并生成$FADH_2$可进入琥珀酸氧化呼吸链。

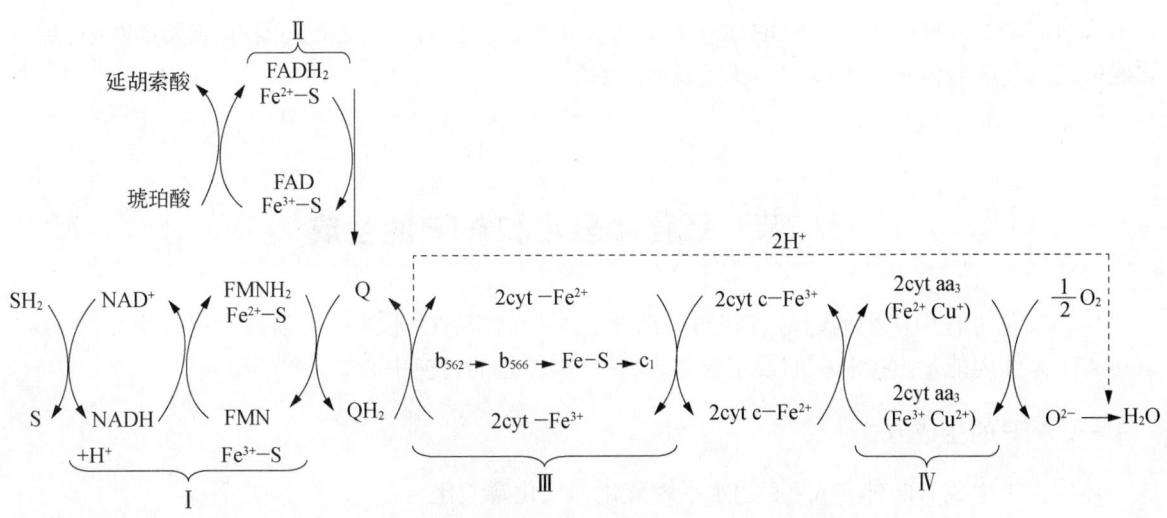

图7-5 两条呼吸链的电子传递过程及H_2O的生成

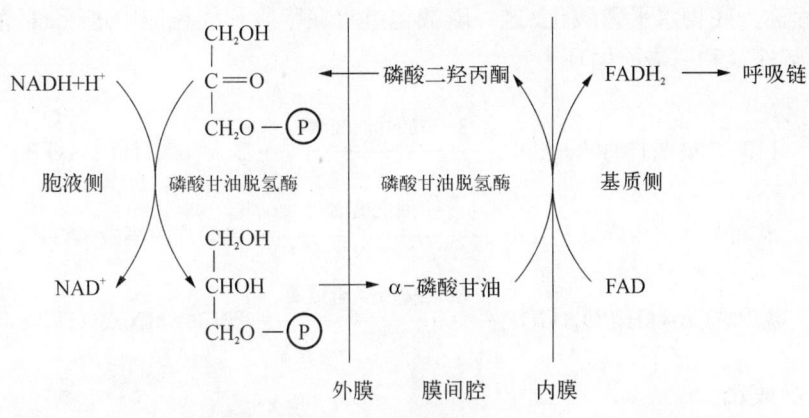

图7-6 α-磷酸甘油穿梭

(二)苹果酸天冬氨酸穿梭

主要存在肝和心肌中。胞液中的NADH在苹果酸脱氢酶催化下,使草酰乙酸还原成苹果酸,后者借助内膜上的α-酮戊二酸载体进入线粒体,又在线粒体内苹果酸脱氢酶的催化下重新生成草酰

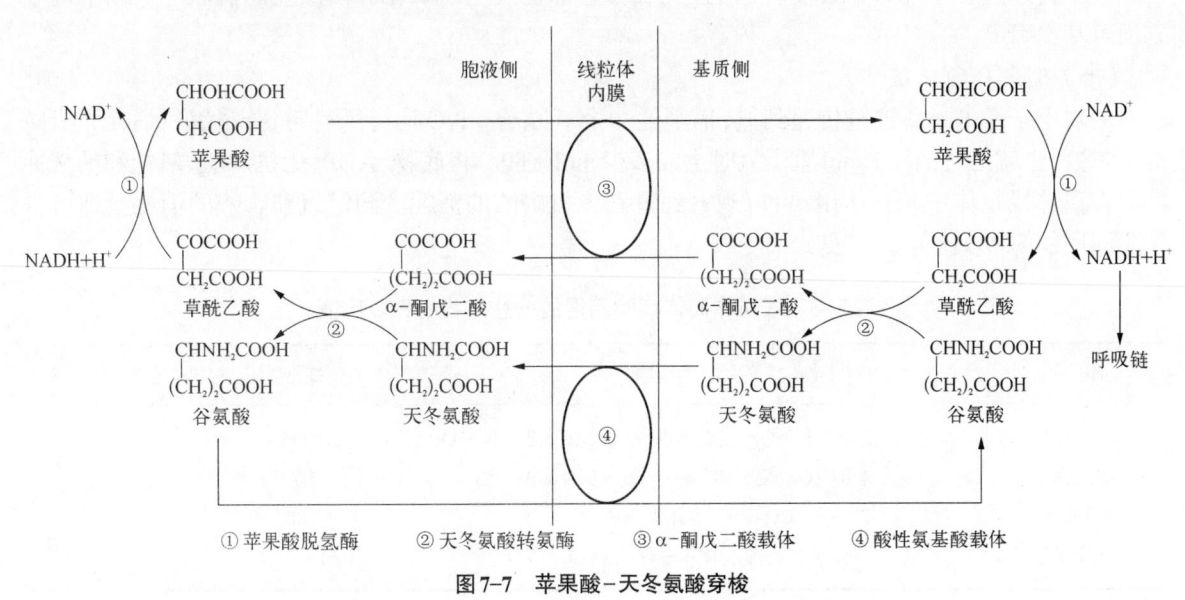

① 苹果酸脱氢酶　② 天冬氨酸转氨酶　③ α-酮戊二酸载体　④ 酸性氨基酸载体

图7-7 苹果酸-天冬氨酸穿梭

乙酸和NADH。NADH进入NADH氧化呼吸链。草酰乙酸经谷草转氨酶催化生成天冬氨酸，后者再经酸性氨基酸载体转运出线粒体转变成草酰乙酸。

第二节　氧化磷酸化和ATP的生成

生物氧化过程中产生的能量有相当一部分（约40%）以ATP形式或其他高能化合物存储起来，其中ATP是体内能量直接利用的最主要形式，是体内能量的转换中心。

一、ATP的生成方式

体内ATP生成有两种方式：底物水平磷酸化和氧化磷酸化。

（一）底物水平磷酸化

底物分子中的高能键（高能磷酸键和硫酯键）的能量直接转移给ADP（或GDP）生成ATP（或GTP），这个过程称为底物水平磷酸化，这一磷酸化过程在胞质和线粒体中进行，目前已知有3个反应，分别在糖酵解途径和三羧酸循环中：

$$1,3\text{-二磷酸甘油酸} + ADP \xrightarrow{\text{3-磷酸甘油酸激酶}} \text{3-磷酸甘油酸} + ATP$$

$$\text{磷酸烯醇式丙酮酸} + ADP \xrightarrow{\text{丙酮酸激酶}} \text{烯醇式丙酮酸} + ATP$$

$$\text{琥珀酰}CoA + H_3PO_4 + GDP \xrightarrow{\text{琥珀酰CoA合成酶}} \text{琥珀酸} + CoA + GTP$$

（二）氧化磷酸化

当电子从NADH或$FADH_2$经过电子传递体传递给O_2生成H_2O时，同时伴随着能量的释放，释放的能量有部分被利用于使ADP磷酸化形成ATP，即氧化与磷酸化的偶联。这种ATP生成的方式称为氧化磷酸化，又称电子水平传递磷酸化。氧化磷酸化是体内ATP生成的主要方式。

二、氧化磷酸化偶联部位

电子传递过程中能量是逐步释放的，到底哪些部位发生了氧化和磷酸化的偶联？从以下两个方面可基本确定。

（一）测定P/O比值

一对电子经电子传递链传递到氧，需消耗一个氧原子。P/O是指每消耗1 mol氧所消耗无机磷的摩尔数，也就是每消耗1 mol原子氧时生成多少mol ATP。将底物、ADP、无机磷酸、氧饱和的缓冲液等在离体线粒体中相互作用，可以观察到氧和无机磷酸的消耗。测定氧和磷酸的消耗量即可得到不同底物的P/O比值（表7-3）。

表7-3　线粒体离体实验测得的一些底物的P/O比值

底　物	呼吸链的组成	P/O比值	生成ATP数
β-羟丁酸	NAD^+→复合体Ⅰ→Q→复合体Ⅲ→Cyt c→复合体Ⅳ→O_2	2.4～2.8	2.5
琥珀酸	复合体Ⅱ→Q→复合体Ⅲ→Cyt c→复合体Ⅳ→O_2	1.7	1.5
抗坏血酸	Cyt c→复合体Ⅳ→O_2	0.88	1
Cyt c	复合体Ⅳ→O_2	0.61～0.68	1

笔记栏

（二）计算自由能的变化

通过化学计算能量释放所得结果与上述测定P/O比值所得结果完全相同。呼吸链中各氧化还原对都具有不同的氧化还原电位，而且从呼吸链开始端至末端，氧化还原对的电位逐渐升高，即两个相邻的氧化还原对之间存在着电位差。当电子从一个氧化还原电位较低的还原型传递体转移到较高电位的氧化型传递体时，就有负自由能变化，即能量的释放。在电子传递过程中，其自由能的变化可以根据下式算出：

$$\Delta G^{0\prime} = -nF\Delta E^{0\prime}$$

n 为电子传递数，F 为法拉第常数（96.5 kJ/mol）。当氧化还原对之间的电位差大于 0.2 V 时，即有 1 mol ATP 生成（需能量 30.5 kJ）。经测定，NADH→Q，Cyt b→Cyt c，Cyt aa_3→O_2 之间的电位差大于 0.2 V，释放的能量足以合成ATP，此三个部位是氧化磷酸化的偶联部位。

三、氧化磷酸化偶联机制

氧化磷酸化偶联机制的分子机制仍不很清楚，目前化学渗透假说得到普遍承认。这个学说是英国学者Peter Mitchell于1961年提出的。化学渗透假说认为在电子传递和ATP形成之间起偶联作用的是电化学梯度。该假说认为：呼吸链中复合体有氢泵（质子泵）的作用，递氢体所传递的氢不是从前一个递氢体接过来的，而是从线粒体内膜基质中直接吸取的，当递氢体从内膜内侧接受氢后，可将其中的2个电子传给最后的递电子体，而将H^+泵出线粒体内膜外侧；H^+不能自由返回线粒体内膜，造成线粒体内膜外侧[H^+]＞内侧，在内、外两侧产生了跨膜质子梯度，这种内负外正的电位差，蕴含着一定的能量；线粒体内膜外侧H^+只能通过F_OATP酶（ATP合酶）返回，ATP合酶利用H^+返回到线粒体膜内侧所释放的自由能来合成ATP。每对电子通过复合体Ⅰ、Ⅲ和复合体Ⅳ时，泵出的质子数分别是：4个、4个和2个，这样一对电子从NADH-Q还原酶到氧，共有10个H^+从线粒体基质泵出到内膜外侧。而每合成一个ATP消耗4个H^+，因此一对电子从NADH-Q还原酶传递到氧将产生2.5 mol ATP，P/O是2.5；从$FADH_2$传递到氧将产生1.5 mol ATP，P/O是1.5。

四、ATP合酶

线粒体内膜上合成ATP的酶称ATP合酶，是由亲水性的F_1和疏水性的F_O两部分组成的复合物，所以又叫F_1F_O-ATP合酶（图7-8）。F_1是突出于线粒体内膜上的球状结构，由9个（5种）亚基组成，表示为$\alpha_3\beta_3\gamma\delta\varepsilon$，$F_1$的功能是催化ATP合成，催化部位在β亚基中。$F_O$镶嵌在线粒体内膜上，由$a_1b_2c_{9-13}$亚基构成。$F_1$和$F_O$之间还有一种蛋白，称为寡霉素敏感蛋白（oligomycin sensitivity-conferring protein, OSCP），是质子由F_O到F_1的通道，当寡霉素与F_O的亚基结合时，会抑制H^+通过F_O，干扰质子梯度的利用而抑制ATP的生成。

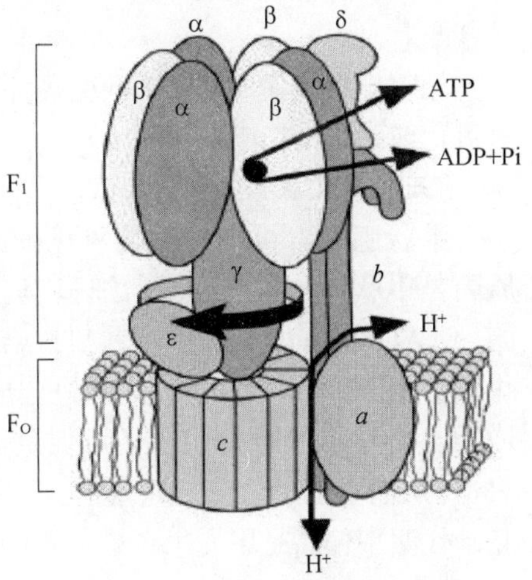

图7-8　ATP合酶结构示意图

五、影响氧化磷酸化的因素

（一）ATP/ADP比值

氧化磷酸化主要受细胞对能量需求的调节，体内ATP含量高时，氧化磷酸化受抑制，ATP少时，氧化磷酸化速度加快。因此，正常生理条件下，ATP/ADP比值是调节氧化磷酸化速度的主要因素。ATP/ADP比值下降，可致氧化磷酸化速度加快；反之，当ATP/ADP比值升高时，则氧化磷酸化速度减慢。

（二）电子传递链的抑制剂

能够阻断呼吸链中某一部位电子传递的物质称为电子传递抑制剂。利用专一性电子传递抑制剂选择性地阻断呼吸链中某个传递步骤，再测定链中各组分的氧化-还原态情况，是研究电子传递链顺序的一种重要方法。

常见的抑制剂有如下几种。

1. 鱼藤酮、异戊巴比妥、粉蝶霉素A　　它们可与复合体I中Fe-S结合，阻断电子由NADH向泛醌传递。其中鱼藤酮是极毒的植物物质，可用作杀虫剂。

2. 抗霉素A、二巯基丙醇（BAL）　　它是由链霉素分离出来的抗生素，是Cyt b的抑制剂，使其不能被氧化，因而抑制电子从Cyt b到Cyt c_1的传递。

3. 氰化物、硫化氢、叠氮化物、CO等　　它们可与Cyt aa_3结合，阻断电子由Cyt aa_3传至氧。几种电子传递抑制剂的作用部位如图7-9所示。

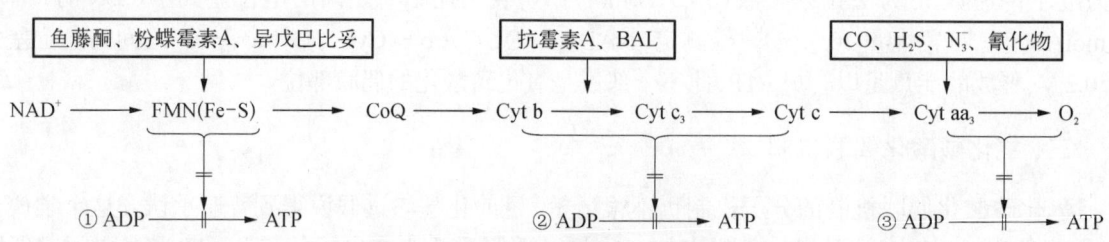

图7-9　各种呼吸链抑制剂的作用位点

（三）氧化磷酸化的抑制剂

对电子传递（氧化过程）和ATP合成（磷酸化过程）都有抑制作用。如寡霉素能与ATP合酶中寡霉素敏感相关蛋白（OSCP）结合，阻断了质子通道，使质子不能返回线粒体基质，因此氧化和ATP合成均不能进行，即同时抑制电子的传递和氧的利用。

（四）解偶联剂

呼吸链中电子传递与磷酸化作用紧密偶联，但这两个过程可被解偶联剂分离。解偶联剂只抑制ATP的形成过程，不抑制电子传递过程，使电子传递所产生的自由能都变为热能。这类试剂使电子传递失去正常的控制，造成过分地利用氧和燃料底物，而能量得不到储存。典型的解偶联剂是2,4-二硝基苯酚。

用氧电极测定氧浓度，可观察各种底物和抑制剂对氧化磷酸化的影响（图7-10）。

（五）甲状腺激素

甲状腺激素可间接影响氧化磷酸化的速度。其原因是甲状腺激素可以激活细胞膜上的Na^+、K^+-ATP酶，使ATP水解增加，因而使ATP/ADP比值下降，氧化磷酸化速度加快，导致ATP的合成和分解速度均增加。另外甲状腺素（T_3）还可促进解偶联蛋白基因表达，从而增加了产热与耗氧量，使基础代谢率提高。基础代谢率偏高是甲亢患者最主要的临床指征之一。

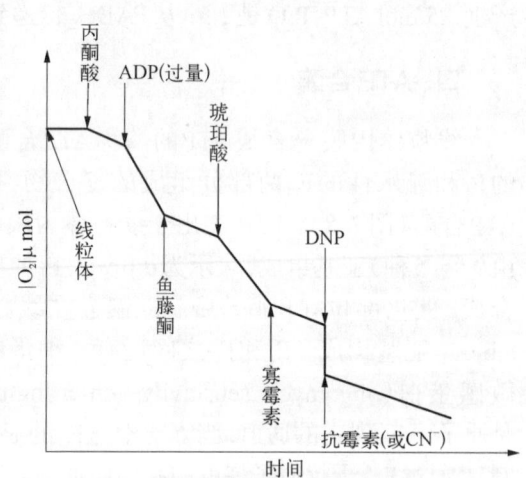

图7-10　不同底物和抑制剂对线粒体耗氧的影响

第三节　其他氧化体系

一、超氧化物歧化酶

超氧化物歧化酶（SOD）广泛存在于各类动物、植物、微生物中，以金属离子如锰、锌、铜、铁等为辅助因子，是一种能够催化氧自由基通过歧化反应转化为氧气和过氧化氢的酶。

真核细胞的胞液含有以有铜和锌为辅基的超氧化物歧化酶,线粒体中的SOD以Mn^{2+}为辅基。SOD可催化1分子$O_2^-\cdot$氧化生成水,另一分子$O_2^-\cdot$还原生成H_2O_2,H_2O_2再被过氧化氢酶分解,从而保护机体免受氧化剂损伤。

$$O_2^-\cdot+2H \xrightarrow{SOD} H_2O_2+O_2$$

二、微粒体氧化酶系

微粒体中的氧化酶组分复杂,根据催化底物氧化反应情况不同,可将它们分为单加氧酶和双加氧酶两种类型。

单加氧酶是由NADP-细胞色素P_{450}还原酶、细胞色素P_{450}、黄素蛋白(辅基FAD)、铁硫蛋白(辅基Fe-S)等组成的一种复杂酶系。其催化作用使氧分子中的一个氧原子被加到底物分子上(羟化),而另一氧原子与$NADPH^++H^+$上的两个质子化合成水。因催化作用具有双重功能,又称为混合功能氧化酶,又因催化底物发生羟化反应,也称为羟化酶。

小 结

营养物质在体内氧化生成CO_2和水并释出能量的过程称为生物氧化。CO_2是有机酸脱羧生成,水和ATP主要是在线粒体呼吸链氢和电子的传递过程所生成。

呼吸链是指线粒体膜中一系列递氢电子酶与辅酶按一定顺序排列构成的连锁氧化还原体系。呼吸链可被拆分为4种复合体。复合体Ⅰ由以FMN为辅基的黄素蛋白与铁硫蛋白组成,能把代谢物脱氢生成的$NADH+H^+$中的2H传递给CoQ,复合体Ⅲ由cyt b、cyt c_1和铁硫蛋白组成,能把$CoQH_2$中的$2e^-$传递给cyt c,$2H^+$被释放到线粒体内膜外。复合体Ⅳ即cyt c氧化酶(cyt aa_3),能把$2e^-$转交给$1/2O_2$,使其成为O^{2-},再与线粒体基质中$2H^+$结合生成H_2O。复合体Ⅱ由辅基为FAD的黄素蛋白、铁硫蛋白及cyt b_{560}组成,功能是把代谢物脱氢生成的$FADH_2$的2H传递给CoQ。呼吸链各组分按标准氧化还原电位由低到高排列。体内存在的重要呼吸链有NADH呼吸链和琥珀酸呼吸链。胞质中的$NADH+H^+$可经α-磷酸甘油穿梭或苹果酸穿梭进入线粒体呼吸链氧化。

物质氧化所释放的能量只有少量经底物水平磷酸化合成ATP,氧化磷酸化是体内生成ATP的主要方式。经P/O比值测定和自由能释放量的计算推断,一对H^+经NADH呼吸链可产生2.5分子ATP,经琥珀酸呼吸链可产生1.5分子ATP。氧化磷酸化偶联机制以化学渗透学说较为公认。

氧化磷酸化受许多因素影响,包括细胞内能量水平(ADP/ATP)、激素(如甲状腺激素)的调节作用;某些药物、毒物对呼吸链的抑制作用(如氰化物、CO中毒)及解偶联作用等。

ATP是体内能量直接利用、储存的形式和能量转换的中心,体内其他高能化合物的能量可与ADP/ATP转换。

【思考题】
(1) 名词解释:生物氧化、呼吸链、氧化磷酸化、P/O比值。
(2) 试述呼吸链的组成,排列顺序及各组分的主要功能部位。
(3) 线粒体外的物质脱氢可否产能?若可以,是通过何种机制?

(王树强)

笔记栏

第八章

氨基酸代谢

学习要点

- **掌握：** ① 必需氨基酸的种类；② 氨基酸的脱氨基作用；③ 血氨的来源与去路；④ 一碳单位的概念来源、载体、种类和生理意义。
- **熟悉：** ① 蛋白质的需要量和营养价值及蛋白质的腐败作用及临床意义；② 尿素的生成（鸟氨酸循环）和生理意义；③ 氨基酸的脱羧基作用；④ 芳香族氨基酸的代谢与临床意义。
- **了解：** ① 氮平衡的概念和类型；② 高血氨症和氨中毒。

蛋白质是人体各种功能的主要体现者，因此在人体的代谢过程中，蛋白质代谢有着十分重要的地位。氨基酸代谢实际上反映体内蛋白质分解代谢的状况，其核心内容就是氨基酸的分解代谢及其转变的途径和生理意义。

第一节 蛋白质的营养作用

一、蛋白质的生理功能

（一）维持组织的生长、更新和修补

蛋白质是细胞的主要组成成分。人体各组织细胞的蛋白质经常不断地更新。在组织受创伤时则需供给更多的蛋白质作为修补的原料。为保证儿童的健康成长，对生长发育期的儿童、孕妇提供足够量优质的蛋白质尤为重要。

（二）参与重要的生理功能

体内许多重要的生理活动均由蛋白质完成，如参与机体防御功能的抗体、催化代谢反应的酶、调节物质代谢和生理活动的某些激素和神经递质等；此外肌肉收缩、血液凝固、物质的运输等生理功能也是依靠蛋白质来实现的。因此，蛋白质是生命活动的重要物质基础。

（三）氧化供能

食物蛋白质也是能量的一种来源。一般成人每日约有18%的能量来自于蛋白质。但糖与脂肪可以替代蛋白质提供能量，故氧化供能是蛋白质的次要生理功能。饥饿时，组织蛋白分解增加，每输入100 g 葡萄糖约减少50 g 蛋白质的消耗，因此，对不能进食的消耗性疾病患者应注意葡萄糖的补充，以减少组织蛋白的消耗。

笔记栏

二、蛋白质的需要量

(一) 氮平衡

蛋白质中氮的平均含量为16%,食物中的含氮物质主要是蛋白质,故通过测定食物中氮的含量可以推算出其中的蛋白质含量。蛋白质在体内代谢产生的含氮化合物主要通过尿、粪排出。因而可根据氮平衡(nitrogen balance)实验,即人体每日摄入食物中的氮含量和排泄物的氮含量来反映蛋白质在体内的代谢概况。氮平衡实验可有以下三种情况:

1. 氮的总平衡　摄入氮量=排出氮量,见于正常成人,每日食进的蛋白质主要用于维持组织的更新。

2. 氮的正平衡　摄入氮量>排出氮量,表示部分摄入的蛋白质转变为新的组织蛋白质存在体内,常见于儿童、孕妇及恢复期的患者。

3. 氮的负平衡　摄入氮量<排出氮量,表明蛋白质摄入量不足。饥饿,消耗性疾病患者常出现这情况。

(二) 生理需要量

根据氮平衡实验计算,成人进食不含蛋白质的膳食时,每日蛋白质最低的分解量为20 g。由于食物蛋白质与人体蛋白质组成的差异,不可能全部被利用,故成人每日需进食30～50 g蛋白质,才能补足体内蛋白质的分解,此值为蛋白质的最低需要量。为了长期维持氮的总平衡,仍需增量才能满足需要,为此,我国营养学会推荐成人每日蛋白质需要量为80 g。

三、蛋白质的营养价值

(一) 必需氨基酸

组成蛋白质的20种氨基酸中,有8种氨基酸不能在体内自行合成而必须由食物供给,这8种氨基酸称为营养必需氨基酸(essential amino acid),它们是:苏氨酸、亮氨酸、异亮氨酸、缬氨酸、赖氨酸、色氨酸、苯丙氨酸和甲硫氨酸。其余12种氨基酸体内可以合成,称为非必需氨基酸。有些氨基酸虽可在体内合成,但合成时要以必需氨基酸为原料,例如酪氨酸和半胱氨酸在体内可分别由苯丙氨酸和甲硫氨酸转变而来,食物中添加这两种氨基酸可以减少对苯丙氨酸和甲硫氨酸的需要量,故称为半必需氨基酸。食物蛋白质营养价值的高低,主要决定于其所含必需氨基酸的种类、数量以及其相互比例是否与人体内的蛋白质相似。一般来说,动物性蛋白质所含氨基酸的种类和比例与人体需要相近,故营养价值较植物蛋白高。

(二) 食物蛋白质的互补作用

将几种营养价值较低的蛋白质混合食用,则必需氨基酸可以互相补充,从而提高营养价值,此为食物蛋白质的互补作用。例如,谷类蛋白质含赖氨酸少,而含色氨酸较多,豆类蛋白质含赖氨酸较多,而含色氨酸较少,两者混合食用即可提高营养价值。

第二节　食物蛋白质的消化、吸收与腐败

一、食物蛋白质的消化、吸收

食物蛋白质需经消化道中一系列酶的作用,分解为氨基酸及小肽才能被吸收。同时消除蛋白的种属特异性和抗原性,防止过敏、毒性反应。

蛋白质的消化自胃开始,但主要在小肠中完成。胃、肠道中消化蛋白的水解酶类均以酶原的形式分泌到肠道,在一定条件下激活为蛋白酶。可分为内肽酶和外肽酶,内肽酶催化肽链内部的肽键

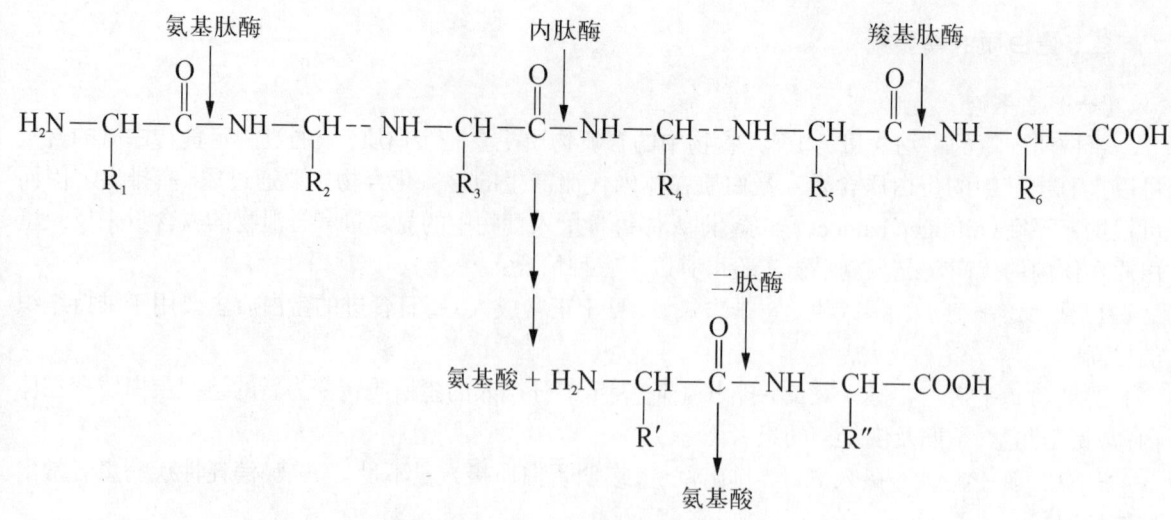

图8-1 蛋白水解酶作用示意图

水解,外肽酶自肽链的氨基或羧基末端开始水解肽链,分为羧基肽酶和氨基肽酶(图8-1)。

胃蛋白酶主要水解芳香族氨基酸、甲硫氨酸或亮氨酸等残基组成的肽键,生成产物为多肽及少量的氨基酸。此外,胃蛋白酶对乳中的酪蛋白有凝乳作用,这对乳的蛋白质消化很重要,因为乳中的酪蛋白凝成块后,在胃中停留时间延长,有利于充分消化。

蛋白质在胃中的消化是不完全的。胃中蛋白质的消化产物及未被消化的蛋白质进入小肠后,再受胰液及肠黏膜细胞的多种蛋白酶及肽酶的共同作用,进一步水解成氨基酸。因此,小肠是蛋白质消化的主要部位。胰液中的蛋白酶包括胰蛋白酶、糜蛋白酶、弹性蛋白酶、羧基肽酶等,蛋白质在胰蛋白酶的作用下最终分解为氨基酸和一些寡肽。

蛋白质经胃液及胰液中各种酶的催化,所得到的产物仅1/3为氨基酸,其余2/3为寡肽。小肠黏膜细胞的刷状缘及胞液中存在着一些寡肽酶和二肽酶,可使寡肽最终生成氨基酸。

氨基酸的吸收主要在小肠中进行。一般认为可能有两种机制,一是氨基酸载体的转运:载体蛋白与氨基酸、Na^+组成三联体,由ATP供能将氨基酸、Na^+转入细胞内,Na^+再由钠泵排出细胞。小肠黏膜细胞膜上有四种类型的氨基酸载体(中性氨基酸载体、碱性氨基酸载体、酸性氨基酸载体、亚氨酸及甘氨酸载体),分别转运、吸收不同的氨基酸。其中的中性氨基酸载体是主要的载体。二是γ-谷氨酰基循环,如图8-2所示。

在上述循环中谷胱甘肽(glutathion, GSH)作为γ-谷氨酰基的供体起着重要作用。上述反应的各种酶存在于小肠黏膜细胞、肾小管细胞和脑组织中,其中γ-谷氨酰基转移酶是关键酶,它位于细胞膜上,其余的酶均在细胞液中。

二、蛋白质在肠中的腐败作用

在消化过程中,少量未经消化的蛋白质,以及小部分未被吸收的氨基酸、小肽等消化产物,在大肠下部受到细菌的作用,肠道细菌对蛋白质或蛋白质消化产物的分解作用,称为腐败作用(putrefaction)。腐败作用的产物大多数对人体有害,例如胺、氨、苯酚、吲哚和硫化氢等,但也有小部分产物如脂肪酸、维生素等可被机体利用。

腐败作用产生的有毒物质主要是胺类和氨。在肠道细菌作用下,氨基酸脱去羧基后生成胺类。常见的如酪氨酸脱羧基生成酪胺,组氨酸脱羧基生成组胺,色氨酸脱羧基生成色胺等。对于人体,过量的胺是有害的。如酪氨酸及苯丙氨酸脱羧分别生成酪胺及苯乙胺,进入脑内经转变可形成类似儿茶酚胺的假神经递质,它们不能传递神经冲动,影响大脑的正常功能。临床上严重肝病的患者发生肝性脑病症状可能与此有关。

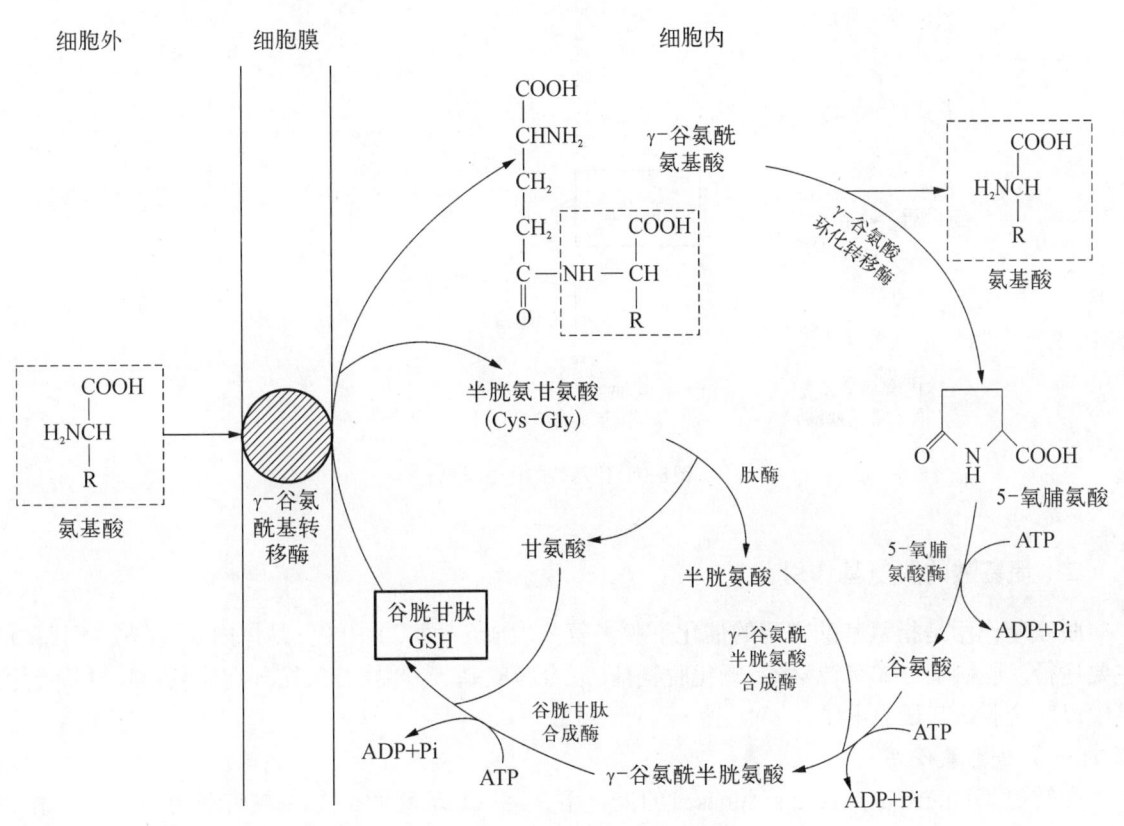

图 8-2　γ-谷氨酰基循环

肠道中的氨主要有两个来源：一是未被吸收的氨基酸在肠道细菌作用下脱氨基而生成；二是血液中尿素渗入肠道，受肠菌尿素酶水解而生成氨。尿素是在肝脏合成（见第四节），通过血液循环进入肠道，在肠道细菌作用下尿素分解为氨，氨也被吸收再进入肝内合成尿素，此过程称为尿素的肠肝循环。氨主要在结肠被吸收，因酸性条件可减少氨的吸收，临床上常用酸性灌肠液和服用使肠道酸化的药物防治高氨血症。

除胺和氨外，腐败作用还可以产生其他一些有害物质。例如，在肠道细菌酶的作用下，酪氨酸可产生苯酚、甲苯酚；色氨酸可产生吲哚及甲基吲哚；半胱氨酸会分解生成硫化氢等。正常情况下，腐败作用产生的大部分有害物质随粪便排出，只有小部分被吸收，经肝脏的代谢转变而解毒，故不会发生中毒现象。但习惯性便秘者或肠梗阻者，腐败产物的吸收增加会产生毒性作用。

第三节　氨基酸的一般代谢

一、氨基酸代谢的概况

食物蛋白质经过消化吸收后进入体内的氨基酸称为外源性氨基酸。机体各组织的蛋白质分解生成的及机体合成的氨基酸称为内源性氨基酸。在血液和组织中分布的氨基酸称为氨基酸代谢库（aminoacid metabolic pool）。各组织中氨基酸的分布不均匀。氨基酸的主要功能是合成蛋白质，也参与合成多肽及其他含氮的生理活性物质。除维生素外，体内的各种含氮物质几乎都可由氨基酸转变而来。氨基酸在体内代谢的基本情况概括如图 8-3。

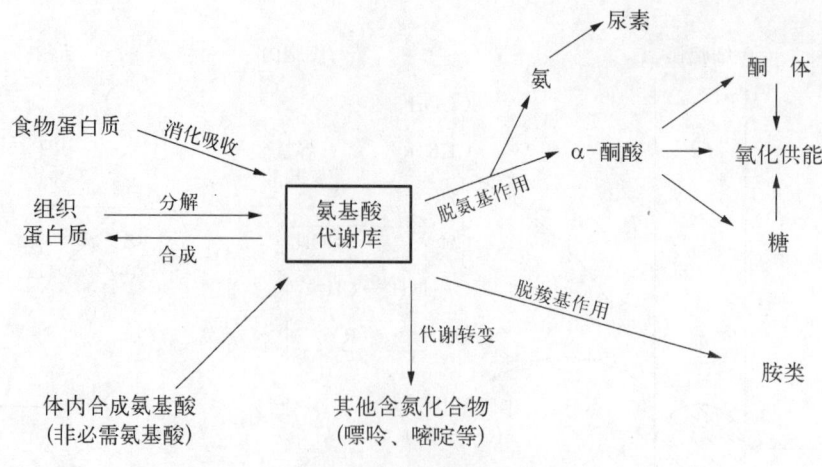

图8-3 氨基酸的代谢概况

二、氨基酸的脱氨基作用

脱氨基作用是指氨基酸在酶的催化下脱去氨基生成α-酮酸的过程,是体内氨基酸分解代谢的主要途径。脱氨方式有转氨基、氧化脱氨基、联合脱氨基、嘌呤核苷酸循环和非氧化脱氨基作用。其中以联合脱氨基最为重要。

(一) 转氨基作用

在转氨酶(transaminase ansaminase)的催化下,某一氨基酸的α-氨基转移到另一种α-酮酸的酮基上,生成相应的氨基酸;原来的氨基酸则转变成相应的α-酮酸。转氨酶催化的反应是可逆的。因此,转氨基作用既属于氨基酸的分解过程,也可用于合成体内某些营养非必需氨基酸。

$$\underset{\underset{COOH}{|}}{\overset{R_1}{\underset{|}{H-C-NH_2}}} + \underset{\underset{COOH}{|}}{\overset{R_2}{\underset{|}{C=O}}} \underset{\text{转氨酶}}{\rightleftharpoons} \underset{\underset{COOH}{|}}{\overset{R_1}{\underset{|}{C=O}}} + \underset{\underset{COOH}{|}}{\overset{R_2}{\underset{|}{H-C-NH_2}}}$$

除赖氨酸、脯氨酸和羟脯氨酸外,体内大多数氨基酸可以参与转氨基作用。人体内有多种转氨酶分别催化特异氨基酸的转氨基反应,辅酶均为含维生素B_6的磷酸吡哆醛或磷酸吡哆胺。它们在转氨基反应中起着氨基载体的作用。其中以谷丙转氨酶(glutamicpyruvic transaminase,GPT,又称ALT)和谷草转氨酶(glutamic oxaloactictransaminase,GOT,又称AST)最为重要。转氨酶的分布很广,不同的组织器官中转氨酶活性高低不同,如心肌GOT最丰富,肝中则GPT最丰富。转氨酶为细胞内酶,血清中转氨酶活性极低。当病理改变引起细胞膜通透性增高、组织坏死或细胞破裂时,转氨酶大量释放,血清转氨酶活性明显增高。如急性肝炎患者血清GPT活性明显升高,心肌梗死患者血清GOT活性明显升高。这可用于相关疾病的临床诊断、疗效和预后的指标观察。

(二) 氧化脱氨基作用

氧化脱氨基作用是指在酶的催化下氨基酸在氧化的同时脱去氨基的过程。组织中有几种催化氨基酸氧化脱氨的酶,其中以L-谷氨酸脱氢酶(L-glutamatedehydrogenase)最重要。其催化谷氨酸氧化脱氨,生成α-酮戊二酸和氨。谷氨酸脱氢酶的辅酶为NAD^+。谷氨酸脱氢酶广泛分布于肝、肾、脑等多种细胞中。此酶活性高、特异性强,是一种不需氧的脱氢酶。谷氨酸脱氢酶催化的反应是可逆的。其逆反应为α-酮戊二酸的还原氨基化,在体内非必需氨基酸合成过程中起着十分重要的作用。

笔记栏

$$\text{L-谷氨酸} \xrightleftharpoons[\text{NADH+H}^+]{\text{L-谷氨酸脱氢酶}, \text{NAD}^+} \text{亚氨酸} \xrightleftharpoons[-H_2O]{+H_2O} \alpha\text{-酮戊二酸} + NH_3$$

（三）联合脱氨基作用

上述转氨基作用虽然是体内普遍存在的一种脱氨基方式，但它仅仅是将氨基转移到α-酮酸分子上生成另一分子氨基酸，氨基并未脱去。而氧化脱氨基作用仅限于L-谷氨酸，其他氨基酸并不能直接经这一途径脱去氨基。而转氨基作用与氧化脱氨基作用联合进行，可使氨基酸脱去氨基并氧化为α-酮酸，此过程称为联合脱氨基作用。联合脱氨基作用可在大多数组织细胞中进行，是体内主要的脱氨基的方式，具体见图8-4。

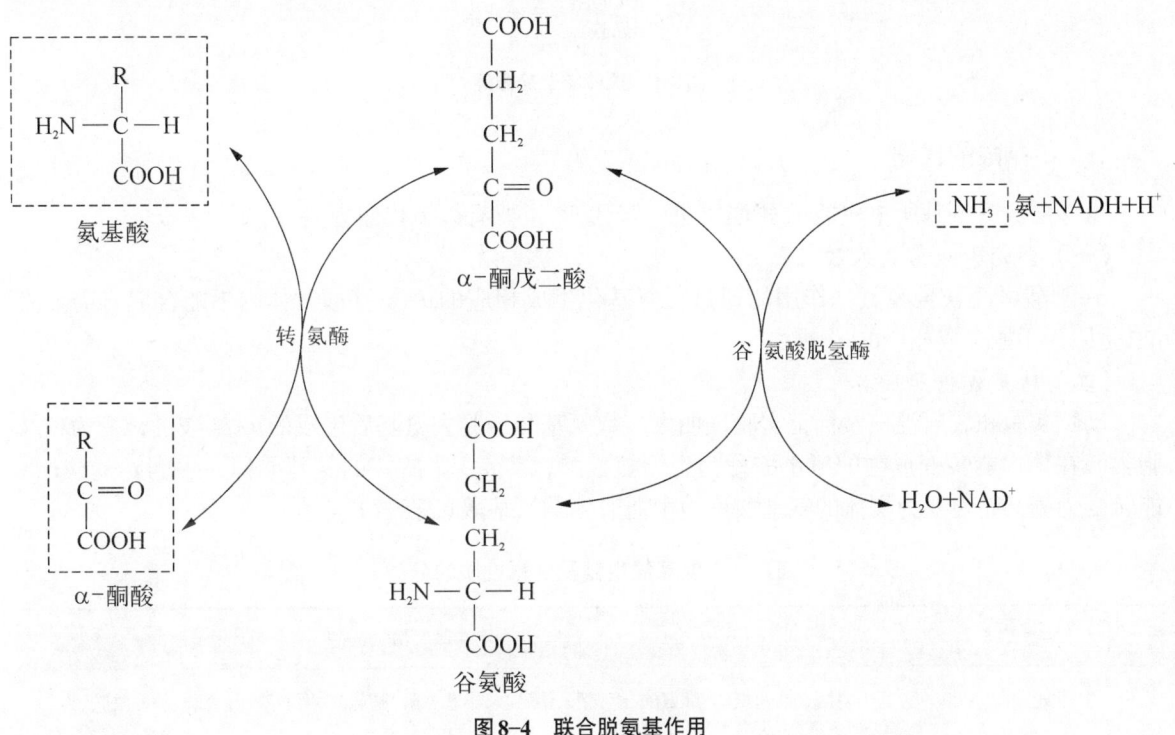

图8-4 联合脱氨基作用

（四）嘌呤核苷酸循环

由于骨骼肌和心肌L-谷氨酸脱氢酶活性较低，氨基酸不能经上述联合脱氨基作用方式脱氨基，但可通过嘌呤核苷酸循环（purine nucleotide cycle）脱去氨基。在此反应中，氨基酸通过转氨基作用将其氨基转移给草酰乙酸生成天冬氨酸，天冬氨酸可与次黄嘌呤核苷酸（IMP）作用，生成腺苷酸代琥珀酸，后者经酶催化裂解生成腺嘌呤核苷酸（AMP）并生成延胡索酸。肌组织中富含的腺苷酸脱氢酶可催化AMP脱下来自氨基酸的氨基，生成的IMP及延胡索酸可再参加循环（图8-5）。由此可见，此过程实际上是另一种形式的联合脱氨基作用。

（五）非氧化脱氨基作用

个别氨基酸还可以通过特异脱氨基作用脱去氨基。如丝氨酸可在丝氨酸脱水酶的催化下脱水生成氨和丙酮酸，天冬氨酸酶催化天冬氨酸直接脱氨。

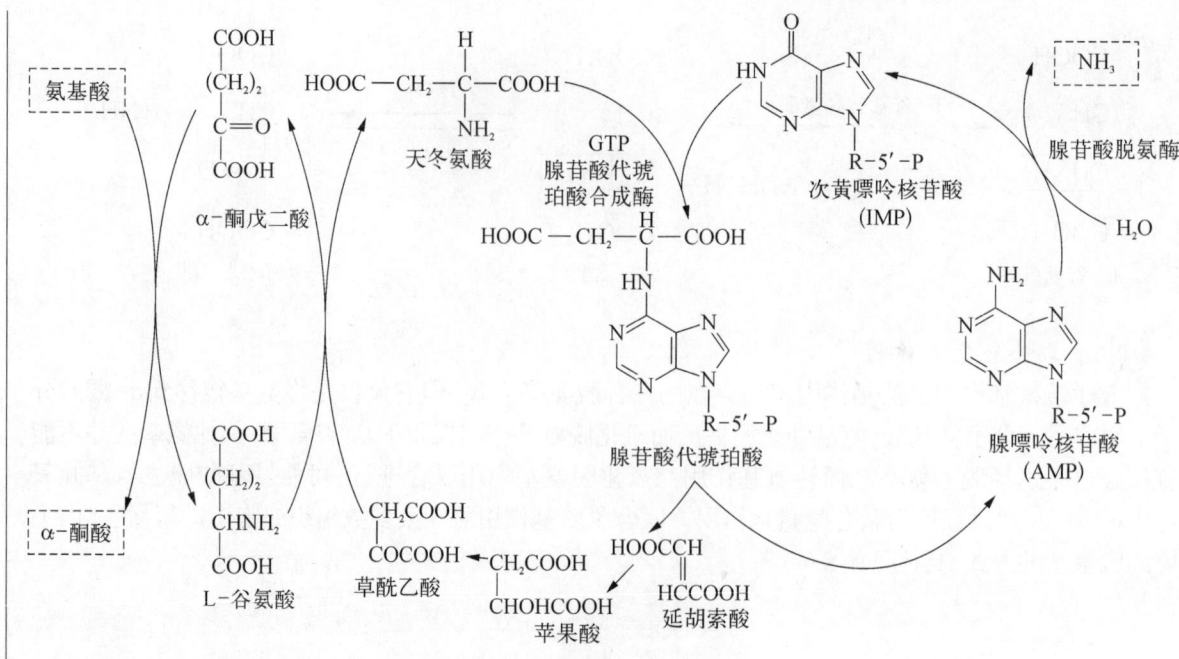

图 8-5 嘌呤核苷酸循环

三、α-酮酸的代谢

氨基酸经脱氨基所生成的α-酮酸可进一步代谢,主要有以下代谢去路。

（一）合成非必需氨基酸

α-酮酸可经联合脱氨基作用的逆过程氨基化生成相应的α-氨基酸。体内不能合成必需氨基酸,是因为不能合成相应的α-酮酸。

（二）转变成糖和脂类

动物实验和放射性核素标记实验证明大多数氨基酸经脱去氨基后生成的α-酮酸可转变为糖及脂类。在体内能转变成糖的氨基酸称为生糖氨基酸;能转变为酮体的氨基酸称为生酮氨基酸;既能转变为糖又能转变为酮体的氨基酸称为生糖兼生酮氨基酸(表8-1)。

表8-1 氨基酸生糖及生酮性质的分类

类　　别	氨　基　酸
生糖氨基酸	甘氨酸、丝氨酸、缬氨酸、组氨酸、精氨酸、半胱氨酸、脯氨酸、丙氨酸、谷氨酸、谷氨酰胺、天冬氨酸、天冬酰胺、甲硫氨酸
生酮氨基酸	亮氨酸、赖氨酸
生糖兼生酮氨基酸	异亮氨酸、苯丙氨酸、酪氨酸、苏氨酸、色氨酸

（三）氧化供能

α-酮酸在体内可以通过三羧酸循环与生物氧化体系而彻底氧化成水及CO_2,同时释放出能量供给生理活动的需要,由此可见,氨基酸(蛋白质)也是一种能源物质。

第四节　氨 的 代 谢

体内氨主要由氨基酸代谢产生,氨是毒性物质,血氨增多对脑神经组织损害最明显。虽然氨在人体内不断产生,但肝脏可及时将氨转变为无毒的尿素,维持人血中氨在极低浓度。

一、血氨的来源和去路

(一) 人体内氨的来源

(1) 组织中氨基酸的脱氨基作用生成氨是体内氨的主要来源。

(2) 肾脏来源的氨主要来自谷氨酰胺分解。

(3) 肠道来源的氨一小部分来自蛋白质腐败作用,另一部分来自肠道菌脲酶对肠道尿素的分解。因NH_3比NH_4^+更容易透进细胞而吸收,而碱性条件有利于氨的生成与吸收,因此临床给高血氨患者作灌肠治疗时,应禁忌使用碱性溶液如肥皂水灌肠,以免加重氨的吸收。为减少肾中NH_3的吸收,也不能使用碱性利尿药。

(二) 血氨的去路

氨有毒性,必须及时转变成无毒性或毒性低的物质然后再排出体外。生理情况下机体可通过不同途径迅速从血中移去氨。血氨的去路主要有以下四条:

(1) 在肝中合成尿素。肝细胞通过鸟氨酸循环将有毒的氨转变成无毒的尿素,然后尿素经肾脏排出体外,这是体内氨的主要去路。

(2) 氨与谷氨酸在谷氨酰胺合成酶的催化下合成无毒的谷氨酰胺。

(3) 通过α-酮酸再氨基化合成非必需氨基酸或合成其他含氮物,如嘌呤、嘧啶等。

(4) 由肾小管分泌氨和原尿中H^+结合,以铵盐形式排出体外。

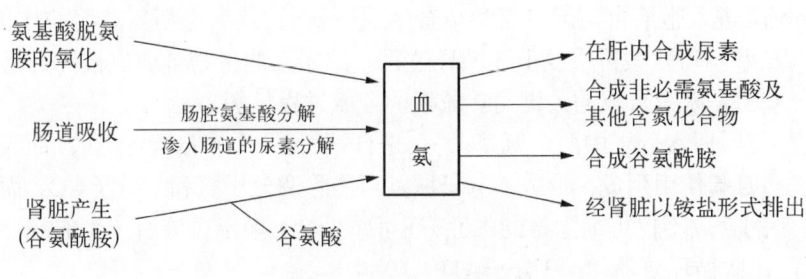

图8-6 血氨的来源和去路

二、氨在体内的运输

有毒的氨必须以无毒性的方式经血液运输至肝脏合成尿素或运输到肾脏以铵盐形式随尿液排出体外,其转运方式有以下两种。

(一) 丙氨酸-葡萄糖循环

肌肉蛋白质分解的氨基酸占机体氨基酸代谢库一半以上。肌肉中的氨基酸将氨基转给丙酮酸生成丙氨酸,后者经血液循环转运至肝脏再脱氨基,生成的丙酮酸经糖异生合成葡萄糖后再经血液循环转运至肌肉重新分解产生丙酮酸,通过这一循环反应过程即可将肌肉中氨基酸的氨基转移到肝脏进行处理。这一循环反应过程称为丙氨酸-葡萄糖循环,见图8-7。

(二) 谷氨酰胺转运氨

在脑、肌肉等组织中,谷氨酰胺合成酶的活性较高,它催化氨与谷氨酸反应生成谷氨酰胺,谷氨酰胺由血液运送至肝或肾,再经谷氨酰胺酶催化,水解释放出氨。谷氨酰胺既是氨的运输形式,也是氨的贮存和利用形式。临床上对氨中毒患者可服用或输入谷氨酸盐,以降低血氨的浓度。谷氨酰胺在肾脏分解生成谷氨酸和氨,氨与原尿H^+结合形成铵盐随尿排出有利于调节酸碱平衡。

三、尿素的代谢

体内氨的主要代谢去路是在肝脏合成无毒的尿素,再经肾脏排出体外。催化尿素合成的酶存

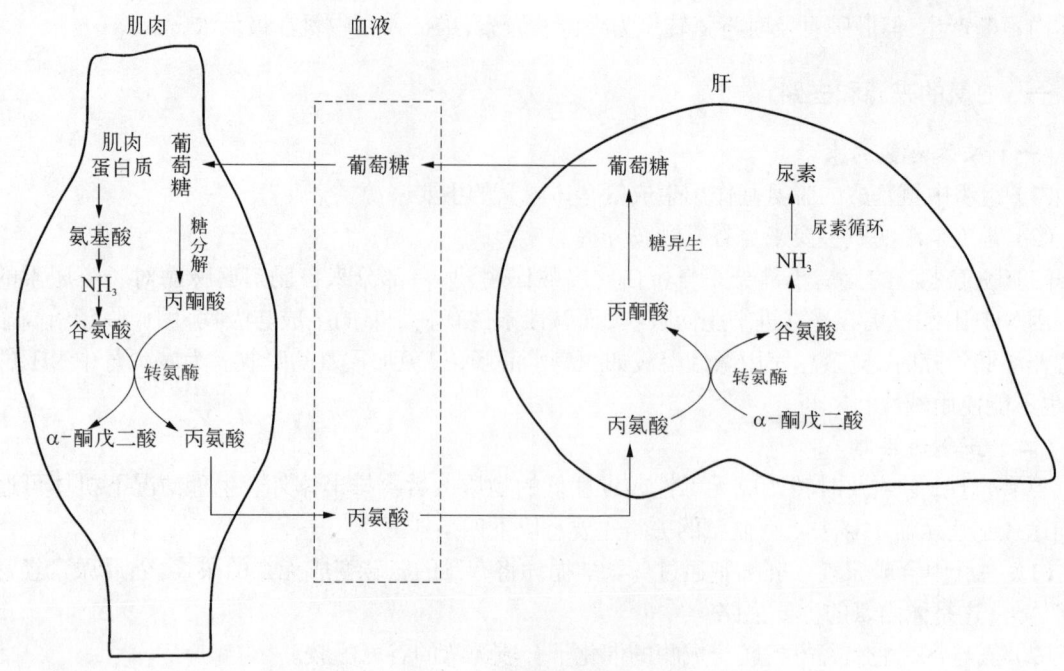

图 8-7　丙氨酸-葡萄糖循环

在于胞液和线粒体中。尿素的生成分为三个阶段，首先是鸟氨酸与 CO_2 和氨在线粒体中结合生成瓜氨酸，然后瓜氨酸进入胞液再与天冬氨酸结合生成精氨酸，最后在精氨酸酶的作用下，精氨酸水解生成尿素和鸟氨酸。鸟氨酸再重复上述循环过程。故尿素的生物合成也被称为鸟氨酸循环。精氨酸代琥珀酸合成酶是尿素合成的关键酶。尿素的合成过程见图 8-8。

从反应过程可见，尿素分子中两个氨基，一个来自氨，另一个来自天冬氨酸，而天冬氨酸又可由其他氨基酸通过转氨基作用生成。形成一分子尿素可清除两分子氨和一分子 CO_2，而尿素为中性无毒物质，所以尿素的合成不仅可消除氨的毒性，还可减少 CO_2 溶于血液所产生的酸性。尿素合成是一个耗能的过程，每次循环要消耗掉 3 分子 ATP。

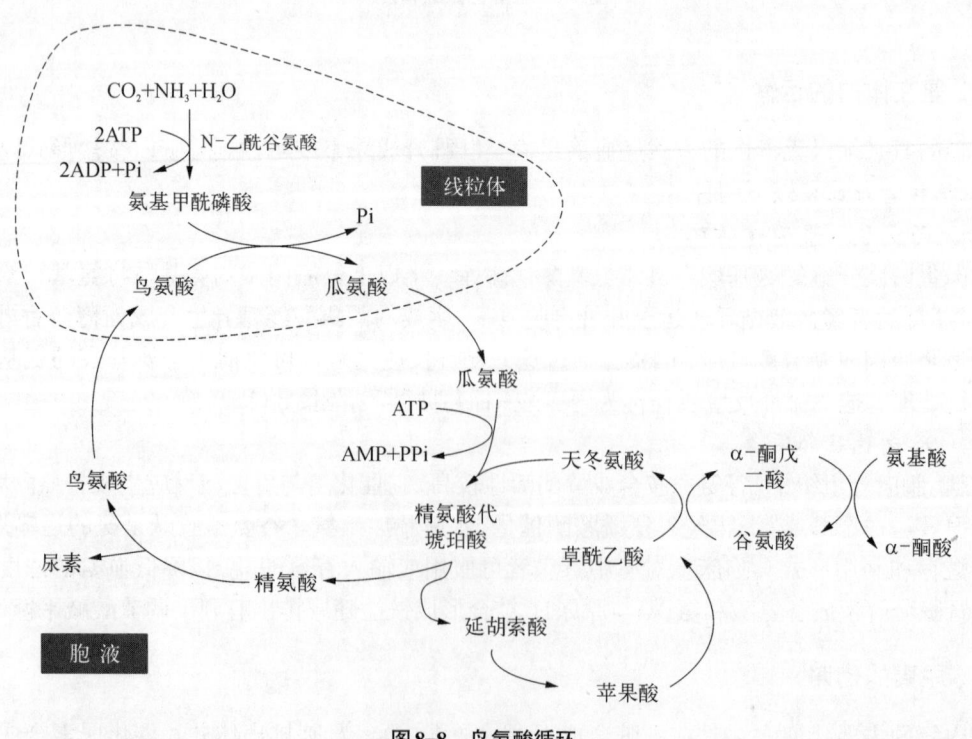

图 8-8　鸟氨酸循环

肝功能受损害时，尿素合成发生障碍导致血氨浓度升高，称为高氨血症。血氨增高时会引起脑氨增多，使脑中谷氨酰胺合成酶活性增高，谷氨酸与氨结合生成谷氨酰胺而解毒。如果血氨、脑氨持续增高，L-谷氨酸脱氢酶催化α-酮戊二酸和NH_3结合生成谷氨酸，致使三羧酸循环因α-酮戊二酸的减少而受抑制，脑中ATP生成减低，从而引起大脑功能障碍，严重时患者可发生昏迷。肝性脑病的生化机制较复杂，血氨增高氨中毒是其重要发病机制之一。

第五节 个别氨基酸的代谢

一、氨基酸的脱羧基作用

部分氨基酸可在氨基酸脱羧酶(decarboxylose)催化下进行脱羧基作用(decarboxylation)，生成相应的胺，脱羧酶的辅酶为磷酸吡哆醛。脱羧基作用不是体内氨基酸分解的主要方式，但可生成有重要生理功能的胺。下面列举几种氨基酸脱羧产生的重要胺类物质。

(一) γ-氨基丁酸

γ-氨基丁酸(γ-aminobutyric acid, GABA)由谷氨酸脱羧基生成，是一种中枢神经系统的抑制性神经递质，对中枢神经元有普遍性抑制作用。临床上对于惊厥和妊娠呕吐的患者常常使用维生素B_6治疗，其机制就在于提高脑组织内谷氨酸脱羧酶的活性，使GABA生成增多，起中枢抑制作用。

(二) 组胺

组胺(histamine)由组氨酸脱羧生成，是一种强烈的血管舒张剂，并能增加毛细血管的通透性。可引起血压下降和局部水肿。组胺的释放与过敏反应密切相关。组胺可刺激胃蛋白酶和胃酸的分泌，所以常用它作胃分泌功能的研究。

(三) 5-羟色胺

5-羟色胺(5-hydroxytryptamine, 5-HT)由色氨酸羟化、脱羧生成，5-羟色胺可使大部分交感神经节前神经元兴奋，而使副交感节前神经元抑制。其他组织如小肠、血小板、乳腺细胞中也有5-羟色胺，具有强烈的血管收缩作用。

(四) 牛磺酸

牛磺酸(taurine)主要由半胱氨酸脱羧生成。半胱氨酸先氧化生成磺酸丙氨酸，再由磺酸丙氨酸脱羧酶催化脱去羧基，生成牛磺酸。牛磺酸是结合胆汁酸的重要组成成分。

(五) 多胺

多胺(palyamine)是鸟氨酸在一系列酶的催化下形成的腐胺、精脒和精胺的总称。多胺存在于精液及细胞核糖体中，是调节细胞生长的重要物质。在生长旺盛的组织如胚胎、再生肝及癌组织中，多胺含量升高。所以可将血或尿中多胺含量作为肿瘤诊断的辅助指标。

二、一碳单位的代谢

体内某些氨基酸在分解代谢过程中可以产生含有一个碳原子的有机基团，称为一碳单位。包括甲基($—CH_3$)、甲烯基($—CH_2—$)、甲炔基($—C=$)、甲酰基($—CHO$)和亚氨甲基($—CH=NH$)等。一碳单位不能游离存在，需与四氢叶酸结合而转运，在核酸生物合成中占有重要地位。

一碳单位主要来源于丝氨酸、甘氨酸、组氨酸和色氨酸的分解代谢。除N^5-甲基四氢叶酸以外，其他不同形式的一碳单位均可通过氧化还原作用而互相转变，这种相互转变可根据生理需要而发生。N^5-甲基四氢叶酸由N^5, N^{10}-甲烯四氢叶酸通过还原反应而产生，该反应不可逆。

一碳单位代谢与核酸生物合成密切相关，为嘌呤核苷酸和嘧啶核苷酸的合成提供原料，如，$N^{10}—CHO—FH_4$和$N^5, N^{10}=CH—FH_4$分别为嘌呤C_2和C_8提供碳源；$N^5, N^{10}—CH_2—FH_4$为dUMP转变为

dTMP提供甲基。此外，一碳单位代谢与甲硫氨酸循环（见本节含硫氨基酸代谢）密切相连，甲硫氨酸循环可为体内许多重要化合物，如肾上腺素、胆碱等的合成提供甲基，而N^5—CH_3—FH_4可使该循环的中间产物同型半胱氨酸甲基化再生成甲硫氨酸，一方面维持该循环的正常运行；另一方面使N^5—CH_3—FH_4释放出FH_4，再次参与一碳单位代谢。图8-9为一碳单位来源、互变和生理功能的总结。

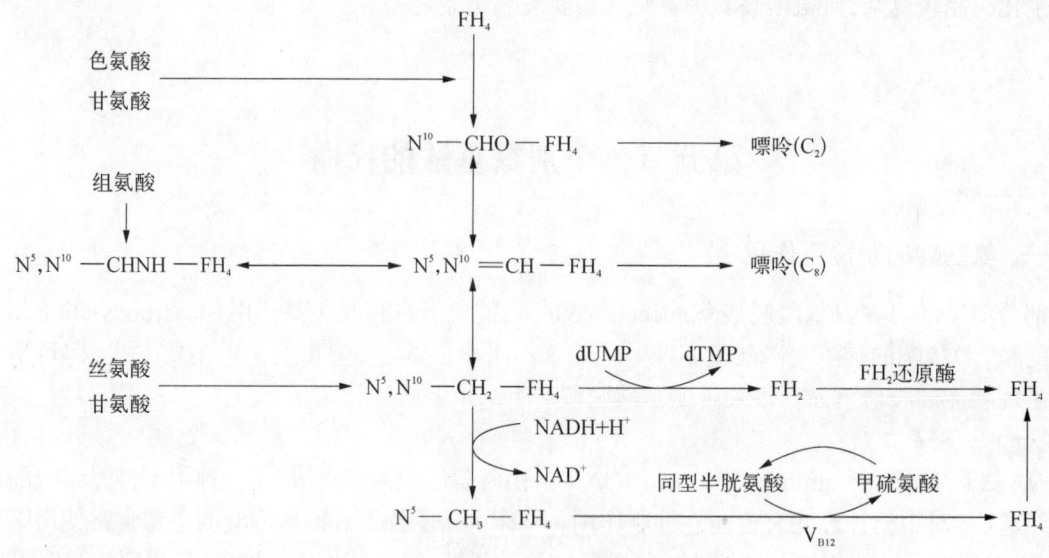

图8-9 一碳单位来源、互变和生理功能

一碳单位代谢将氨基酸代谢与核苷酸及一些重要物质的生物合成联系起来。一碳单位代谢的障碍可导致巨幼红细胞贫血的发生。磺胺药及某些抗癌药（氨甲蝶呤等）正是分别通过干扰细菌及肿瘤细胞的叶酸、四氢叶酸合成，进而影响核酸合成而发挥药理作用的。

三、含硫氨基酸的代谢

含硫氨基酸包括甲硫氨酸、半胱氨酸和胱氨酸。在体内甲硫氨酸可以转变为半胱氨酸和胱氨酸，而半胱氨酸和胱氨酸之间可以互变。

（一）甲硫氨酸的代谢

甲硫氨酸在体内转变为S-腺苷甲硫氨酸（S-adenosylmethionine, SAM），是体内最重要的甲基供体，其在不同的甲基转移酶催化下，可以将甲基转移给各种甲基受体而形成如肾上腺素、胆碱、肌酸许多重要的生物活性物质。SAM将甲基转移给甲基接受体后，其通过一系列的代谢转变再生成甲硫氨酸的过程称为甲硫氨酸循环，见图8-10。

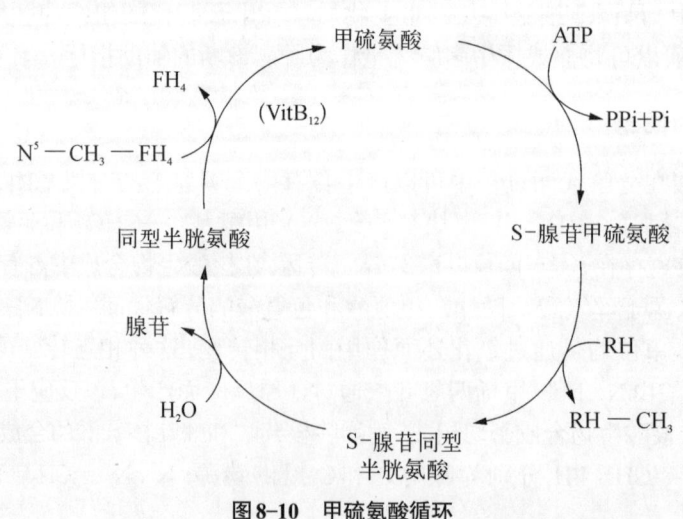

图8-10 甲硫氨酸循环

N^5—CH_3—FH_4 甲基转移酶的辅酶是维生素 B_{12}，如果机体缺乏维生素 B_{12}，N^5—CH_3—FH_4 的甲基不能转移，会影响 FH_4 的再生和利用，引起核酸合成障碍，由此产生巨幼红细胞性贫血。

(二) 硫酸根的代谢

含硫氨基酸中胱氨酸和甲硫氨酸均可转变为半胱氨酸。半胱氨酸的分解代谢除前述的经氧化脱羧基作用生成牛磺酸外，还可通过双加氧酶催化的直接氧化途径或通过转氨、转硫反应转变为丙酮酸，在代谢过程中可产生 SO_3^{2-} 和 H_2S，经氧化还原反应产生 H_2SO_4，由其产生的硫酸盐可从尿中排出。有一部分 SO_4^{2-} 在消耗 ATP 的条件下被活化成"活性硫酸根"即 3'-磷酸腺苷-5'-磷酸硫酸（PAPS），PAPS 的性质活泼，在肝脏的生物转化中有重要作用，可以使某些物质形成硫酸酯，例如类固醇激素被结合成硫酸酯后失活，并能增加其溶解性以利于从尿中排出。此外，PAPS 还可参与蛋白聚糖分子中硫酸化氨基糖的合成。

四、肌酸的代谢

肌酸（creatine）和磷酸肌酸（creatine phosphate）在能量储存及利用中起重要作用。肌酸在肝和肾中合成，广泛分布于骨骼肌、心肌、大脑等组织中。肌酸以甘氨酸为骨架，精氨酸提供脒基，SAM 供给甲基，在脒基转移酶和甲基转移酶的催化下合成。在肌酸磷酸激酶（CPK）催化下将 ATP 中能量转移到肌酸分子中形成磷酸肌酸储备起来。CPK 由 M 亚基（肌型）和 B 亚基（脑型）组成，有三种同工酶：即 MM 型（在骨骼肌中）、BB 型（在脑中）和 MB 型（在心肌中）。心肌梗死时，血中 MB 型 CPK 活性增高，可作辅助诊断的指标之一。

肌酸和磷酸肌酸经脱水或脱磷酸就产生肌酐，肌酐为代谢终产物不再利用，随尿排出体外。正常人每日随尿排出的肌酐量恒定。肾功能障碍时，可引起肌酐排泄受阻，血中肌酐浓度升高。

五、芳香族氨基酸的代谢

芳香族氨基酸包括苯丙氨酸、酪氨酸和色氨酸。苯丙氨酸在结构上与酪氨酸相似，在体内苯丙氨酸可变成酪氨酸。

(一) 苯丙氨酸和酪氨酸的代谢

正常情况下，苯丙氨酸的主要代谢是经羟化作用生成酪氨酸。催化此反应的酶是苯丙氨酸羟化酶，但是酪氨酸不能变为苯丙氨酸。苯丙氨酸和酪氨酸在体内的主要代谢过程见图 8-11。

正常情况下，苯丙氨酸代谢的主要途径是转变成酪氨酸。当苯丙氨酸羟化酶先天性缺乏时，苯丙氨酸不能正常地转变成酪氨酸，体内的苯丙氨酸蓄积，并可经转氨基作用生成苯丙酮酸，后者进一步转变成苯乙酸等衍生物。此时，尿中出现大量苯丙酮酸等代谢产物，称为苯丙酮酸尿症（PKU）。苯丙酮酸的堆积对中枢神经系统有毒性。

酪氨酸经酪氨酸羟化酶作用，进一步经多巴脱羧酶的作用，多巴转变成多巴胺。多巴胺是脑中的一种神经递质，它的含量不足是震颤性麻痹的原因（如帕金森病）。在肾上腺髓质中，多巴胺侧链的 β 碳原子可再被羟化，生成去甲肾上腺素，后者转变成肾上腺素。多巴胺、去甲肾上腺素、肾上腺素统称为儿茶酚胺。此外，在黑色素细胞中，酪氨酸在酪氨酸酶催化下羟化生成多巴，多巴再经氧化生成多巴醌而进入合成黑色素的途径。所形成的多巴醌进一步环化和脱羧生成吲哚醌。黑色素即是吲哚醌的聚合物。人体若缺乏酪氨酸酶，黑色素合成障碍，皮肤、毛发发"白"，称为白化病。

(二) 色氨酸的代谢

色氨酸除生成 5-羟色胺外，本身还可分解代谢。在肝中，色氨酸通过色氨酸加氧酶的作用，生成一碳单位。色氨酸分解可产生丙酮酸和乙酰乙酰辅酶 A，所以色氨酸是一种生糖兼生酮氨基酸。此外，色氨酸分解还可产生烟酸，但其合成量较少，不能满足机体的需要。

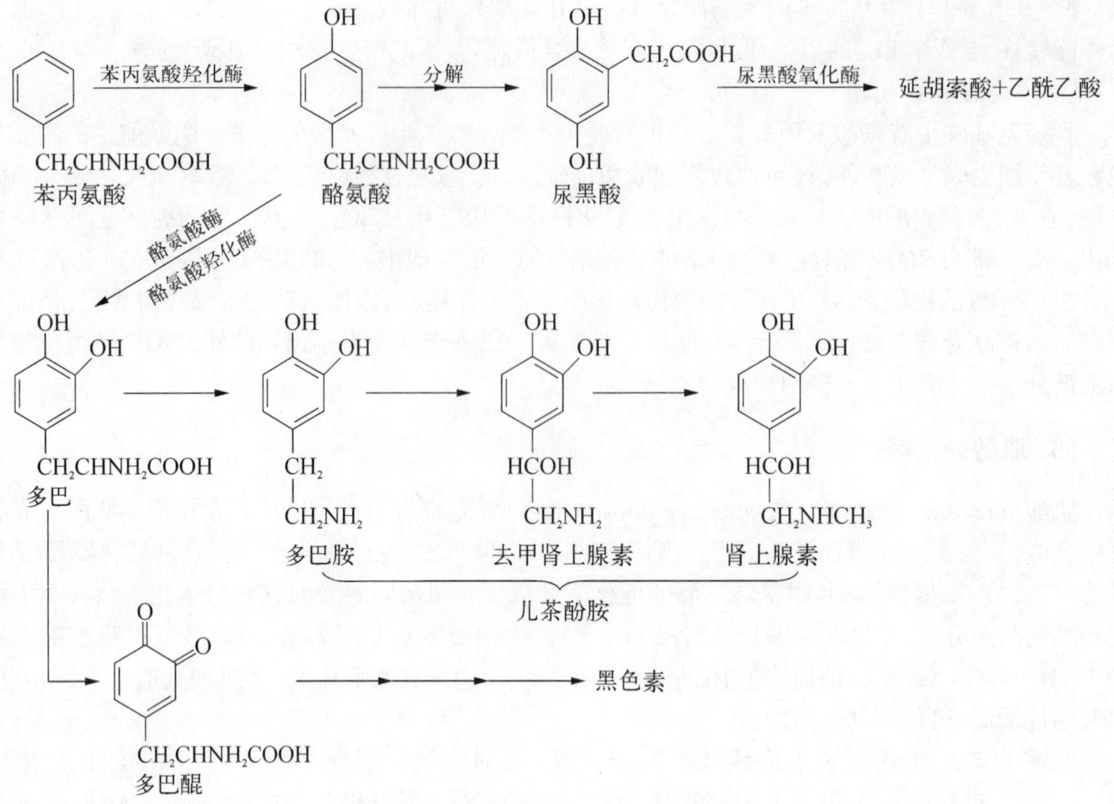

图8-11　苯丙氨酸和酪氨酸的主要代谢过程

小　结

　　氨基酸是蛋白质的基本组成单位。组成蛋白质的氨基酸有20种，其中8种是人体需要而不能自行合成而必须由食物供给的氨基酸，称为必需氨基酸。食物蛋白质的营养价值主要取决于所含必需氨基酸的种类及含量。

　　食物蛋白的消化主要在小肠中进行，水解成氨基酸、二肽才能被吸收。肠道细菌对于未消化的蛋白质或氨基酸所起的分解作用称为腐败作用。腐败产物多是对人体有害的物质（如吲哚、酚类、胺类和氨等）。

　　氨基酸的分解代谢主要是通过联合脱氨基作用，产生氨和α-酮酸。其中骨骼肌和心肌中的L-谷氨酸脱氢酶的活性很低，难以进行一般的联合脱氨基作用，而是通过嘌呤核苷酸循环脱去氨基。氨有毒性，其在体内的转运主要以丙氨酸和谷氨酰胺的形式进行，体内大部分氨由肝脏合成尿素而解毒，小部分参加谷氨酰胺的合成，或与α-酮酸结合再合成氨基酸。氨基酸脱氨后生成的α-酮酸可以转变为糖和脂肪，或经氨基化再生成非必需氨基酸，或是氧化供能。

　　某些氨基酸经脱羧基作用生成相应的生物胺，具有神经递质或激素的作用，例如：γ-氨基丁酸、5-羟色胺、组胺等。部分氨基酸代谢过程中可产生一碳单位，一碳单位与四氢叶酸结合而转运并参与代谢，将氨基酸代谢与核苷酸代谢密切联系起来。甲硫氨酸经甲硫氨酸循环生成的活性甲硫氨酸（SAM）是体内最重要的甲基供体，为肾上腺素、胆碱、肌酸等具有重要生理功能物质的合成提供甲基。苯丙氨酸和酪氨酸代谢可产生儿茶酚胺等神经递质；在黑色素细胞生成黑色素。苯丙氨酸羟化酶先天性缺陷可引起苯丙酮酸尿症，酪氨酸酶缺陷可导致白化病。

笔记栏

【思考题】

（1）名词解释：必需氨基酸、蛋白质的腐败作用、一碳单位。

（2）氨基酸的脱氨基方式有几种？以丙氨酸为例，写出联合脱氨基作用的具体过程。

（3）氨在血液中的运输形式是什么？简述血氨的来源与去路。

（4）尿素合成的部位、原料、关键酶、生理意义是什么？

（5）根据氨的代谢，解释对高氨血症的患者为什么要采取下列措施。

    a. 限制高蛋白饮食   b. 禁用碱性肥皂水灌肠，禁用碱化尿液的药物

    c. 应用抗生素   d. 给予精氨酸、鸟氨酸等

（6）一碳单位有几种形式，来自哪些氨基酸的分解代谢？简述一碳单位代谢的生理意义。

（7）简述苯丙氨酸、酪氨酸代谢异常与疾病的关系。

（周晓霞）

第九章

核苷酸代谢

学习要点

- 掌握：① 两种核苷酸合成的主要方式；② 分解代谢的终产物。
- 熟悉：① 从头合成的主要原料和元素的来源；② 痛风症产生原因、治疗方案。
- 了解：嘌呤及嘧啶核苷酸抗代谢药物作用机制。

第一节 嘌呤核苷酸的合成代谢

体内嘌呤核苷酸的合成有两条途径。第一条途径以磷酸核糖、氨基酸、一碳单位、CO_2等小分子物质为原料，经过一系列复杂的酶促反应合成嘌呤核苷酸的途径，称为从头合成（de novo synthesis）途径。第二条途径以体内现成的嘌呤碱基或嘌呤核苷为原料，经过简单的酶促反应合成嘌呤核苷酸的过程，称为补救合成（salvage synthesis）途径。

一、嘌呤核苷酸的从头合成途径

嘌呤核苷酸从头合成过程主要在细胞液中进行。

（一）嘌呤核苷酸从头合成途径的过程

核素示踪实验证明嘌呤环是由一些简单化合物合成的，如图9-1所示，甘氨酸提供C-4、C-5及N-7；谷氨酰胺提供N-3、N-9；N^{10}-甲酰四氢叶酸提供C-2；N^5,N^{10}-甲炔四氢叶酸提供C-8；CO_2提供C-6。

磷酸戊糖则来自糖的磷酸戊糖旁路，5-磷酸核糖可活化为5-磷酸核糖-1-焦磷酸（PRPP），其活化的反应式如下。

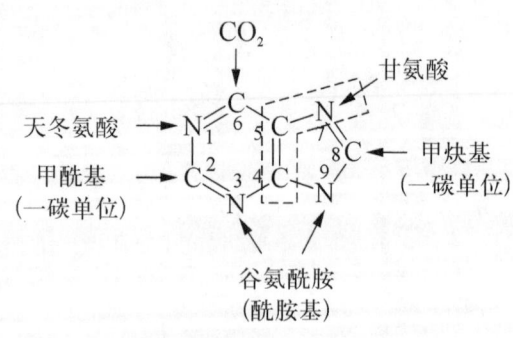

图9-1 嘌呤碱合成的元素来源

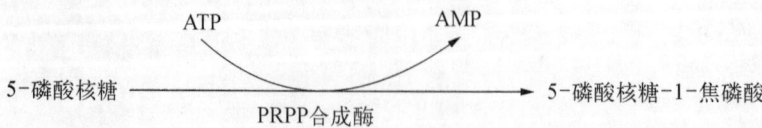

合成的主要特点是在磷酸核糖的基础上把一些简单的原料逐步接上去而成嘌呤环。首先合成的是次黄嘌呤核苷酸（IMP），由后者再转变为腺嘌呤核苷酸（AMP）和鸟嘌呤核苷酸（GMP）。

1. IMP的合成 嘌呤核苷酸的从头合成的起始或定向步骤是谷氨酰胺提供酰胺基取代5-磷酸核糖-1-焦磷酸(PRPP)C-1的焦磷酸基,从而形成5-磷酸核糖胺(PRA),催化此反应的酶为PRPP酰胺转移酶,此酶是一种别构酶,是调节嘌呤核苷酸合成的关键酶。接着的反应是加甘氨酸,N^5,N^{10}-甲炔四氢叶酸提供甲酰基,谷氨酰胺氮原子的转移,然后脱水及环化而成5-氨基咪唑核苷酸(AIR),即先合成嘌呤环中的五元环部分。下一步的反应是AIR的羧基化,天冬氨酸的加合及延胡索酸的去除反应,使天冬氨酸的氨基留下,再次由N^{10}-甲酰四氢叶酸提供甲酰基,最后脱水及环化而成IMP(图9-2)。上述反应都由相应的酶催化,并且有不少步骤消耗ATP。

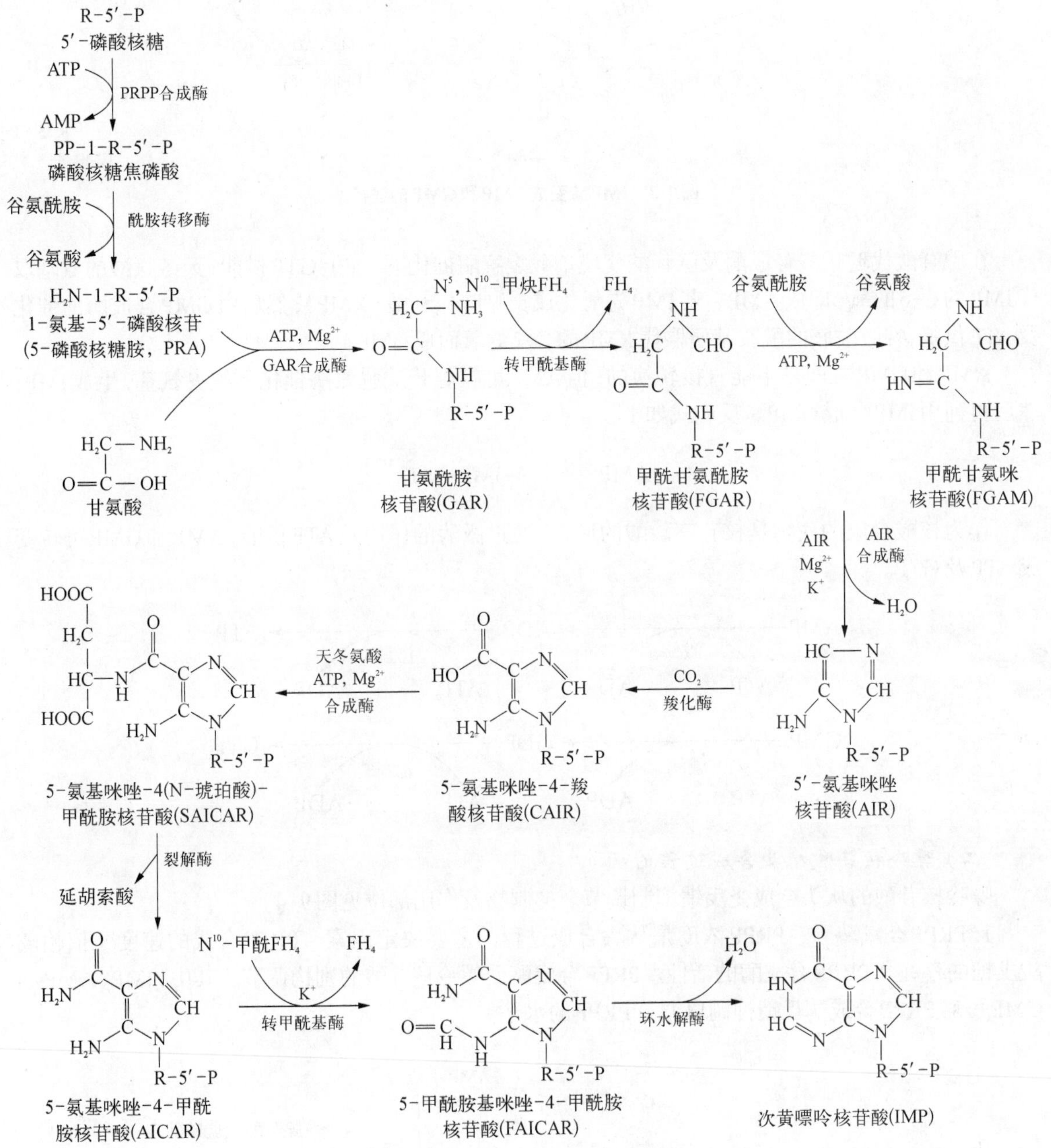

图9-2 次黄嘌呤核苷酸的合成途径

2. AMP和GMP的合成 IMP是合成AMP和GMP的前体,由IMP可转变成AMP和GMP(图9-3)。

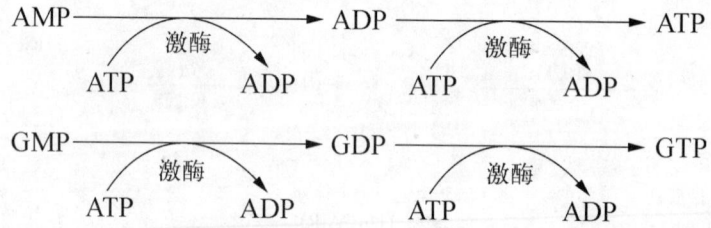

图 9-3　IMP 转变成 AMP 和 GMP 的途径

在腺苷酸代琥珀酸合成酶及腺苷酸代琥珀酸裂解酶催化下，加上 GTP 供能，天冬氨酸的氨基取代 IMP 的 C-6 的氧，即成 AMP。若 IMP 先氧化成黄嘌呤核苷酸（XMP），然后由 GMP 合成酶的催化及 ATP 供能，谷胺酰胺的酰胺基便取代 XMP 的 C-2 的氧而成 GMP。

AMP 和 GMP 之间是不能直接转换的，但 AMP 可在腺苷酸脱氨酶催化下脱去氨基，生成 IMP，然后再利用 IMP 合成 GMP。反应式如下：

$$AMP \longrightarrow IMP + NH_4^+$$

作为核酸合成的底物是核苷三磷酸的形式，通过激酶的作用及 ATP 供能，AMP 和 GMP 可转变成 ATP 及 GTP。

AMP $\xrightarrow{\text{激酶, ATP→ADP}}$ ADP $\xrightarrow{\text{激酶, ATP→ADP}}$ ATP

GMP $\xrightarrow{\text{激酶, ATP→ADP}}$ GDP $\xrightarrow{\text{激酶, ATP→ADP}}$ GTP

（二）嘌呤核苷酸从头合成过程的调节

嘌呤核苷酸的从头合成受反馈抑制调节。抑制物及作用部位见图 9-4。

1. PRPP 合成酶　PRPP 浓度是从头合成过程的主要决定因素。PRPP 合成的速度又依赖磷酸戊糖的存在和 PRPP 合成酶的活性。PRPP 合成酶受嘌呤核苷酸的别构调节。其中，IMP、AMP 和 GMP 可对 PRPP 合成酶反馈抑制以调节 PRPP 的水平。

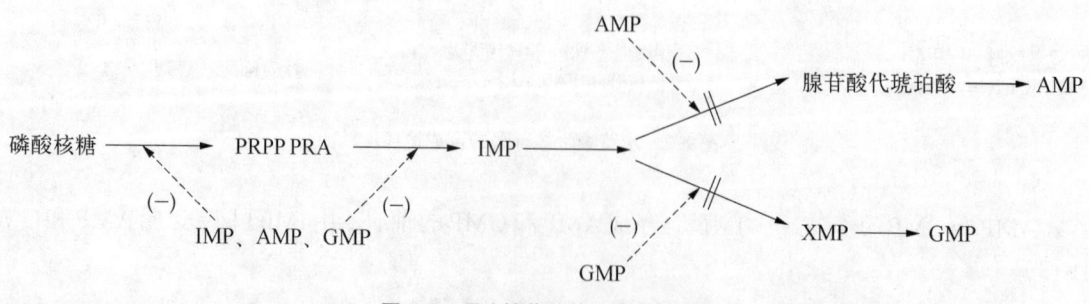

图 9-4　嘌呤核苷酸从头合成的调节

2. PRPP酰胺转移酶 IMP对PRPP酰胺转移酶有反馈抑制,而AMP和GMP对IMP的反馈抑制有协同作用;PRPP的增加可促进PRPP酰胺转移酶活性,加速PRA生成。

二、嘌呤核苷酸的补救合成途径

虽然从头合成途径是嘌呤核苷酸的主要合成途径,但嘌呤核苷酸从头合成酶系在哺乳动物的某些组织(脑、骨髓)中不存在,细胞只能直接利用细胞内或饮食中核酸分解代谢产生的嘌呤碱或嘌呤核苷重新合成嘌呤核苷酸,称为补救合成。补救合成的过程比从头合成简单得多,消耗ATP少,且可节省一些氨基酸的消耗。有两种酶参与补救合成,腺嘌呤磷酸核糖转移酶(adenine phosphoribosyl transferase, APRT)和次黄嘌呤-鸟嘌呤磷酸核糖转移酶(hypoxanthine-guanine phosphoribosyl transferase, HGPRT)。补救合成同样由PRPP提供磷酸核糖。

$$腺嘌呤 + PRPP \xrightarrow{APRT} AMP + PPi$$

$$次黄嘌呤 + PRPP \xrightarrow{HGPRT} IMP + PPi$$

$$鸟嘌呤 + PRPP \xrightarrow{HGPRT} GMP + PPi$$

腺嘌呤核苷通过腺苷激酶的作用可变成AMP而重新利用。类似地,其他核苷也可由相应的激酶磷酸化得到相应的核苷酸。

$$腺嘌呤核苷 + ATP \xrightarrow{腺苷激酶} AMP + ADP$$

嘌呤核苷酸补救合成的生理意义:① 利用现成的嘌呤或嘌呤核苷做原料,可以减少能量和一些氨基酸前体的消耗。② 脑细胞、红细胞、多形核白细胞等由于缺乏从头合成嘌呤核苷酸的酶系,它们只能利用肝细胞产生的游离嘌呤碱及嘌呤核苷补救合成嘌呤核苷酸。补救合成途径对这些组织细胞具有更重要的意义。

Lesch-Nyhan综合征或称自毁容貌征是一种X染色体连锁的隐性遗传病,该病是由于基因缺陷导致HGPRT活性严重不足或完全缺乏,患儿在二三岁时即开始出现症状,如尿酸过量生成,智力迟钝,甚至自身毁容,这种患儿很少活到成年。现在科学家正研究将有功能的HGPRT基因,借助基因工程的方法转移至患者的细胞中,以达到基因治疗的目的。

三、嘌呤核苷酸的抗代谢物

某些嘌呤、氨基酸或叶酸等的类似物主要以竞争性抑制或者"以假乱真"等方式干扰或阻断嘌呤核苷酸的合成代谢,从而进一步阻止核酸与蛋白质的生物合成,这些类似物被称为嘌呤核苷酸的抗代谢物(图9-5)。抗代谢物能抑制肿瘤细胞的核酸与蛋白质的生物合成,因此具有抗肿瘤作用。

嘌呤类似物有6-巯基嘌呤(6-mercaptopurine, 6-MP)、6-巯基鸟嘌呤、8-氮杂鸟嘌呤等,其中临床上应用较多的是6-MP,其化学结构与次黄嘌呤相似,只是后者C-6的羟基被巯基取代。它在体内可变成6-MP核苷酸,可以反馈抑制PRPP合成酶和PRPP酰胺转移酶的活性,也能抑制IMP转变成AMP和GMP,从而可抑制肿瘤生长。

氨基酸类似物有与谷氨酰胺结构相似的氮杂丝氨酸及6-重氮-5-氧正亮氨酸等,它们可以抑制谷氨酰胺参与嘌呤核苷酸的合成。

叶酸的类似物有氨蝶呤及甲氨蝶呤(MTX)等,可竞争性抑制二氢叶酸还原酶的活性,阻碍四氢叶酸的生成,嘌呤核苷酸因得不到一碳单位的供应而不能合成。MTX在临床上常用于白血病的治疗。

另外,某些改变了核糖结构的核苷类似物,例如阿糖胞苷和环胞苷也是重要的抗癌药物。

笔记栏

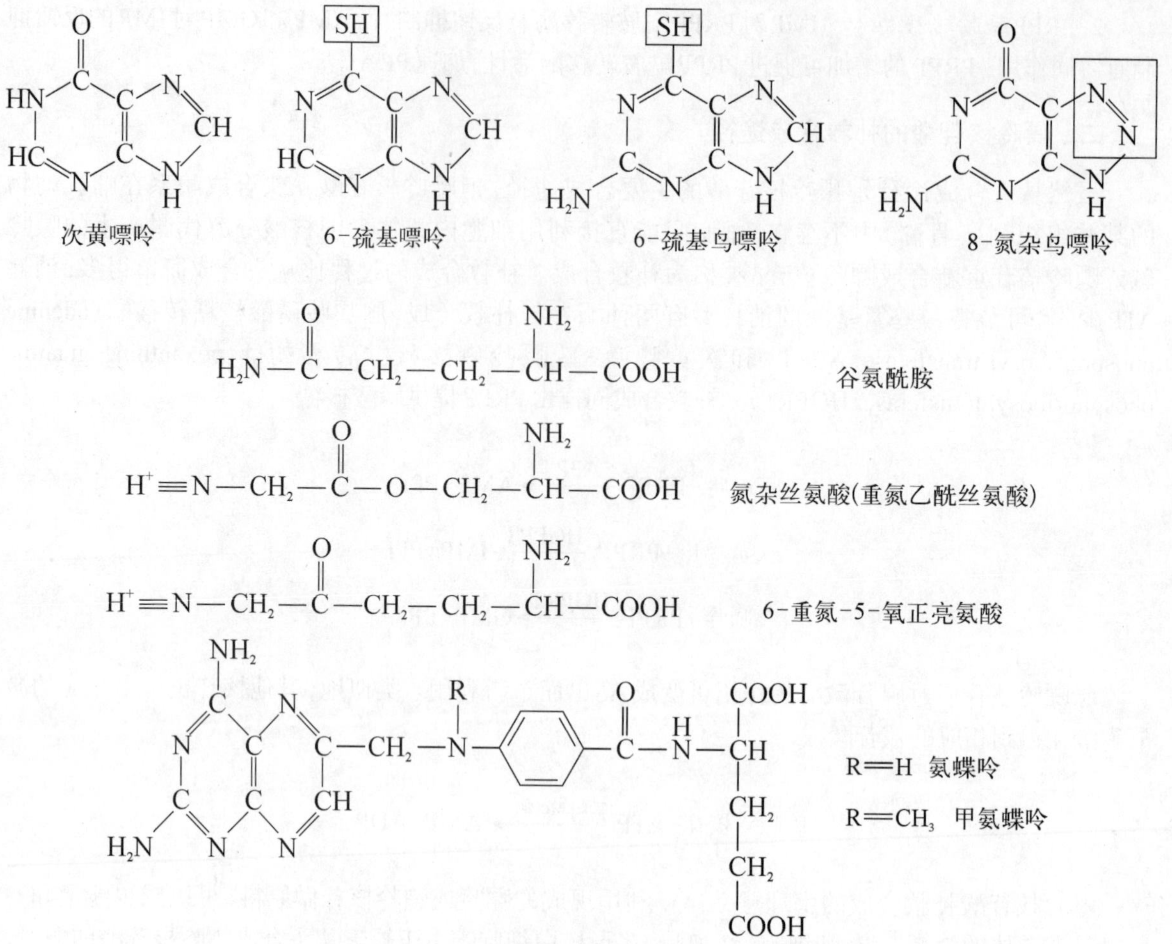

图9-5 嘌呤核苷酸抗代谢物

第二节 嘧啶核苷酸的合成代谢

嘧啶核苷酸比嘌呤核苷酸的结构简单。与嘌呤核苷酸一样，体内嘧啶核苷酸的合成亦有两条途径，即从头合成及补救合成。

一、嘧啶核苷酸的从头合成

（一）嘧啶核苷酸从头合成的过程

嘧啶核苷酸从头合成的前体分子是5-磷酸核糖、天冬氨酸、谷氨酰胺和CO_2，核素示踪实验证明，合成嘧啶碱的原料如图9-6所示。

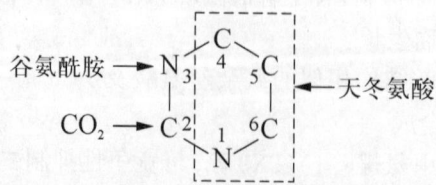

图9-6 嘧啶碱合成的元素来源

与嘌呤核苷酸的从头合成不同，嘧啶核苷酸是先合成嘧啶环，然后再与磷酸核糖相连，形成嘧啶核苷酸。全过程如图9-7所示，此过程主要在肝细胞的胞液中进行。除了二氢乳清酸脱氢酶位于线粒体内膜上外，其余均位于胞液中。

图9-7 嘧啶核苷酸的从头合成代谢途径

上述原料氨基甲酰磷酸是由谷氨酰胺、CO_2及ATP在胞液中的氨基甲酰磷酸合成酶Ⅱ（carbamoyl phosphate synthetase Ⅱ, CPS Ⅱ）催化下合成的。而合成尿素的氨基甲酰磷酸是在肝线粒体中的氨基甲酰磷酸合成酶Ⅰ催化下合成的，其不同点还在于后者氮的来源为氨。对于原核生物，只有一种氨基甲酰磷酸合成酶，参与嘧啶和精氨酸生物合成。两种CPS的比较见表9-1。

表9-1 两种CPS的比较

项　目	CPS-Ⅰ	CPS-Ⅱ
分布	线粒体（肝）	胞液（所有细胞）
氮源	氨	谷氨酰胺
变构激活剂	N-乙酰谷氨酸	无
反馈抑制剂	无	UMP（哺乳动物）
功能	尿素合成	嘧啶合成

胞嘧啶核苷酸的合成是在核苷三磷酸水平上进行的，即由UTP在CTP合成酶的催化下从谷氨酰胺接受氨基而成为CTP。

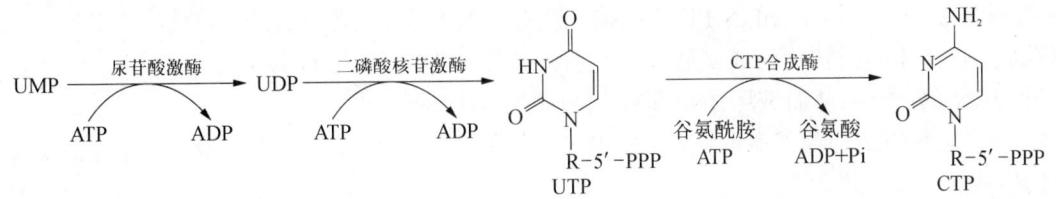

笔记栏

遗传性乳清酸尿是一种罕见的常染色体隐性遗传病,是由于乳清酸磷酸核糖转移酶和乳清酸脱羧酶基因缺陷造成的乳清酸积存过多,临床特征是生长停滞、严重贫血以及尿中有大量乳清酸。

(二)嘧啶核苷酸从头合成途径的调节

嘧啶核苷酸从头合成的调节部位如图9-8所示。原核生物和真核生物中,从头合成途径所需的酶不同,因而途径所受的调控也不一样。第一个调节部位在原核生物中,是天冬氨酸氨基甲酰转移酶(asperate carbamoyl transferase, ACTase),CTP是其别构抑制剂,ATP是别构激活剂。氨甲酰基磷酸合成酶在真核生物及原核生物都是反馈抑制的调控点,受UTP的抑制,但可被PRPP激活。第二个调节部位是乳清酸脱羧酶处,受UMP抑制。

由于PRPP合成酶是嘧啶与嘌呤两类核苷酸合成过程中共同需要的酶,它可同时接受嘧啶核苷酸及嘌呤核苷酸的反馈抑制。

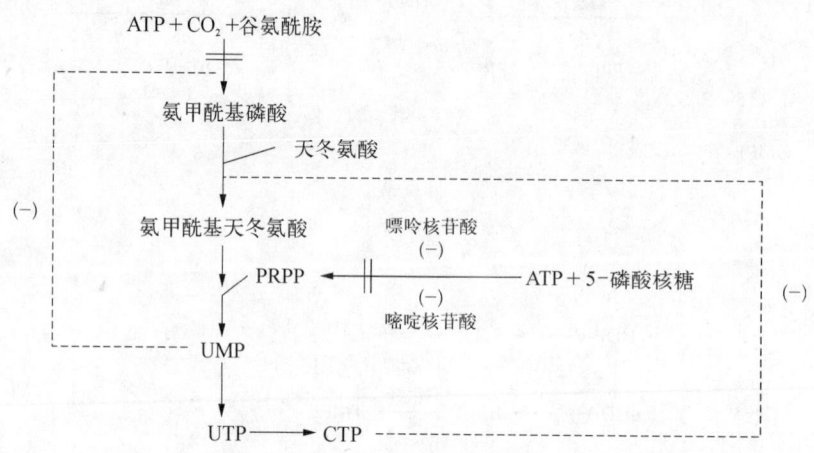

实线代表代谢途径,虚线代表调节途径,(-)代表抑制。

图9-8 嘧啶核苷酸合成的调节部位

二、嘧啶核苷酸的补救合成

由嘧啶磷酸核糖转移酶催化尿嘧啶、胸腺嘧啶等,与PRPP合成一磷酸尿嘧啶核苷酸(但不能利用胞嘧啶为底物)。

$$嘧啶 + PRPP \xrightarrow{嘧啶磷酸核糖转移酶} 一磷酸嘧啶核苷 + PPi$$

另外,嘧啶核苷激酶可使相应嘧啶核苷磷酸化成核苷酸。

$$尿嘧啶核苷 + ATP \xrightarrow{尿苷激酶} UMP + ADP$$

三、嘧啶核苷酸的抗代谢物

与嘌呤核苷酸抗代谢物相似,嘧啶核苷酸的抗代谢物是一些嘧啶、氨基酸或叶酸的类似物,通过阻断嘧啶核苷酸的合成达到抗肿瘤目的。嘧啶的类似物主要有5-氟尿嘧啶(5-Fluorouracil, 5-FU),结构与胸腺嘧啶相似,是临床上常用的抗肿瘤药物,它在体内经转化生成氟尿嘧啶核苷三磷酸(FUTP),FUTP以FUMP的形式进入RNA分子中,从而破坏RNA的结构与功能(图9-9)。

氮杂丝氨酸的结构与谷氨酰胺相似,也可以抑制嘧啶核苷酸的从头合成与CTP的生成。

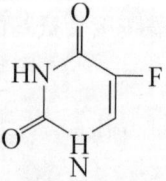

图9-9 5-氟尿嘧啶(5-FU)结构式

第三节　脱氧核苷酸的合成代谢

脱氧核苷酸是由二磷酸核苷还原而成。脱氧核苷酸中的脱氧核糖并非先形成后再合成为脱氧核苷酸，而是在二磷酸核苷（NDP，N代表A、G、U、C、T等碱基）水平上直接还原，即以氢取代其核糖分子中C-2的羟基而成的，催化此反应的酶是核糖核苷酸还原酶（ribonucleotide reductase, RR）。

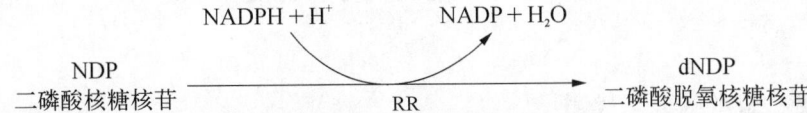

RR是一种别构酶，由B1和B2两个亚基组成，在B1亚基上有两个结合部位，一为底物特异性部位，另一为总活性调节部位。此外，B1还含有巯基（—SH），供直接还原核糖之用。现知RR从NADPH获得电子时，还需要一种硫氧化还原蛋白作为电子载体及硫氧化还原酶及其辅基FAD参加。整个过程如图9-10所示。

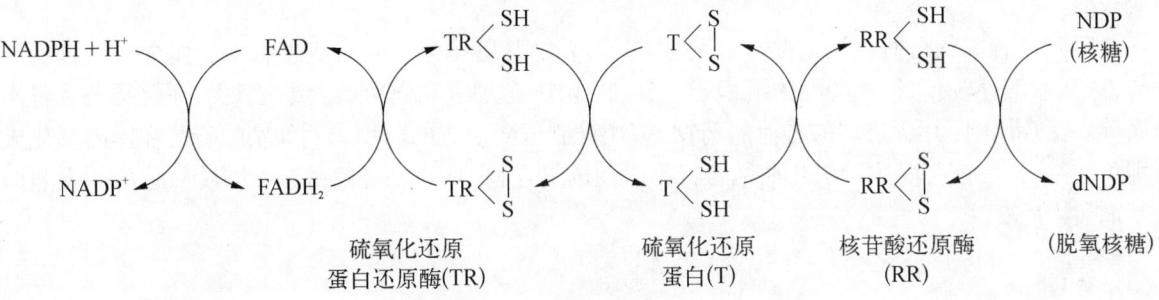

图9-10　核苷酸还原酶体系

脱氧胸腺嘧啶核苷酸的合成需要经过以下过程。首先，dUDP转换为dUMP，有几条途径，一条是在核苷单磷酸激酶催化下，dUDP与ADP反应生成dUMP和ATP；另一条途径是dUDP先形成dUTP，然后水解生成dUMP和PPi。dCMP经脱氨也可以形成dUMP。然后，dTMP是由dUMP的C-5甲基化而形成的。催化此反应的酶是胸腺嘧啶核苷酸合酶。甲基由N^5, N^{10}-甲炔FH_4提供。反应中形成的FH_2须经二氢叶酸还原酶的作用变成FH_4，才能重新携带甲基（图9-11）。

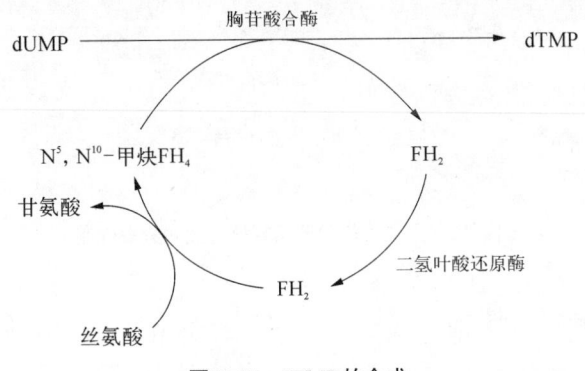

图9-11　dTMP的合成

DNA合成的底物为四种dNTP,一磷酸或二磷酸脱氧核苷可由激酶的催化和ATP供能而形成三磷酸脱氧核苷。

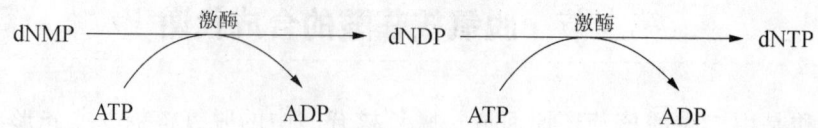

第四节 核苷酸的分解代谢

一、嘌呤核苷酸的分解代谢

AMP在腺苷酸脱氨酶作用下生成IMP,再在核苷酸酶作用下水解成次黄苷和磷酸,或者AMP在核苷酸酶作用下水解成腺苷,再经腺苷脱氨酶作用生成次黄苷。次黄苷经嘌呤核苷磷酸化酶生成次黄嘌呤和1-磷酸核糖,1-磷酸核糖可转变成5-磷酸核糖,进入磷酸戊糖途径或再合成PRPP。次黄嘌呤既可进入补救途径,也可进一步分解,即次黄嘌呤在黄嘌呤氧化酶的催化下氧化成黄嘌呤,在同一酶的催化下进一步氧化成终产物尿酸。而GMP分解生成的鸟嘌呤氧化成黄嘌呤,再变成尿酸。

嘌呤核苷酸的分解代谢的终产物为尿酸,后者经肾脏排泄。痛风症患者由于血中尿酸含量升高,尿酸水溶性较差,形成的晶体沉积于关节、软组织、软骨及肾等处,导致关节炎、尿路结石及肾疾病等。治疗原则:用促进尿酸排泄的药物,或用抑制尿酸形成的药物。例如别嘌呤醇在体内氧化成别黄嘌呤,后者能与黄嘌呤氧化酶结合成不可逆的复合物,所以别嘌呤醇是黄嘌呤氧化酶的强烈抑制剂(图9-12)。

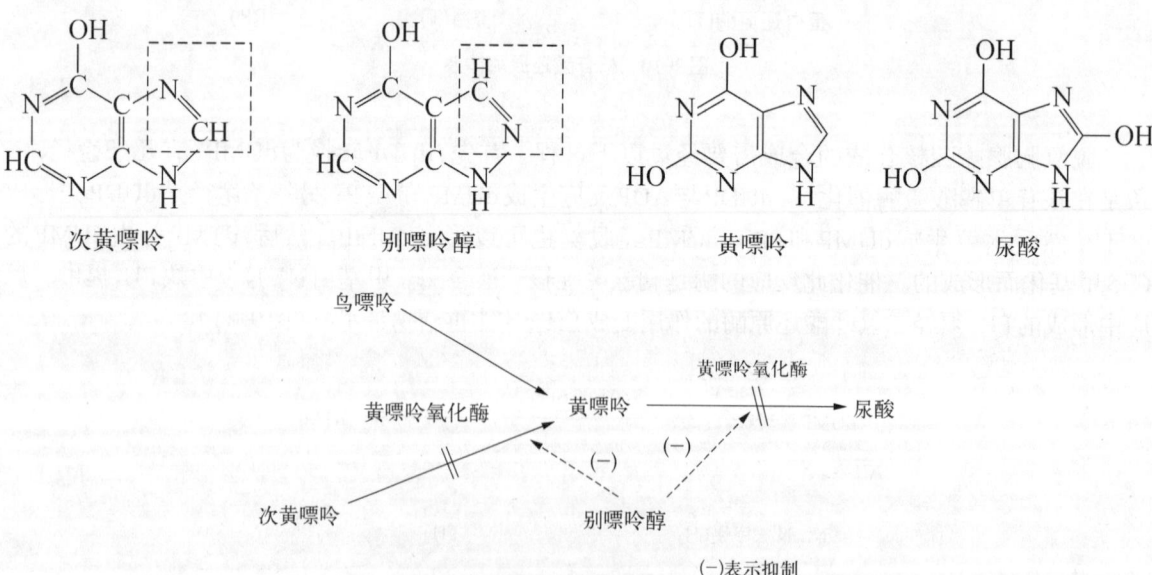

图9-12 别嘌呤醇调节嘌呤核苷酸的分解代谢

二、嘧啶核苷酸的分解代谢

嘧啶核苷酸的分解也是在核苷酸酶和核苷磷酸化酶的催化下,生成磷酸、核糖和嘧啶碱。胞嘧啶脱氨基转化成尿嘧啶,接着还原成二氢尿嘧啶,二氢尿嘧啶水解开环,最终生成NH_3、CO_2和β-丙氨酸。胸腺嘧啶水解生成NH_3、CO_2、β-氨基异丁酸,这些产物均易溶于水,可随尿排出体外。β-氨基异丁酸可进一步代谢或直接随尿排出,癌症患者排出量增加(图9-13)。

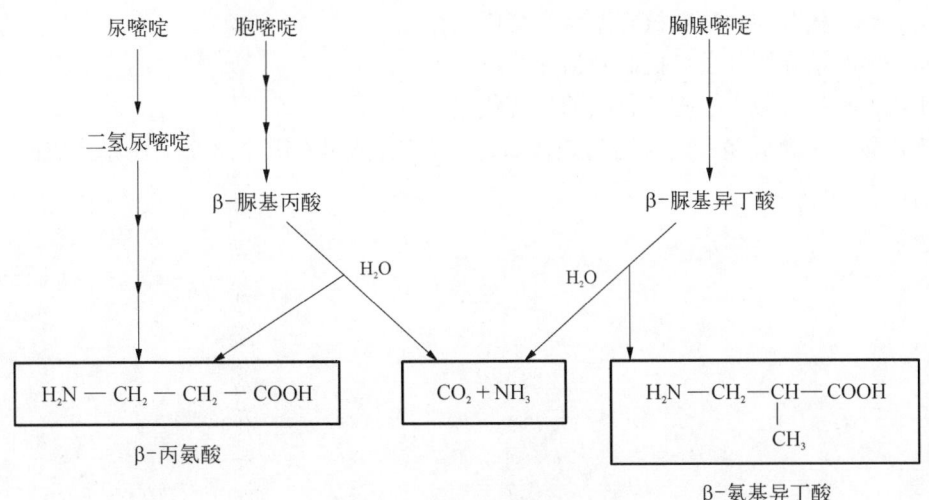

图9-13　嘧啶碱的分解代谢

知识拓展

核苷酸具有多种功能。人体内核苷酸主要由机体细胞自身合成。体内嘌呤核苷酸的合成有两条途径:从头合成和补救合成。从头合成的原料是氨基酸、磷酸核糖、一碳单位及CO_2等简单物质。肝脏是从头合成最旺盛的组织。补救合成实际上是现成嘌呤或嘌呤核苷的重新利用,其合成量很少,但也有重要生理意义。体内嘧啶核苷酸也有从头合成和补救合成两条途径,但不同的是先合成嘧啶环,再磷酸核糖化生成核苷酸。脱氧核苷酸的生成是由相应的核糖核苷酸在二磷酸核苷水平上还原生成,催化此反应的酶是核糖核苷酸还原酶。

嘌呤碱在体内分解代谢的终产物为尿酸。痛风症主要是由于尿酸生成过度引起的,黄嘌呤氧化酶是参与此代谢过程中的重要酶。嘧啶碱分解后的终产物主要为CO_2、NH_3及β-氨基酸。

小　结

核苷酸是组成核酸的基本结构单位,它主要是在体内利用一些简单原料从头合成的,因此核苷酸不属于营养必需物质。食物中的核酸多以核蛋白的形式存在,核蛋白经胃酸作用,分解成蛋白质和核酸(RNA和DNA)。核酸经核酸酶、核苷酸酶及核苷酶的作用,可逐级水解成核苷酸、核苷、戊糖、磷酸和碱基。这些产物均可被吸收,磷酸和戊糖可再被利用,碱基除小部分可再被利用外,大部分均可被分解而排出体外。

核苷酸是一类在代谢中极其重要的物质,具有以下几个方面的作用:① 在体内作为核酸合成的原料。② 体内能量的利用形式,如ATP是体内重要能量载体;UTP参与糖原的合成;CTP参与磷脂的合成;GTP参与蛋白质的生物合成。③ 作为代谢信号的调节分子,如cAMP和cGMP作为第二信使,在信号传递过程中起重要作用。④ 作为辅酶结构的组成部分,如AMP NAD$^+$、NADP$^+$、FAD

和 CoA 的组成成分。⑤作为生物合成过程中活性代谢物质的转运体。

【思考题】

(1) 名词解释：嘌呤核苷酸的从头合成、核苷酸抗代谢物。

(2) 简要比较嘌呤核苷酸和嘧啶核苷酸从头合成途径。

(3) 何谓痛风症？请介绍其发病机制及治疗策略。

(4) 简要比较嘌呤核苷酸和嘧啶核苷酸的分解代谢特点。

(5) 嘌呤核苷酸从头合成途径的关键酶是什么，脱氧核苷酸是在哪个水平上还原形成的，相应的酶是什么？

（王树强）

第十章

遗传信息的传递与调控

学习要点

- **掌握**：①DNA复制的概念及其基本规律，原核生物参与DNA复制的酶类及其作用，反转录的概念，DNA损伤、修复相关的基本概念；②RNA转录的概念，转录与复制的异同点，不对称转录的要点及RNA聚合酶的组成和作用特点，启动子的概念；③三种RNA在蛋白质生物合成中的作用，密码子的概念及其特点；④基因表达调控的基本概念及原理。
- **熟悉**：①复制的基本过程，DNA损伤修复的主要方式；②原核生物启动子的结构特点，转录的主要过程，真核生物转录后的加工、修饰；③参与蛋白质生物合成体系及其作用，蛋白质生物合成的基本过程，蛋白质合成后的加工修饰及蛋白质合成后的靶向输送；④操纵子、顺式作用元件、反式作用因子等概念，原核生物基因表达调控和真核生物基因表达调控的特点。
- **了解**：①反转录酶的作用特点及反转录的生物学意义；②真核生物启动子的结构，转录过程；③蛋白质合成与医学的关系：抗生素、干扰素对蛋白质合成的影响；④乳糖操纵子的结构及调节机制，真核基因组的结构特点。

第一节 DNA的生物合成（复制）

DNA是绝大多数生物体遗传信息的载体，继1953年Watson和Crick提出DNA双螺旋结构模型后，1958年，Crick又提出了"中心法则"，揭示了遗传信息的传递规律。生物的遗传信息储存在DNA分子上，细胞分裂时，通过DNA复制把遗传信息传递给子代细胞，在个体生长发育过程中，这些遗传信息通过转录传递给RNA，再通过翻译合成蛋白质并执行各种各样的生物学功能；后来又发现某些RNA病毒能以RNA为模板复制新的病毒RNA，还有一些RNA病毒能反转录合成DNA。因此，1971年Crick修正了中心法则（图10-1）。

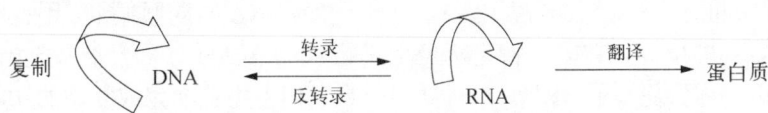

图10-1 生物遗传信息传递的中心法则

一、复制的基本规律

细胞分裂时，染色体DNA首先进行复制（replication），以亲代DNA为模板合成两个完全相同的子代DNA分子并平均分配到两个子代细胞中，使得亲代的遗传信息完整地传递给子代。下面将对

DNA复制的基本规律和特点进行介绍。

(一) 半保留复制

DNA复制时，亲代DNA的双螺旋先行解旋分开，然后以每条链为模板，按照碱基配对原则，各合成一条互补链。因此，亲代DNA的分子可以精确地复制成2个子代DNA分子。每个子代DNA分子中，有一条链是从亲代DNA来的，另一条则是新合成的，这种复制方式称为半保留复制。

1957年M.Meselson及F.W.Stahl通过如下实验证实了半保留复制的模式。

将大肠杆菌放在含有 ^{15}N 标记的 NH_4Cl 培养基中繁殖15代以上，使所有的大肠杆菌DNA都被 ^{15}N 所标记。然后将细菌转移到含有 ^{14}N 的 NH_4Cl 培养基中进行培养，在培养不同代数时，收集细菌，裂解细胞，用氯化铯（CsCl）密度梯度离心法观察DNA所处的位置。由于 ^{15}N DNA的密度比普通DNA（^{14}N DNA）的密度大，在密度梯度离心时，两种密度不同的DNA分布在不同的区带。实验结果显示：亲代菌的 ^{15}N DNA为一条区带（重带），位于离心管下层；在 ^{14}N 培养基中培养的子一代细菌DNA显示一条中等密度的区带，位于重带和轻带（^{14}N DNA）之间；子二代菌DNA显示两条等宽带，即中等密度带和轻密度带（图10-2）。继续传代，各代菌DNA离心显示 ^{15}N DNA按几何级数被等倍稀释（1→1/2→1/4→1/8…）。这个实验充分证明了DNA的复制方式为半保留复制。

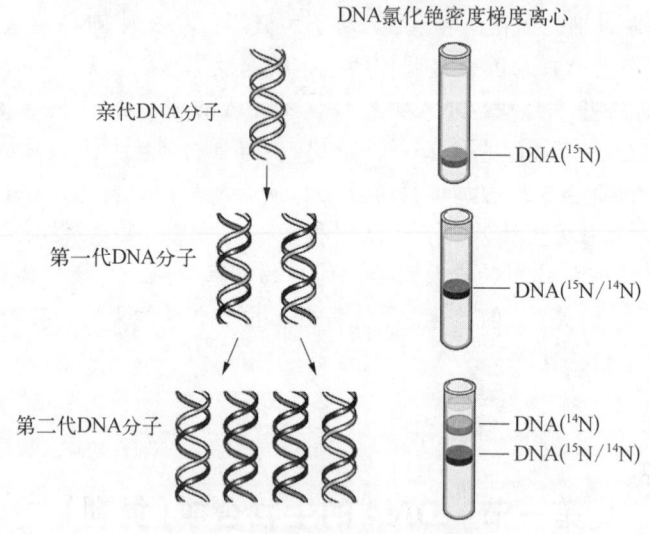

图10-2 DNA半保留复制的证明

(二) 双向复制

DNA分子复制时，在固定的复制起始点双链打开，然后以复制起始点为中心，向两个方向同时进行复制，即双向复制。复制过程中，亲代DNA分子的双链依次解开，呈现一叉形，称为复制叉（图10-3）。双向复制是原核和真核生物普遍采用的复制方式，但在低等生物中，也可进行单向复制（如滚环复制）。

原核生物染色体DNA是环状的，复制起始点只有一个（ori C），位于染色体的特定部位，复制从起始点向两端同时进行。在电镜下观察，复制中的DNA如同眼睛状，因此又称为"θ复制"（图10-4）。真核生物的染色体在多个特定部位上进行DNA复制，有多个复制起始点，两个相邻复制起始点之间的距离称为复制子（图10-5）。复制子是真核生物独立完成复制的功能单位。

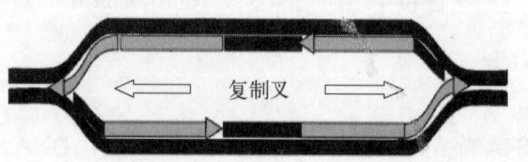

图10-3 DNA的双向复制和复制叉

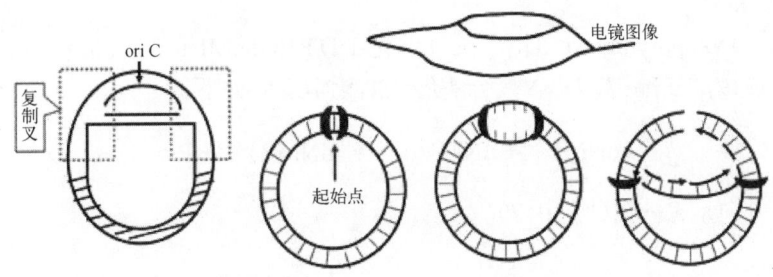

图10-4 原核生物DNA的双向复制

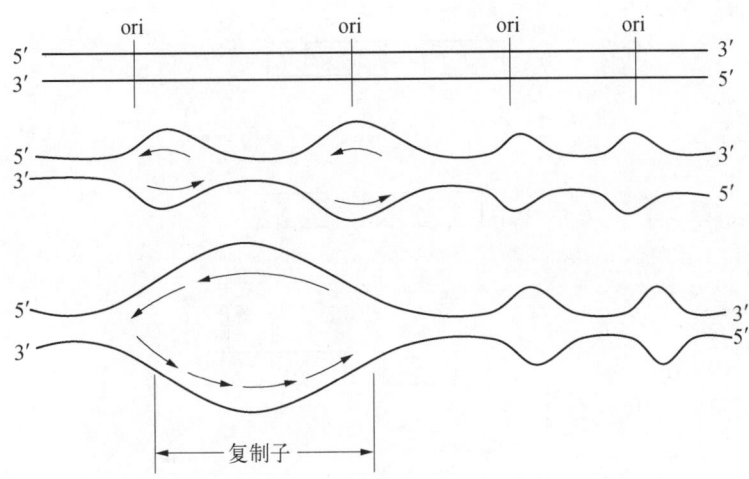

图10-5 真核生物DNA的多复制子复制

（三）复制的半不连续性

DNA的复制是在模板指导下，由DNA聚合酶催化的连续的核苷酸聚合过程。DNA聚合酶以单链DNA为模板，按照碱基互补配对的原则选择合适的脱氧核糖核苷三磷酸（dATP、dGTP、dCTP和dTTP）掺入反应，通过催化生成3′,5′-磷酸二酯键聚合形成DNA长链。由于DNA聚合酶只能催化在多核苷酸链的3′-OH上进行聚合反应，因此，DNA新链的合成只能从5′向3′方向进行。

DNA复制时，在起始点双链解开，形成复制叉，两条链同时作为模板进行复制。而亲代DNA的双股链呈反向平行，一条链的走向是5′→3′，另一条链是3′→5′，由于DNA合成的方向只能是5′→3′，因此，DNA复制时，分别以两条亲代DNA链作为模板聚合子代DNA链时的方式是不同的。子链中有一条链合成方向与复制叉的前进方向相同，即以3′→5′走向的母链为模板的新链可随着复制叉的前进连续地进行复制，由5′→3′方向延伸；而以5′→3′方向为模板的新链合成方向与复制叉的前进方向相反，只能随着双链的不断解开，断续地合成5′→3′的多个短片段，因此称为半不连续复制。连续合成的新链称为前导链或领头链，不连续合成的链称为随从链或滞后链。随从链上不连续的DNA片段称为冈崎片段（图10-6）。冈崎片段最后将由DNA连接酶连接成完整的DNA链。原核生物的冈崎片段长约1 000～2 000个核苷酸，真核生物的冈崎片段长约100～200个核苷酸。

二、DNA复制的酶学

DNA复制的体系包括：DNA模板、底物（dNTPs）、RNA引物、DNA聚合酶及其他多种酶和蛋白因子、无机离子如Mg^{2+}、Mn^{2+}等。

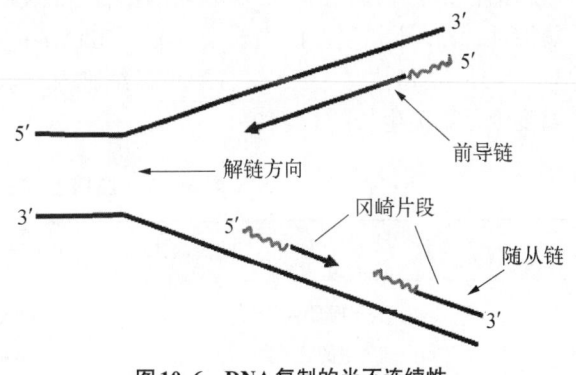

图10-6 DNA复制的半不连续性

(一) DNA 聚合酶

DNA 聚合酶（DNA polymerase, DNA pol）催化 dNTP 以 dNMP 的形式加到引物或新生 DNA 链的 3′-OH 末端，生成磷酸二酯键；DNA 聚合酶催化的化学反应如下：

$$(dNMP)_n + dNTP \longrightarrow (dNMP)_{n+1} + PPi$$

DNA 合成的方向是 5′→3′（图 10-7）。

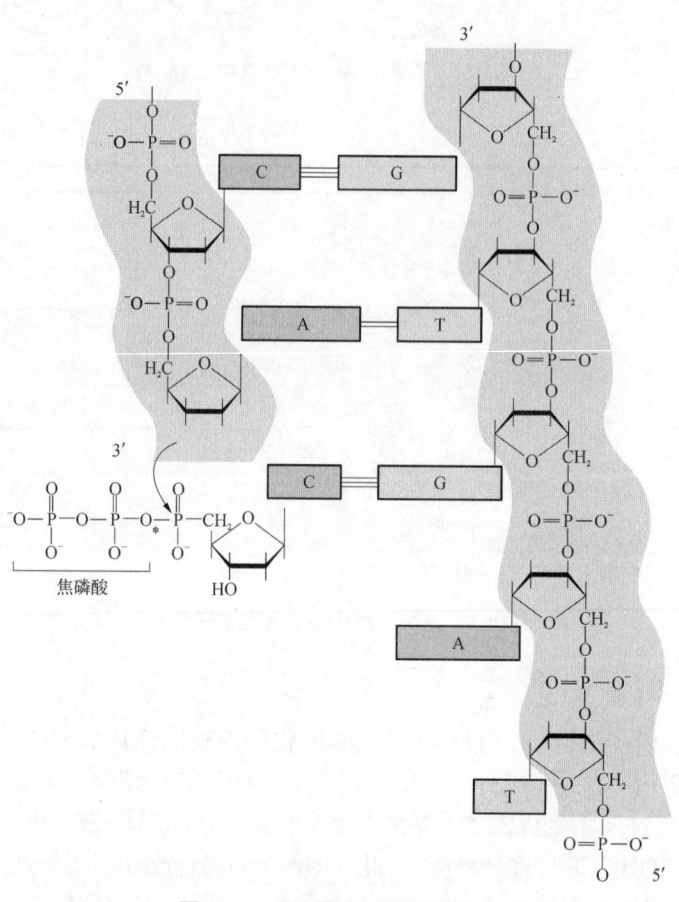

图 10-7　DNA 聚合酶催化的反应

1. 原核生物的 DNA 聚合酶　原核生物的 DNA 聚合酶主要有 DNA pol Ⅰ、Ⅱ、Ⅲ。DNA pol Ⅰ 由一条多肽链组成，分子量为 109 kDa，除具有 5′→3′ 聚合酶活性外，还有 5′→3′ 外切酶活性及 3′→5′ 外切酶活性，5′→3′ 外切酶活性用于切除新生链前方的 5′ 末端脱氧核苷酸如引物，3′→5′ 外切酶活性用于切除新生链上错误配对的 3′ 末端核苷酸，起着即时校读的作用。DNA pol Ⅰ 经枯草杆菌蛋白酶处理可分裂成两个片段，其中大片段称为 Klenow 片段，具有 5′→3′ 聚合酶活性和 3′→5′ 外切酶活性；小片段具有 5′→3′ 外切酶活性。DNA pol Ⅱ 也具有 3′→5′ 外切酶活性，但无 5′→3′ 外切酶活性，该酶不是复制的主要聚合酶。DNA pol Ⅲ 全酶由十种亚基组成，具有 5′→3′ 聚合酶活性及 3′→5′ 外切酶活性。DNA 聚合酶Ⅲ是细胞内 DNA 复制所必需的酶，缺乏该酶的温度突变株在限制温度内是不能生长的（表 10-1）。

表 10-1　原核生物三种 DNA 聚合酶的特性

	DNA 聚合酶 Ⅰ	DNA 聚合酶 Ⅱ	DNA 聚合酶 Ⅲ
分子质量	109 kDa	120 kDa	>600 kDa
每个细胞中的分子数	400	17~100	10~20

(续表)

	DNA聚合酶Ⅰ	DNA聚合酶Ⅱ	DNA聚合酶Ⅲ
5′→3′聚合酶活性	+	+	+
体外聚合速率(核苷酸/秒)	16～20	40	250～1 000
5′→3′外切酶活性	+	−	−
3′→5′外切酶活性	+	+	+
功能	修复 去除引物 填补空缺	不详	复制

2. **真核生物的DNA聚合酶**　已发现的真核生物DNA聚合酶至少有15种，主要有DNA pol α、β、γ、δ、ε等。其中DNA pol α可合成RNA引物和DNA片段，无校对活性，主要是用于起始链的合成；DNA pol β作用类似于原核生物的DNA pol Ⅱ，主要在DNA损伤的修复中起作用；DNA pol γ存在于线粒体中，可能与线粒体DNA的复制有关；DNA pol δ可合成DNA新链，有3′→5′外切活力（有校对活性），功能与 *E.coli* DNA pol Ⅲ相似，是负责DNA复制的主要的酶。真核DNA聚合酶一般不具备5′→3′外切活力，因此其引物的去除可能由另外的酶进行。只有具延伸功能的 DNA pol γ、δ 和ε有3′→5′外切酶活性。

DNA的复制具有高保真性，从而保证遗传的稳定。首先，DNA聚合酶具有对模板的依赖性，即能在模板的指导下选择正确的核苷酸，以使子链与模板链上对应的碱基准确配对，复制时，脱氧核糖核苷酸中的碱基先与模板链形成氢键，然后该核苷酸才与引物或新生的子链3′-OH生成磷酸二酯键。其次，真核生物和原核生物负责复制的DNA聚合酶均具有3′→5′核酸外切酶活性，该活性使得DNA聚合酶能切除复制中错配的核苷酸（图10-8），一旦错误的核苷酸掺入到延伸中的DNA末端，DNA聚合酶的聚合活性则被抑制，3′→5′核酸外切酶的活性将错配的核苷酸切除，然后复制才继续下去。这种功能称为即时校读。

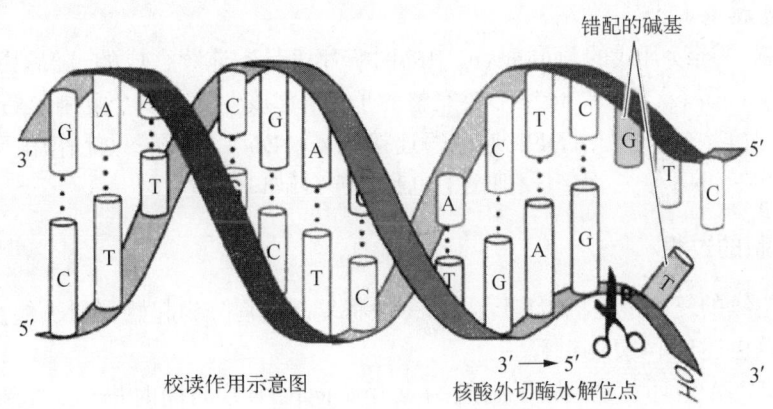

图10-8　DNA的3′→5′核酸外切酶活性的校读作用

（二）解螺旋酶

DNA复制时，亲代DNA双螺旋必须解开，局部成为单链才能作为模板。用于解开DNA双螺旋的酶称为解螺旋酶，又称解链酶。大肠杆菌的DnaB蛋白就是一种解螺旋酶。

（三）拓扑异构酶

复制时，由于DNA的解链，在DNA双链区势必产生缠绕、打结现象，在环状DNA中更为明显，当达到一定程度后就会造成复制叉难以继续前进，在细胞内由DNA拓扑异构酶来克服解链过程中的扭结现象。DNA拓扑异构酶兼具内切酶和连接酶两种活性，可以在DNA解链前方将DNA单链或双链切开,使正超螺旋状态转变成松弛状态,然后再将DNA链连接上,使得复制得以继续进行。根据其切开DNA单链还是双链,拓扑异构酶可分为两大类:拓扑异构酶Ⅰ(TopⅠ)和拓扑异构酶Ⅱ(TopⅡ)。TopⅠ可使DNA双链中的一条链切断,松开双螺旋后再将DNA链连接起来,TopⅠ催化上述反应无需ATP。TopⅡ可切断DNA双链,使DNA的超螺旋松解后,再将其连接起来(图10-9),TopⅡ切开DNA链时不需ATP,但连接断口时需ATP供能。

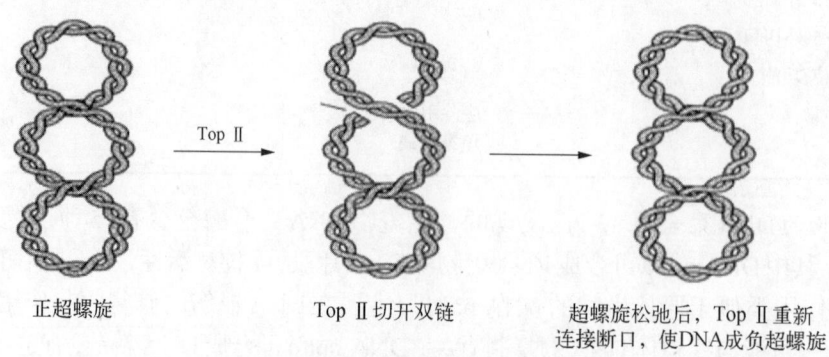

正超螺旋　　　　TopⅡ切开双链　　　　超螺旋松弛后,TopⅡ重新连接断口,使DNA成负超螺旋

图10-9　拓扑异构酶Ⅱ的作用

(四) 单链DNA结合蛋白

解链酶沿复制叉方向向前推进产生了一段单链区,但是这两条单链由于碱基是互补的,因此有着重新形成双链的趋势,且单链DNA易被核酸酶降解。在细胞内有大量单链DNA结合蛋白能很快地和单链DNA结合,防止其重新配对形成双链DNA或被核酸酶降解。

(五) 引物酶

DNA聚合酶不能催化两个游离的脱氧核糖核苷酸聚合,只能在核苷酸链的3′-OH末端加入核苷酸,形成3′,5′-磷酸二酯键,因此复制必须由一段核苷酸作为引物提供3′-OH才能开始。复制中的引物是一小段RNA,该RNA由引物酶催化合成。在大肠杆菌中,引物酶是 *dnaG* 的编码产物DnaG。引物的长度从几个到几十个核苷酸不等,引物最终会被DNA取代。

(六) DNA连接酶

复制时前导链是连续合成的,而随从链中的冈崎片段是不连续合成的,随后由DNA连接酶催化冈崎片段之间形成磷酸二酯键,最终形成完整的子链;真核生物有多个复制起始点,各个起始点开始合成的DNA片段之间也需由DNA连接酶连接起来。DNA连接酶只能作用于双链DNA中的缺口,DNA连接酶在DNA修复、重组及剪接中也起着连接缺口的作用。

三、DNA复制的过程

复制是一个连续的复杂过程,为便于了解,一般将复制过程分为起始、延长、终止三个阶段。下面以原核生物为例讲述DNA复制过程。

原核生物的DNA是环状的,从复制起始点开始向两个方向同时进行,直到复制的终止点结束。

(一) 复制的起始

大肠杆菌的复制起始点只有一个,称为 *oriC*,跨度为245 bp,含三个富含A-T的串联重复序列(13 bp)和两对长9 bp的反向重复序列,复制起始因子DnaA形成同源多聚体,结合于起始点的反向重复序列,形成DNA-蛋白质复合体结构,促使富含A-T的串联重复序列局部解链;随后DnaB及其辅助因子DnaC分别结合在两条单链DNA上,沿复制叉方向继续解链,并逐步置换出DnaA;单链DNA结合蛋白和拓扑异构酶接着也参与进来,使DNA保持单链状态,此时,引物酶也进入,与其他蛋白因子共同结合在复制区域组装形成引发体;最后在引物酶的催化下,以DNA为模板,合成一段短的RNA片段,从而获得3′末端自由羟基(3′-OH)(图10-10)。

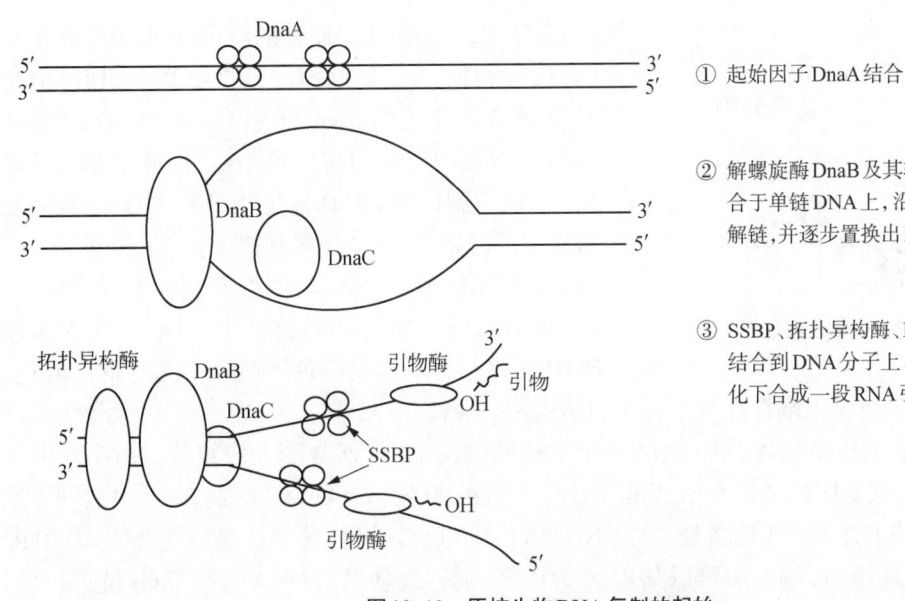

① 起始因子 DnaA 结合于复制起始点

② 解螺旋酶 DnaB 及其辅助因子 DnaC 结合于单链 DNA 上,沿复制叉方向继续解链,并逐步置换出 DnaA

③ SSBP、拓扑异构酶、DnaG(引物酶)等结合到 DNA 分子上,并在引物酶的催化下合成一段 RNA 引物,复制开始。

图 10-10 原核生物 DNA 复制的起始

(二)复制的延长

DNA 双链解开后,两条单链同时作为模板进行复制。DNA 聚合酶 Ⅲ 根据模板的指引,催化 dNTP 以 dNMP 形式逐个加入到引物或新生子链的 3′-OH 上,形成 3′,5′-磷酸二酯键,从 5′→3′ 方向聚合子代 DNA 链。DNA 聚合酶 Ⅲ 同时催化前导链和随从链的复制,随从链在双链 DNA 解开足够的长度时,冈崎片段开始合成,当延长到前一个冈崎片段处时,由 DNA pol Ⅰ 的 5′→3′ 外切酶活性切除前一个冈崎片段的引物,并在后一个冈崎片段的 3′-OH 上,由 DNA pol Ⅰ 的 5′→3′ 聚合酶活性催化,根据碱基互补原则,逐个掺入脱氧核糖核苷酸,填补空缺,相邻的冈崎片段由 DNA 连接酶连接,最终产生完整的子链(图 10-11)。

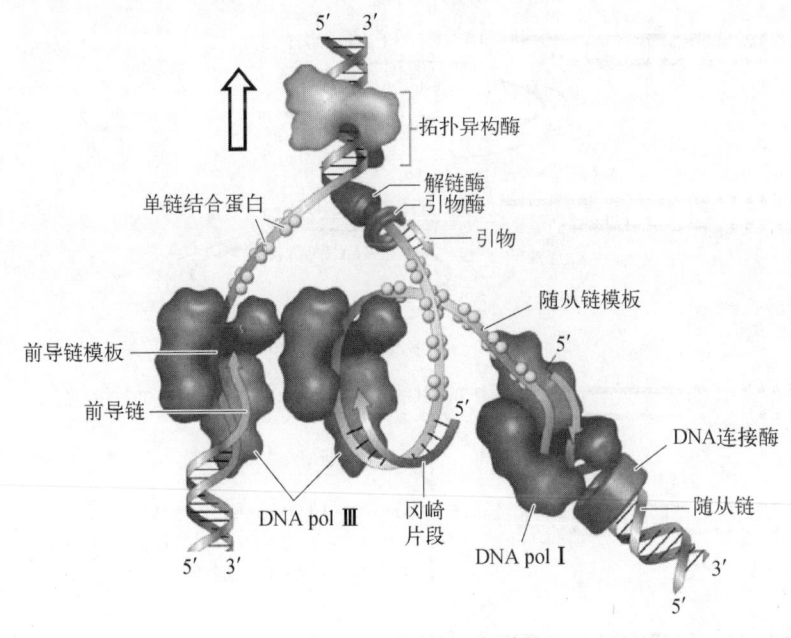

图 10-11 DNA 复制延长过程

(三)复制的终止

原核生物的染色体是环状的,当两个复制叉在模板的终止点(ter)相遇时,复制即终止。大肠杆菌的终止点跨度约 350 bp,序列具有特异性,可被 Tus 蛋白识别并结合,Tus-ter 复合物能阻断 DnaB

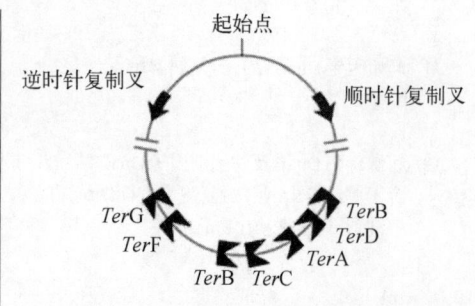

图10-12　*E.coli*染色体DNA的复制终止序列

的解螺旋作用,从而阻止复制叉的前行,复制因此终止。

真核生物DNA的复制与原核生物基本相似,但更加复杂。真核生物染色体DNA与蛋白质紧密结合,以核小体形式存在,复制时首先要解开核小体,因此复制叉移动的速度比原核细胞的慢,但真核生物染色体DNA是多复制子,可以多点起始,从而加快复制速度。

真核生物染色体DNA呈线状,复制在末端停止,子链5′末端的RNA引物被降解后将产生空隙,造成5′末端隐缩,使DNA缩短。事实上染色体虽经多次复制,却不会越来越短,是因为在染色体末端存在一个特殊的结构——端粒。

端粒是指真核生物染色体线性DNA分子末端的结构部分,通常膨大成粒状。由串联的短重复序列所组成。该重复序列通常一条链是TxGy,而其互补链为CyAx,x与y约在1~4之间。端粒DNA由端粒酶合成并维持,端粒酶是一种RNA-蛋白质(反转录酶)核糖核蛋白复合体,其中RNA含有多个CyAx重复序列,端粒酶可以其RNA为模板,通过反转录对DNA端粒TxGy链进行延长。端粒DNA的延长方式称为爬行模式:端粒酶借助其富含CyAx的RNA序列,结合到富含TxGy的端粒DNA分子上,形成DNA-RNA杂交体,由端粒DNA突出的TG单链提供3′-OH末端,端粒酶以其自身RNA为模板,利用反转录酶活性催化单链DNA延长;当延长到一定长度时,端粒酶RNA向3′方向移动,继续作为模板延伸DNA单链;延伸到足够长度时,新合成的DNA单链通过G-G配对,在末端发生180°的回折,提供3′-OH末端,由DNA聚合酶催化,填补空缺(图10-13)。

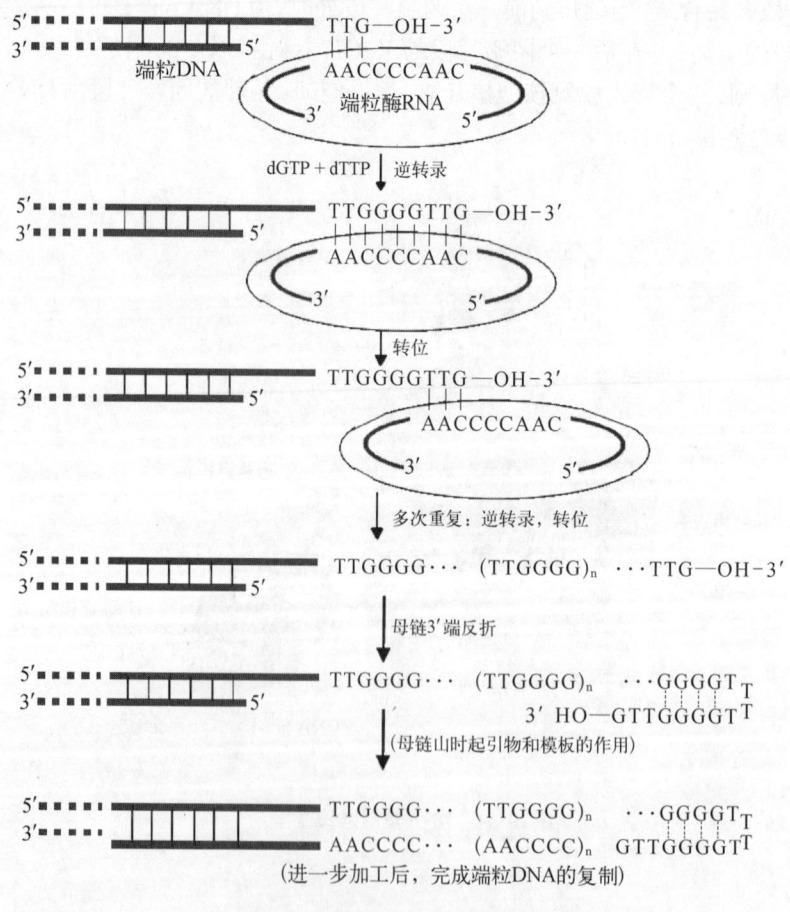

图10-13　真核生物DNA端粒的合成

端粒酶催化TG链延长;TG延伸至足够长度时回折,提供3′-OH,由DNA聚合酶催化,填补CA的空缺

> **知识拓展**
>
> 尽管有端粒酶维持端粒的长度，但在正常细胞中，端粒酶活性较低，因此端粒会随着细胞分裂的次数增多而逐渐缩短，最终细胞衰老直至死亡。然而，80%～95%的恶性肿瘤细胞中端粒酶活性显著增强，从而在复制终止时补足端粒长度而使得细胞永生化。因此，端粒酶已成为新型抗肿瘤药物的靶点。这些药物有些直接抑制端粒酶的活性，有些作用于端粒酶中的RNA模板，使得肿瘤细胞分裂时端粒逐渐缩短，导致细胞衰老而凋亡。

四、RNA指导的DNA合成——反转录

反转录是指以RNA为模板，按照RNA中的核苷酸顺序合成DNA的过程，这与通常转录过程中遗传信息从DNA到RNA的方向相反，故称为反转录，又称逆转录。

(一) 反转录和反转录酶

反转录现象是在研究致癌RNA病毒入侵宿主细胞的过程中发现的。致癌RNA病毒是一类能引起鸟类、哺乳类动物白血病和肉瘤以及其他肿瘤的病毒，这类病毒侵染细胞后并不引起细胞死亡，而是使细胞发生恶性转化。1963年，美国科学家H.M.Tamin等注意到致癌病毒RNA的复制行为与一般RNA不同，用DNA合成的抑制物（放线菌素D）能抑制致癌RNA病毒的复制，但不能抑制一般RNA病毒的复制，可见致癌RNA病毒的复制过程，必然要涉及DNA。于是他提出设想，致癌RNA病毒的复制需要经过一个DNA中间体，此DNA中间体可部分或全部整合到细胞DNA中去，并随细胞增殖而传递给子代细胞。1970年，Tamin和另一位美国科学家D.Baltimore分别从一些动物致癌RNA病毒中发现了反转录现象，并分离出反转录酶。Tamin提出的前病毒学说终于得到了证明。目前，已从几种不同的RNA肿瘤病毒中分离纯化了反转录酶。

大多数反转录酶都具有多种酶活性，主要包括以下几种活性：① DNA聚合酶活性。以RNA为模板，催化dNTP以5′→3′方向合成互补DNA（cDNA）。反转录酶不具3′→5′外切酶活性，因此没有校读功能。② RNase H活性。由反转录酶催化合成的cDNA与模板RNA形成的杂交分子，将由RNase H从RNA 5′末端水解RNA分子。③ DNA指导的DNA聚合酶活性。以反转录合成的第一条DNA单链为模板，以dNTP为底物，再合成第二条DNA分子。合成过程也需要引物，引物可能是病毒本身的一种tRNA。除此之外，有些反转录酶还有DNA内切酶活性，这可能与病毒基因整合到宿主细胞染色体DNA中有关。

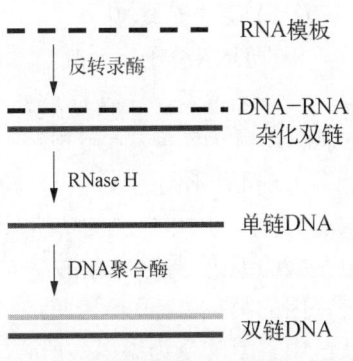

图10-14 反转录病毒在细胞内的反转录现象

病毒RNA经反转录产生的双链DNA，可进入宿主细胞的细胞核中，并整合到宿主细胞的DNA中，并与宿主细胞DNA一起复制而传递给子代细胞。病毒基因的重组打乱了宿主细胞遗传信息的正常秩序，可能导致细胞恶性转化；在某些条件下此潜伏的DNA可活跃起来，转录出病毒RNA，并进一步翻译合成病毒蛋白而使病毒繁殖，扩大感染。

(二) 反转录的发现有重要的理论意义和实践意义

首先，它对分子生物学的中心法则进行了修正和补充。修正后的中心法则表示：遗传信息不仅可以从DNA传递给RNA，再从RNA传递给蛋白质，即完成遗传信息的转录和翻译的过程；也可以从DNA传递给DNA，即完成DNA的复制过程；某些病毒中的RNA自我复制（如烟草花叶病毒等）和某些致癌病毒以RNA为模板反转录成DNA的过程。其次，在致癌病毒的研究中发现了癌基因，在人类一些癌细胞如膀胱癌、小细胞肺癌等细胞中，也分离出与病毒癌基因相同的碱基序列，称为细胞癌基因或原癌基因。癌基因的发现为肿瘤发病机制的研究提供了很有前途的线索。此外，在分子生物学实验中，反转录酶已成为重要的工具酶之一，用于将mRNA反向转录合成DNA以获得目的基因。

五、DNA 损伤与修复

DNA 存储着生物体赖以生存和繁衍的遗传信息,因此维护 DNA 分子的完整性对细胞至关重要。基因组 DNA 的分子结构或核苷酸序列的改变称为基因突变或 DNA 损伤。自然界中突变是与遗传相对立统一而普遍存在的现象,可促进生物进化、维持基因与蛋白质的多样性;但是 DNA 分子的损伤或改变也可能引起疾病,甚至导致死亡。在长期的进化过程中,生物体获得了复杂的 DNA 损伤修复系统,可以通过不同的途径对 DNA 的损伤进行修复,从而保持遗传的稳定性。

(一) 引发突变的因素

在自然条件下,DNA 复制由于遵循严格的碱基配对原则,又有 DNA 聚合酶 $3'\rightarrow 5'$ 外切酶的即时校读作用,DNA 的突变率极低,仅为 $10^{-10}\sim 10^{-9}$。但是有些理化因素可诱发 DNA 突变,使其突变率大大上升。诱发 DNA 突变的因素主要有以下几个方面。

1. 物理因素　　包括紫外线和各种射线。如当 DNA 受到最易被其吸收波长(约 260 nm)的紫外线照射时,会使同一条 DNA 链上相邻的嘧啶以共价键连成二聚体,相邻的两个 T,或两个 C,或 C 与 T 间都可以环丁基环连成二聚体,其中最常见的是 TT 二聚体。

2. 化学因素　　如烷化剂很容易与生物体中大分子的亲核位点起反应,从而使 DNA 发生各种类型的损伤;人工合成的一些碱基类似物如 5-溴尿嘧啶(5-BU)、5-氟尿嘧啶(5-FU)等,由于其结构与正常的碱基相似,进入细胞能替代正常的碱基掺入到 DNA 链中而干扰 DNA 复制合成。还有一些人工合成或环境中存在的化学物质能专一修饰 DNA 链上的碱基或通过影响 DNA 复制而改变碱基序列,例如亚硝酸盐能使某些碱基脱去氨基,结果使 C 脱氨变成 U,A 突变为 I。

3. 生物因素　　如黄曲霉素 B_1 在体内经肝脏的生物转化作用可转变成环氧化合物,后者能与 DNA 分子上 $G-N^7$ 结合;还有些抗生素类,如放线菌素、丝裂霉素等可插入 DNA 分子双链间,这些物质均破坏了 DNA 的模板活性,从而抑制复制和转录。

(二) 突变的类型

根据 DNA 分子序列改变方式的不同,可将突变分为碱基置换、插入、缺失、基因重排等几种类型。

1. 碱基置换　　又称点突变,指 DNA 上单一碱基的变异。一种嘌呤(或嘧啶)替代另一种嘌呤(或嘧啶)称为转换;嘌呤被嘧啶或嘧啶被嘌呤置换则称为颠换。碱基置换改变了密码子的组成,可能会出现4种不同的效应:① 同义突变。指碱基置换后,密码子虽发生改变,但其编码的氨基酸并未改变,并不影响蛋白质的功能,不发生表型的变化。② 错义突变。指碱基置换后的密码子为另一种氨基酸的编码,导致氨基酸组成发生改变,产生异常的蛋白质。例如,异常血红蛋白 HbS 就是由于 β 链基因的第 6 位三联体密码 GAG 变为 GTG,转录后 mRNA 的密码子由 GAG 变为 GUG,翻译后的多肽链中谷氨酸变为缬氨酸所致。③ 无义突变。指碱基置换后,使原来编码某一个氨基酸的密码子变为终止密码子,使多肽链合成提前终止,使蛋白质失去活性。例如,异常血红蛋白 HbMcKees-Rock 就是由于 β-珠蛋白第 145 位编码中 TAT 变为 TAA,经转录后 UAU 变为 UAA(终止密码子),翻译时多肽链合成提前终止,成为缩短的 β 链之故。④ 通读突变。指碱基置换后使原终止密码子变成编码某一个氨基酸的密码子,多肽链的合成不被终止,造成通读,从而形成延长的异常多肽链。

2. 缺失和插入　　在 DNA 编码序列中插入或缺失一个或几个碱基对,则可能使插入或缺失点以下的 DNA 编码框架全部改变,这种基因突变称为移码突变,结果导致突变以下部分翻译出的氨基酸种类和顺序也发生改变。

3. 重排　　DNA 分子内较大片段的交换,称为重组或重排。基因重排可发生在一条染色体的内部,也可以发生在两条染色体之间,包括倒位、易位、融合等形式。倒位是指 DNA 片段在新的位点上出现了方向的反置;易位是指 DNA 片段从基因组的一个位置转移到另一个位置;融合是指两个染色体发生了共价连接,或是线性的染色体被环化。

4. 动态突变　　近年来发现,由于脱氧三核苷酸串联重复扩增,也可引起单基因疾病,而且这种串联重复的拷贝数可随世代的递增而呈累加效应,称为动态突变。这种三核苷酸重复拷贝数增加,不仅可发生

笔记栏

在上代的生殖细胞中而遗传给下一代,而且在当代的体细胞中也可发生。此外,一个个体的不同类型细胞或同一类型的不同细胞中,三核苷酸重复拷贝数也可以是不同的。过去观察到的基因突变体仍然有着与其上代相同的突变率,这些突变可说是"静止的",而三核苷酸扩增突变不同于此,所以称为动态突变。

(三) DNA 损伤的修复

尽管自然界中诱变因素很多,基因突变经常发生,但 DNA 分子能表现出高度的稳定性,这是由于生物在长期的进化过程中,建立了一系列 DNA 损伤的修复机制,维持着物种的繁衍和稳定。DNA 损伤的修复机制主要有以下几种方式。

1. **光修复** 这是最早发现的 DNA 修复方式。修复由细菌中的 DNA 光复活酶完成,此酶能特异性识别紫外线造成的核酸链上相邻嘧啶共价结合的二聚体,并与其结合,这步反应不需要光;结合后如受 300~600 nm 波长的光照射,此酶即被激活,将二聚体分解为两个正常的嘧啶单体,然后酶从 DNA 链上释放,DNA 恢复正常结构(图 10-15)。后来发现类似的修复酶广泛存在于动植物中,人体细胞中也有发现。

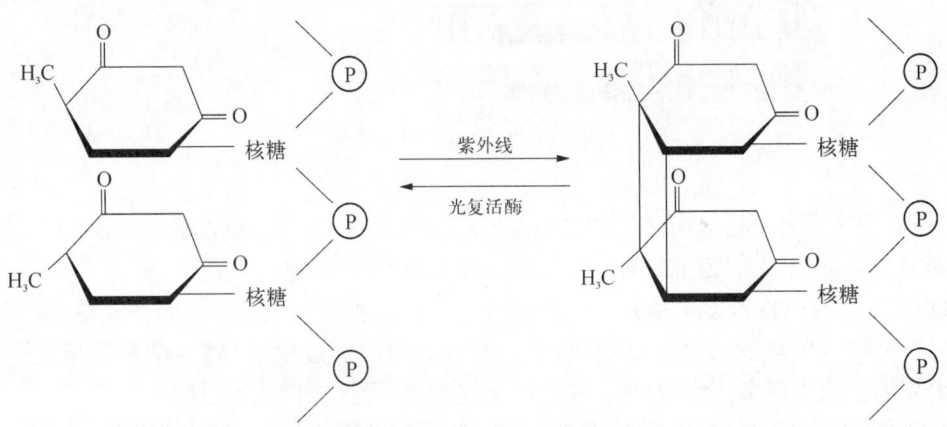

图 10-15 胸腺嘧啶二聚体的形成和解聚

2. **切除修复** 切除修复是修复 DNA 损伤最为普遍的方式,存在于各种生物细胞中,也是人体细胞主要的 DNA 修复机制,对多种 DNA 损伤包括碱基脱落形成的无碱基位点、嘧啶二聚体、碱基烷基化、单链断裂等都能起修复作用。修复过程需要多种酶的一系列作用,如图 10-16 所示,① 首先由核酸酶识别 DNA 的损伤位点,在损伤部位的 5′ 侧切开磷酸二酯键。② 由 5′→3′ 核酸外切酶将有损伤的 DNA 片段切除。③ 在 DNA 聚合酶的催化下,以完整的互补链为模板,按 5′→3′ 方向合成 DNA 链,填补已切除的空隙。④ 由 DNA 连接酶将新合成的 DNA 片段与原来的 DNA 断链连接起来。这样完成的修复能使 DNA 恢复原来的结构。

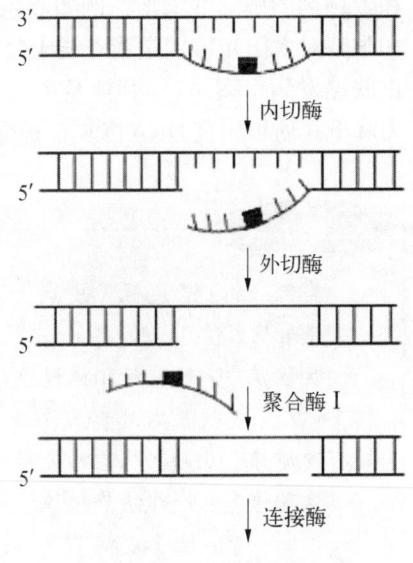

图 10-16 DNA 切除修复机制

3. **重组修复** 上述的切除修复在切除损伤片段后是以原来正确的互补链为模板来合成新的片段来完成修复的。但在某些情况下没有互补链可以直接利用,例如在 DNA 复制进行时发生 DNA 损伤,DNA 两条链已经分开,此时可用图 10-17 所示的 DNA 重组方式进行修复:① 受损伤的 DNA 链复制时,产生的子代 DNA 在损伤的对应部位出现缺口。② 另一条母链 DNA 与有缺口的子链 DNA 进行重组交换,将母链 DNA 上相应的片段填补子链缺口处,而母链 DNA 出现缺口。③ 以另一条子链 DNA 为模板,经 DNA 聚合酶催化合成一新 DNA 片段填补母链 DNA 的缺口,最后由 DNA 连接酶连接,完成修补。

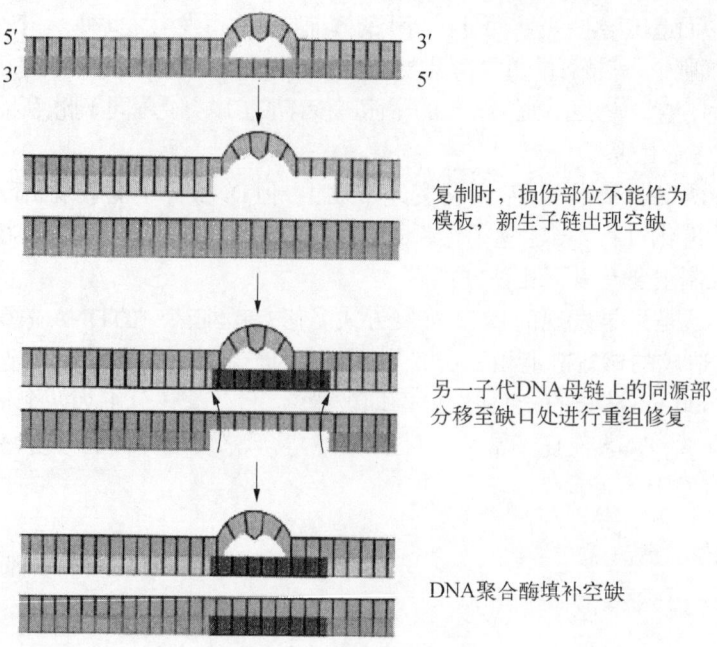

复制时,损伤部位不能作为模板,新生子链出现空缺

另一子代DNA母链上的同源部分移至缺口处进行重组修复

DNA聚合酶填补空缺

图10-17　DNA重组修复机制

　　重组修复不能完全去除损伤,损伤的DNA片段仍然保留在亲代DNA链上,但经多次复制后,损伤就被"冲淡"了,在子代细胞中只有一个细胞是带有损伤DNA的。

　　4. SOS修复　　SOS修复是指DNA受到严重损伤、细胞处于危急状态时所诱导的一种DNA修复方式。这种修复特异性低,对碱基的识别、选择能力差。通过SOS修复,结果只能维持基因组的完整性,提高细胞的生存率。然而DNA保留的错误较多,导致较广泛、长期的突变。

　　DNA损伤修复与突变、衰老、肿瘤发生、辐射效应、某些毒物的作用都有密切的关系。人类遗传性疾病已发现4 000多种,其中不少与DNA修复缺陷有关,这些DNA修复缺陷的细胞表现出对辐射和致癌剂的敏感性增加。例如着色性干皮病就是第一个发现的DNA修复缺陷性遗传病,患者皮肤和眼睛对太阳光特别是紫外线十分敏感,身体暴露部位的皮肤干燥脱屑、色素沉着、容易发生溃疡,皮肤癌发病率高,常伴有神经系统障碍,智力低下等,患者的细胞对嘧啶二聚体和烷基化的清除能力降低。所以研究DNA修复也是探索生命的一个重要方面。

知识拓展

　　案例分析:着色性干皮病

　　患者基本信息:患儿,女,三岁,因最近肤色改变及脸上结节病变增大而由父母带至皮肤科就诊。

　　既往病史:一直对阳光过度敏感。

　　体检:皮肤暴露处有大量斑点;毛细血管扩张;色素沉着;脸部及手背皮肤角质化;右脸颊有硬质结节斑块;淋巴结未触及。

　　病理检查:脸部结节组织检查显示黑色素沉着,角化,鳞状细胞癌。

　　诊断:着色性干皮病。

　　讨论:着色性干皮病是一种常染色体隐性遗传性疾病,常在幼儿时期即发病。患者由于基因的缺陷不能对紫外照射产生的DNA损伤进行修复而对阳光极度敏感。紫外线会使DNA分子中相邻的嘧啶碱产生交联,负责修复的一共有7种基因,各编码一种蛋白,分别具有检测损伤处、打开DNA双链、切开交联、修复等功能。患者常发展为皮肤癌(鳞状细胞癌和基底细胞癌)。

　　治疗:尽量避免阳光照射,手术移除癌细胞。

第二节　RNA的生物合成(转录)

转录(transcription)是以DNA单链为模板,NTP为原料,在RNA聚合酶催化下合成RNA链的过程。转录和复制都是在DNA指导下的核苷酸聚合过程,因此两者之间有许多相同之处。但两者在模板、酶类及聚合过程中也有显著差别,它们之间的差异可简要示于表10-2。

表10-2　复制和转录的不同点

	转　　录	复　　制
模板	模板链被转录	两股链均作为模板
原料	NTP	dNTP
碱基配对	A-U,T-A,G-C	A-T,G-C
聚合酶	DNA聚合酶	RNA聚合酶
引物	不需要	需要RNA引物
产物	mRNA,tRNA,rRNA等	DNA

一、转录模板与启动子

合成RNA需要DNA作为模板,所合成的RNA中的核苷酸(或碱基)的排列顺序与模板DNA的核苷酸(或碱基)排列顺序是互补关系。许多实验证明,在体内两条DNA链中仅有一条链可用于转录。对于某些基因,以某一条链为模板进行转录,而对于另一些基因则模板链在另一条链上,见图10-18。这种选择性转录称"不对称转录"。不对称转录有两个含义:其一,DNA双链分子中,只有一条单链可作为模板进行转录;其二,不同基因的模板链并不是全在同一条DNA单链上。

DNA双链中能指导转录生成RNA的单股链称模板链,与模板链相对应的互补链,其碱基序列与转录生成的RNA序列相同(仅T、U互换),称为编码链。不同的基因分别分布在DNA分子上两条互补的单链中,各个基因的模板链并不全在同一条链上。

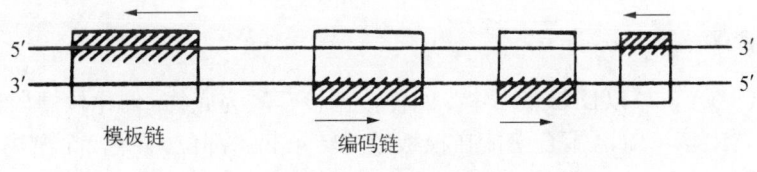

图10-18　不对称转录

转录始于DNA模板的一定区域,RNA聚合酶在催化转录中首先识别DNA模板上的转录起始位点——启动子(promoter)。

(一) 原核生物的启动子

启动子处的核苷酸序列具有特殊性,为了方便,人们将在DNA上开始转录的第一个碱基定为+1,沿转录方向向下的碱基数均用正值表示(称下游);反转录方向向上的碱基数均用负值表示(称上游)。从起始点转录出的第一个核苷酸通常为嘌呤核苷酸。

对原核生物的100多个启动子的序列进行了比较后发现:在RNA转录起始点上游大约-10 bp和-35 bp处有两个保守的序列。-35 bp附近,有一组5'-TTGACA-3'的序列,已被证实与转录起始的辨认有关,是RNA聚合酶中的σ亚基识别并结合的位置。在-10 bp附近,有一组5'-TATAAT-3'

的序列,也称TATA盒(TATA box),这是Pribnow首先发现的,所以又称为Pribnow盒。在-10区段DNA富含A-T碱基对(图10-19),故T_m值较低,双链比较容易解开,有利于RNA聚合酶的作用,促进转录的起始。

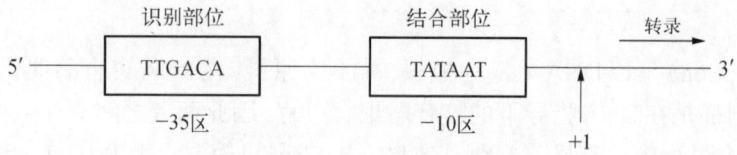

图10-19 原核生物启动子结构特点

(二)真核生物的启动子

真核生物细胞核的RNA聚合酶有三种,每一种都有自己的启动子类型。以RNA聚合酶Ⅱ的启动子结构为例,人们比较了上百个真核生物RNA聚合酶Ⅱ的启动子核苷酸序列后发现(图10-20):在-25区有TATA盒,又称为Hogness盒。其一致序列为TATAA,离体转录实验表明,TATA盒决定了转录起点的选择,通常被认为是启动子的核心序列。在-70区有CAAT盒,在不同启动子中,CAAT盒的位置也不完全相同。除以上两个区域外,有些启动子中上游还含有GC盒。CAAT盒与GC盒多位于-40~-110之间,它们可影响转录起始的频率。

除启动子外,真核生物转录起始处还有一个称为增强子的序列,它能极大地增强启动子的活性,它的位置往往不固定,可存在于启动子上游或下游,对启动子来说它们正向排列和反向排列均有效,对异源的基因也起到增强作用,但许多实验证实它仍可能具有组织特异性。

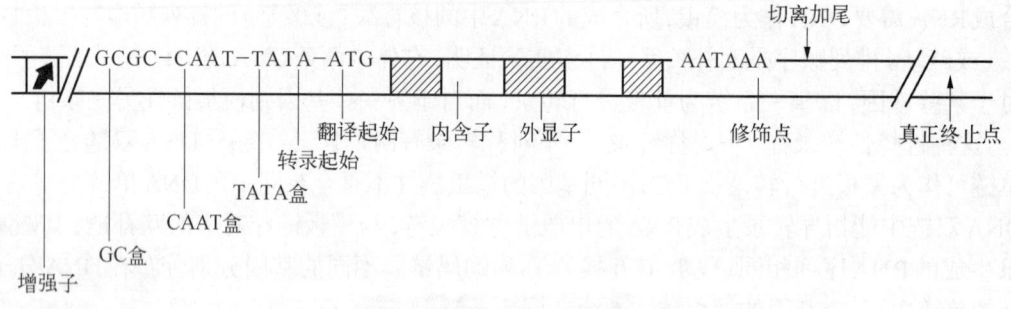

图10-20 真核生物基因上游序列

二、RNA聚合酶

RNA聚合酶(RNA pol)以DNA为模板,四种核糖核苷酸为底物,催化核糖核苷酸之间形成3′,5′-磷酸二酯键合成RNA。RNA聚合酶能在模板链的转录起始部位,催化2个游离的NTP形成磷酸二酯键而引发转录的起始,因此,转录的起始不需引物,这也是转录与复制在起始阶段的一大区别。

(一)原核生物的RNA聚合酶

细菌中只发现一种RNA聚合酶,能催化mRNA、tRNA和rRNA等的合成,目前研究得比较清楚的是大肠杆菌(E coli)的RNA聚合酶。大肠杆菌RNA聚合酶的分子质量约465 kDa,由四种亚基(α、β、β'、σ)组成的五聚体蛋白质($\alpha_2\beta\beta'\sigma$),含有两个锌原子,又称为全酶,$\sigma$亚基与全酶疏松结合,在胞内、外均容易从全酶中解离,解离后的部分($\alpha_2\beta\beta'$)称为核心酶。通过利福霉素等抑制转录的实验研究,对RNA聚合酶各亚基的功能已有一定的认识(表10-3),其中β与β'亚基组成酶的活性中心,通过DNA的磷酸基团与核心酶的碱性基团间的非特异性吸附作用,核心酶能与模板DNA非特异性松弛结合。σ亚基的功能是识别启动子,辨认转录起始点,但不能单独与DNA模板结合,当它与核心酶结合时,可引起酶构象的改变,从而改变核心酶与DNA结合的性质,使全酶对转录起始点的亲和力比其他部位高4个数量级,在转录延长阶段,σ亚基与核心酶分离,仅由核心酶参与延长过程。转录起始需要全酶,转录延长仅需要核心酶。

表10-3 大肠杆菌RNA聚合酶

亚 基	分子质量	亚单位数目	功 能
α	36 512	2	决定哪些基因被转录
β	150 618	1	与转录全过程有关
β′	155 613	1	结合DNA模板
σ	70 263	1	辨认起始点

(二) 真核生物的RNA聚合酶

真核生物中已发现有四种RNA聚合酶,分别称为RNA聚合酶Ⅰ、Ⅱ、Ⅲ和线粒体RNA聚合酶,分子质量大致都在500 kDa左右,它们专一性地转录不同的基因,因此由它们催化的转录产物也各不相同。RNA聚合酶Ⅰ合成RNA的活性最显著,它位于核仁中,负责转录编码rRNA的基因,而细胞内绝大部分RNA是rRNA。RNA聚合酶Ⅱ位于核质中,负责核内不均一RNA(hnRNA)的合成,而hnRNA是mRNA的前体。RNA聚合酶Ⅲ负责合成tRNA和许多小的核内RNAs。α-鹅膏蕈碱是真核生物RNA聚合酶特异性抑制剂,三种真核生物RNA聚合酶对鹅膏蕈碱的反应不同,可以将三类RNA聚合酶区分开,见表10-4。

表10-4 真核生物的RNA聚合酶

种 类	分 布	合成的RNA类型	对α-鹅膏蕈碱的敏感性
Ⅰ	核仁	rRNA	不敏感
Ⅱ	核质	hnRNA	低浓度敏感
Ⅲ	核质	tRNA,5sRNA	高浓度敏感
Mt	线粒体	线粒体RNAs	不敏感

三、转录过程

转录是生物合成RNA的过程,可以分为起始、延长和终止三个阶段。

(一) 原核生物转录过程

1. 转录起始 RNA聚合酶全酶由σ因子识别结合于启动子的-35 bp区,此时RNA聚合酶与DNA结合较松弛,聚合酶沿DNA滑动,与-10区结合更为牢固,在接近转录起始点时聚合酶与DNA模板形成稳定复合物。同时DNA双链分子的局部区域发生构象改变,结构变得松散,特别是在与RNA聚合酶的核心酶结合的-10区的Pribnow盒附近,双链暂时打开约17个碱基对长度,使DNA模板链暴露,酶与模板结合,第一个核苷三磷酸GTP加入,此时形成转录起始复合物——RNA-pol($α_2ββ′σ$)-DNA-pppG-OH-3′。

转录起始不需要引物,起始点处两个与模板配对的相邻核苷酸,在RNA聚合酶催化下以3′,5′-磷酸二酯键相连。起始生成RNA的第一位核苷酸为嘌呤核苷酸,即5′末端总是G或A,以G更常见。当5′-GTP(5′-pppG-OH-3′)与第二位(5′-pppN-OH-3′)聚合生成磷酸二酯键后,仍保留其5′末端三个磷酸,也就是1,2位核苷酸聚合后,生成5′-pppGpN-OH-3′。这一结构的3′末端有游离羟基,可以继续加入NTP使RNA链延长下去。RNA链上这种5′末端结构在转录过程中一直保留,并与转录后修饰有关。

转录起始的第一个磷酸二酯键生成后,σ因子即从转录起始复合物上脱落,核心酶连同四磷酸二核苷酸,继续结合于DNA模板上并沿DNA链向前延伸,进入转录延伸阶段,见图10-21。

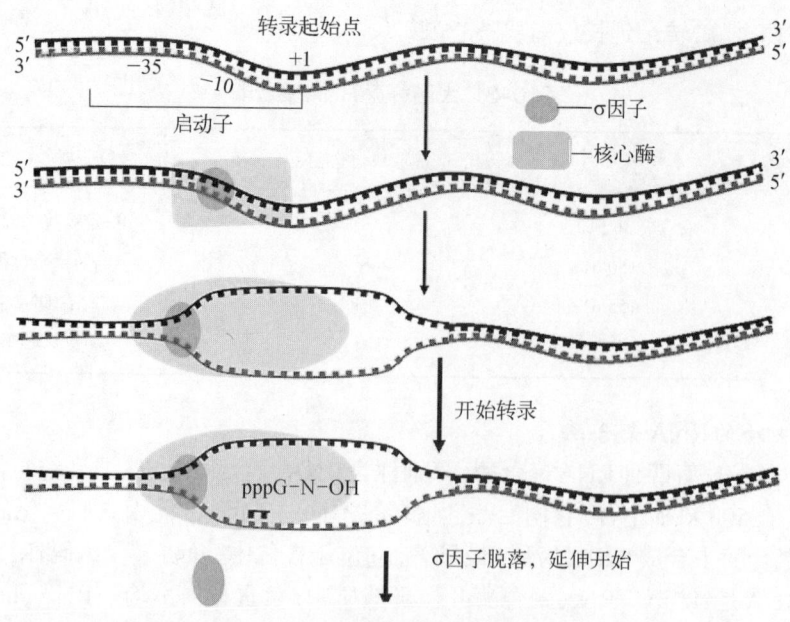

图 10-21　σ因子识别启动子部位

2. 转录的延长　σ因子从全酶中解离出来，核心酶沿 DNA 分子移动，与模板链相互补的核苷酸逐一进入反应体系，在 RNA 聚合酶的催化下，核苷酸之间以 3′,5′-磷酸二酯键相连进行延长反应，合成方向为 5′→3′方向。在转录延长过程中，DNA 双链需解开 10～20 bp，形成的局部单链区像一个小泡，故称为转录泡。转录泡是指 RNA 聚合酶 -DNA 模板 -转录产物 RNA 结合在一起形成的转录复合物，见图 10-22。随着 RNA 聚合酶的移动，转录泡也贯穿延长过程的始终。

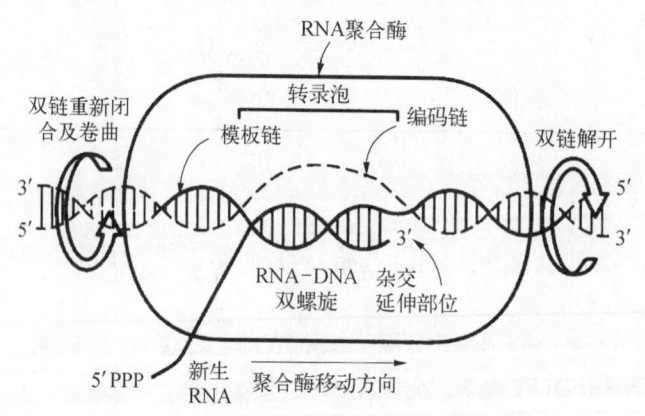

图 10-22　大肠杆菌 RNA 转录过程中转录空泡的形成

3. 转录的终止　当 RNA 聚合酶在 DNA 模板上停顿下来不再前进，转录产物 RNA 链从转录复合物上脱落，即为转录的终止。原核生物转录的终止有两种主要机制，一种称为依赖 ρ 因子的转录终止，另一种称为不依赖 ρ 因子的转录终止。

依赖 ρ 因子的转录终止：ρ 因子是 *rho* 基因的产物，由 6 个亚基组成；ρ 因子结合在新生的 RNA 链上，借助水解 ATP 获得能量向前移动，但移动速度比 RNA 聚合酶慢，当 RNA 聚合酶遇到终止子时发生暂停，ρ 因子得以追上酶；ρ 因子使 RNA 聚合酶暂停聚合活性，而 ρ 因子的 ATP 酶和解螺旋酶的活性使 RNA/DNA 杂化链解链，转录的 RNA 释放出来而终止转录，并使 RNA 聚合酶与该因子一起从 DNA 上释放下来（图 10-23）。

不依赖 ρ 因子的转录终止：这种转录终止方式是由于在 DNA 模板上靠近终止处有些特殊的碱基序列，即较密集的 A-T 配对区或 G-C 配对区，这一终止信号转录出的 RNA 产物 3′末端终止区

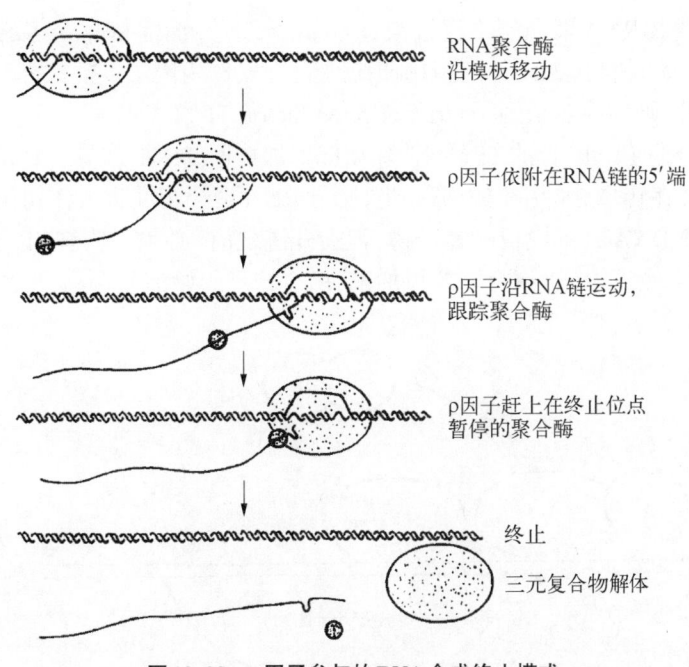

图 10-23　ρ 因子参与的 RNA 合成终止模式

一级结构有 7~20 碱基的反向重复序列,能形成具有茎和环的发夹结构,发夹结构 3′ 侧 7~9 碱基后有 4~6 个连续的 U。当新生成的 RNA 链 3′ 末端出现发夹样局部二级结构时,RNA 聚合酶就会停止作用,这可能是此二级结构改变了 RNA 聚合酶的构象,使酶不再向下游移动,RNA 合成终止。在发夹结构后的连续 U 使 RNA-DNA 杂交链含多个 U-A 碱基配对而不稳定,导致新合成的 RNA/DNA 杂化链容易解聚,使转录终止,见图 10-24。

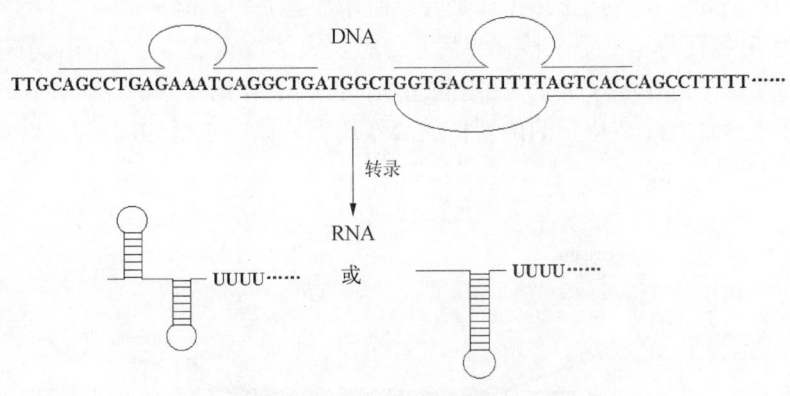

图 10-24　不依赖 ρ 因子的转录终止模式

(二) 真核生物的转录过程

真核生物的转录过程与原核生物的转录过程主要的区别是:① 真核生物的 RNA 聚合酶主要有三种:Ⅰ、Ⅱ和Ⅲ,分别催化合成 rRNA 前体、mRNA 前体和包括 tRNA 在内的一些小 RNA。② 识别转录起始部位的是一类称为转录因子的蛋白质,RNA 聚合酶不直接结合模板。③ 转录起始上游区段比原核生物多样化(包括启动子、增强子等顺式作用元件)。④ 转录终止与转录后修饰密切相关。

1. **转录的起始**　真核基因转录起始上游也有保守性的共有序列,需要 RNA 聚合酶对这些起始序列作辨认和结合,启动转录生成转录起始复合物。与 RNA 聚合酶Ⅱ转录相关的共有序列包括在 -25 区附近有 TATA 序列,在上游 -100 bp 左右还有 CAAT 序列和 GC 盒等短序列,这些与转录调节相关的 DNA 特异序列统称为顺式作用元件。不同物种、不同细胞或不同的基因,可以有不同的上游DNA序列。真核生物RNA聚合酶不直接与DNA分子结合,而需依靠众多的转录因子。能直接或间接辨认、结合转录上游区段DNA的蛋白质统称为反式作用因子。反式作用因子中,直接或间接结合RNA聚合酶的,则称为转录因子(transcription factor, TF)。

对应于RNA聚合酶Ⅰ、Ⅱ、Ⅲ的TF,分别称为TFⅠ、TFⅡ、TFⅢ。TFⅡD是目前已知唯一能结合TATA盒的蛋白质,在转录起始中作为第一步,指导RNA聚合酶Ⅱ进入作用位点。真核生物转录起始也形成RNA-pol-DNA开链模板的复合物,但在开链之前,必须先依靠TF之间、TF与顺式作用元件的相互识别、结合,然后RNA聚合酶Ⅱ再加入,形成转录起始前复合物,见图10-25。

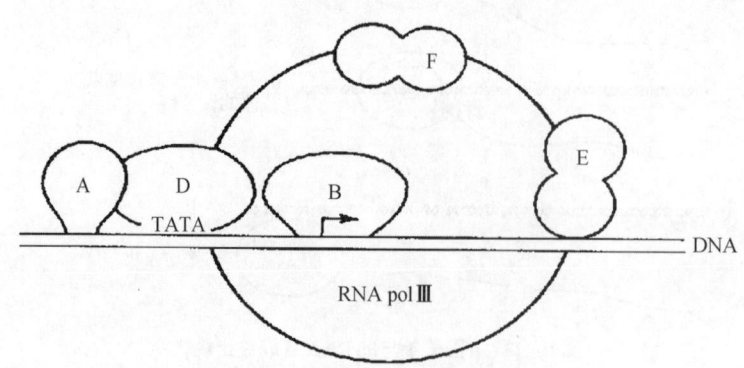

图10-25 真核生物转录前起始复合物

2. 转录的延长 真核生物转录延长与原核生物相似。但真核生物基因组DNA在双螺旋结构的基础上与多种蛋白质组成核小体高级结构,所以转录延长过程可以观察到核小体移位和解聚现象。

3. 转录的终止 真核生物的转录终止是和转录后修饰加工密切相关的。真核生物mRNA3′末端带有多聚腺苷酸poly(A)的尾巴结构,是转录后才加进去的。但是转录并不是在poly(A)的位置上终止,而是超出数百乃至上千个核苷酸后才停顿。大多数真核生物基因末端有一段AATAAA共同序列,再下游还有一段富含GT序列,这些序列称为转录终止的修饰点。转录越过修饰点后继续转录,延伸很长序列之后,在特异的内切核酸酶作用下从修饰点处切除mRNA,随即加入poly A尾巴及5′帽子结构(图10-26)。

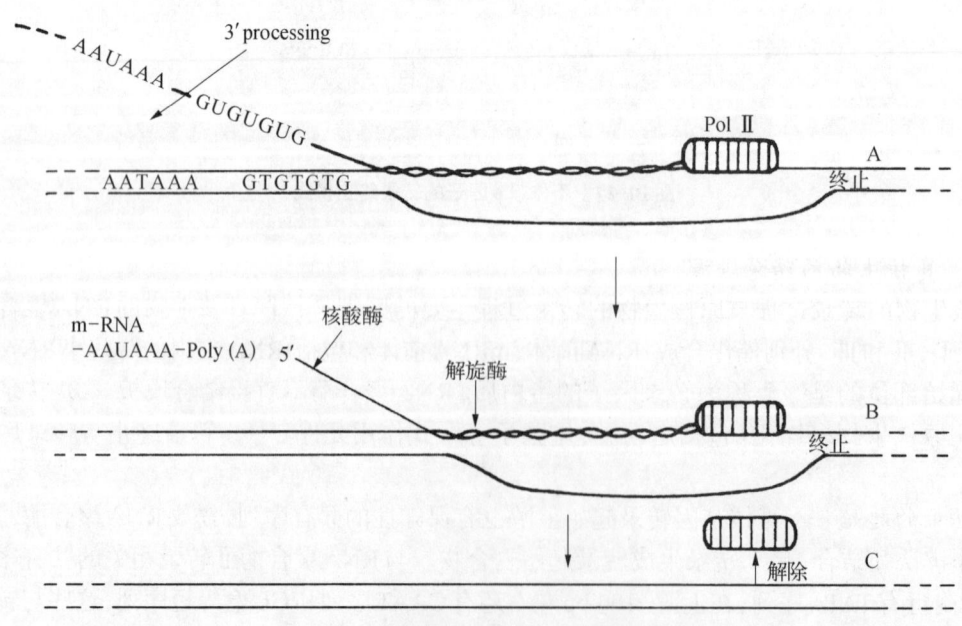

图10-26 真核生物的转录终止及加尾修饰

四、RNA 的转录后加工

由 RNA 聚合酶合成的原初转录产物，是没有生物活性的，需要经过一系列的加工，才能转变为成熟的 RNA 分子，此过程总称为转录后加工。绝大多数原核生物的转录和翻译是同时进行的，因此原核细胞的 mRNA 并无特殊的转录后加工过程，相反，真核生物转录和翻译在时间和空间上是分开的，刚转录出来的 mRNA 是分子很大的前体，即 hnRNA。hnRNA 分子中大约只有 10% 转变为成熟的 mRNA，其余部分将在转录后的加工过程中被降解。

（一）原核生物中 RNA 的加工

原核生物的基因特点是多顺反子，即几个结构基因串联在一起，利用共同的启动子和共同终止信号经转录生成一条 mRNA，所以此 mRNA 分子编码几种不同的蛋白质。原核生物的转录往往还未完成，翻译已经开始了，因此原核生物中转录生成的 mRNA 没有特殊的转录后加工修饰过程。但近年也发现需要添加 3′poly(A) 的现象。而对 rRNA 和 tRNA 转录产物的加工、修饰了解比较多。

1. rRNA 前体的加工　　原核生物 rRNA 转录后加工，包括以下几方面：① rRNA 前体被大肠杆菌 RNase Ⅲ，RNaseE 等剪切成一定链长的 rRNA 分子。② rRNA 在修饰酶催化下进行碱基修饰。③ rRNA 与蛋白质结合形成核糖体的大、小亚基。

2. tRNA 前体的加工　　tRNA 前体的加工包括：① 由核酸内切酶（RNase P；RNase F）在 tRNA 5′ 末端切除多余的核苷酸。② 由核酸外切酶（RNase D）从 3′ 末端逐个切去附加序列，即修剪。③ 在核苷酰基转移酶催化下，tRNA 3′ 末端加上 CCA 结构，这是 tRNA 前体加工过程的特有反应。④ 核苷酸碱基的异构化修饰，包括甲基化、脱氨、转位及还原反应（图 10-27）。成熟的 tRNA 分子中存在众多的修饰成分，tRNA 修饰酶具有高度特异性，每一种修饰核苷都有催化其生成的修饰酶。

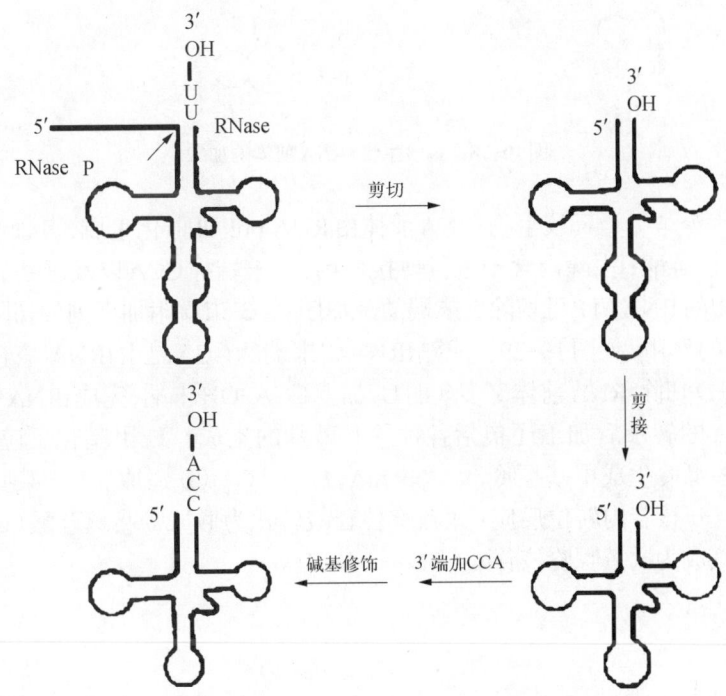

图 10-27　原核生物 tRNA 前体的加工

（二）真核生物中 RNA 的加工

真核生物 rRNA 和 tRNA 前体的加工过程与原核生物有些相似；但 mRNA 前体则需经过复杂的加工过程，才能成为有活性的成熟 mRNA，这与原核生物大不相同。加工过程主要在细胞核中进行，加工后成熟 RNA 通过核孔运输到胞液中。各种 RNA 前体的加工过程有共性，也有各自特点。

1. rRNA前体的加工　　真核生物的rRNA有5S、5.8S、18S和28S四种,其中5.8S、18S和28S是由RNA聚合酶Ⅰ催化一个转录单位,产生45S rRNA前体,rRNA转录后加工包括前体rRNA与蛋白质结合,然后再切割和甲基化。45S rRNA经剪接后,先分出属于核糖体小亚基的18S rRNA,余下的部分再剪切产生成5.8S及28S rRNA。rRNA在成熟过程中还需进行甲基化修饰的过程,主要是在28S及18S中。

真核生物5S rRNA的基因也是丰富基因组。5S rRNA的转录产物,无需加工就转移到核仁,和28S rRNA、5.8S rRNA及多种蛋白质装配成大亚基,18S rRNA与蛋白质装配成小亚基,共同组成核糖体由核内转运到胞液中。图10-28是真核生物rRNA前体的加工过程。

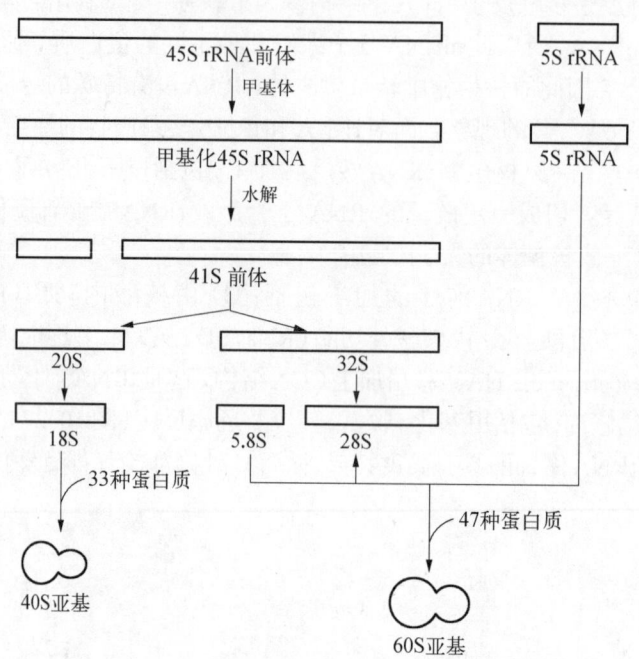

图10-28　真核生物rRNA前体的加工

2. tRNA前体的加工　　真核生物tRNA前体由RNA pol Ⅲ催化生成,其加工包括5′末端及3′末端处切除多余的核苷酸;去除内含子进行剪接作用;3′末端加CCA以及碱基的修饰等。与原核生物类似,真核生物的RNA酶P可切除5′末端的附加序列,3′末端附加序列的切除需要多种核酸内切酶和核酸外切酶的作用,见图10-29。成熟tRNA 3′末端的CCA是由tRNA核苷酸转移酶催化加上去的。由RNA酶D切除tRNA前体3′多余的U,加上CCA-OH末端,完成tRNA柄部结构。

真核生物tRNA的转录后加工还包括各种稀有碱基的生成:① 甲基化反应:在tRNA甲基转移酶催化下,使某些嘌呤生成甲基嘌呤,如A→mA,G→mG。② 还原反应:某些尿嘧啶还原为二氢尿嘧啶(DHU)。③ 核苷内转位反应:尿嘧啶核苷酸转化为假尿嘧啶核苷酸(U-ψ)。④ 脱氨反应:某些腺苷酸脱氨成为次黄嘌呤核苷酸(AMP→IMP)。

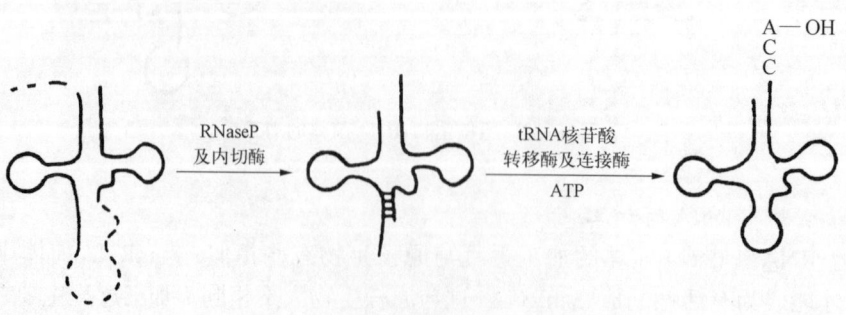

图10-29　真核生物tRNA的剪接过程

3. mRNA 的加工　真核生物 mRNA 由 RNA 聚合酶 II 催化转录,初始产物为核不均一 RNA (hnRNA),新生的 hnRNA 需经过复杂的加工过程生成成熟的 mRNA。包括:形成 5′帽子结构;内切酶去除 3′末端的一段序列,poly(A)聚合酶催化形成 3′poly(A)尾;最后是剪接去除内含子转变为成熟的 mRNA。

（1）5′帽子:初级转录产物 hnRNA 5′末端的第一个核苷酸通常为三磷酸鸟苷(5′-pppGpN-), mRNA 成熟过程中,在一系列酶作用下,以 S-腺苷甲硫氨酸为甲基来源,生成 $m^7GpppNp$,此结构称为帽子结构。

$$5'pppG\ldots \xrightarrow[\text{ppi}]{\text{磷酸酶}} 5'pG\ldots \xrightarrow{pppG\quad pi} 5'GpppG\ldots \xrightarrow[+CH_3]{\text{甲基化酶}} mGpppG\ldots$$

帽子结构是前体 mRNA 在细胞核内的稳定因素,也是 mRNA 在细胞质内的稳定因素,帽子结构还可以促进蛋白质生物合成起始复合物的生成,因此提高翻译强度。

（2）3′poly(A)尾巴:真核生物的 mRNA,除组蛋白的 mRNA 外,在 3′末端通常都有 100～200 个腺苷酸残基构成 poly(A)的尾部结构。加工过程是先识别 hnRNA 3′末端转录终止修饰点 AAUAAA 保守序列,并在特异的核酸内切酶催化下切除多余的附加序列,然后由多聚腺苷酸聚合酶催化,在 mRNA 3′末端逐个加入腺苷酸,形成 poly(A)尾巴,这是 mRNA 由细胞核进入细胞质所必需的形式,大大提高了 mRNA 在细胞质中的稳定性。

（3）mRNA 的剪接:真核生物编码 mRNA 的基因是"断裂基因":由若干编码区和非编码区相互隔开,但又连续镶嵌而成,去除非编码区再连接后,即可翻译出由连续氨基酸组成的完整蛋白质。能编码蛋白质的序列称外显子,不能编码蛋白质的序列称内含子。将转录产物中的内含子去除,并把外显子连接为成熟的 mRNA 分子的过程称为剪接。例如:鸡的卵清蛋白基因全长 7.7 kb,有 8 个外显子,即先导序列 L 和外显子 1 至 7,编码该蛋白的 386 个氨基酸,如图 10-30 所示。图中 A 至 G 为

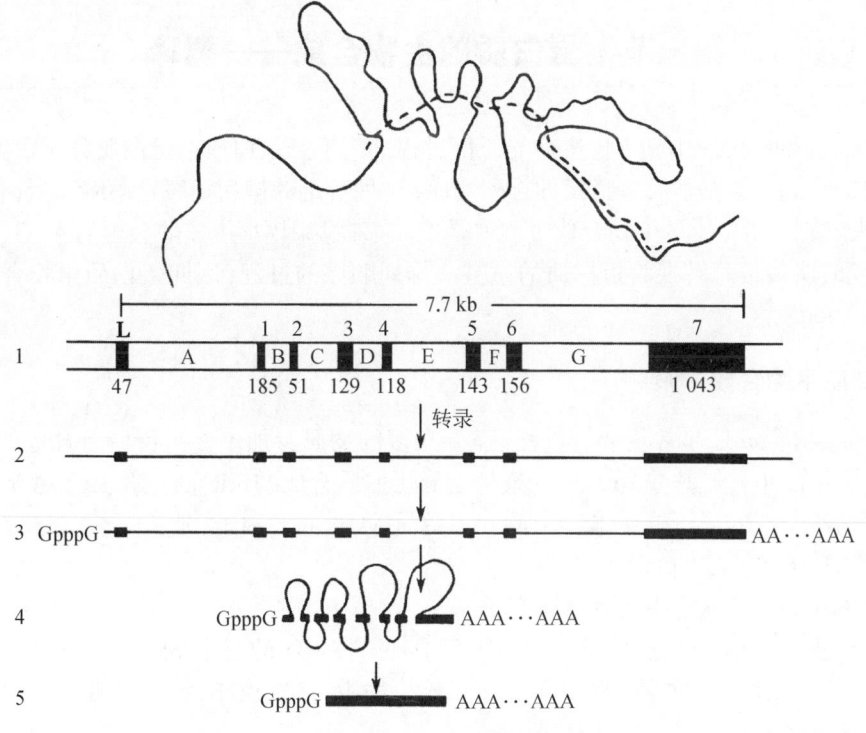

图 10-30　卵清蛋白基因的转录及转录后加工

1. 卵清蛋白基因；2. 转录初级产物 hnRNA；3. hnRNA 的首、尾修饰；4. 剪接过程中套索-RNA 的形成；5. 胞质中出现的 mRNA,套索已去除。图上方为成熟 mRNA 与基因 DNA 杂交的电镜所见,虚线代表 mRNA,实线为 DNA 模板

7个内含子，把外显子相隔开。

snRNA，核内的小分子RNA，由100～300个核苷酸组成。因snRNA分子中碱基以尿嘧啶含量丰富，故以U作为命名。U系列snRNA与核内的蛋白质组成小核糖核蛋白(snRNP)，snRNP结合在hnRNA的内含子区段，并使内含子形成套索，拉近上下游外显子距离，形成剪接体，剪接体是mRNA剪接的场所。

(4) RNA编辑：RNA编辑是指RNA前体除上述加帽、添尾、剪接、修饰等程序外，对其序列进行改编，改编过程包括在RNA前体分子中插入、剔除或置换一些核苷酸，从而改变来自模板DNA的遗传信息，翻译生成不同于模板DNA所编码的氨基酸序列。RNA编辑使得一个基因序列有可能产生几种不同的蛋白质。例如人的载脂蛋白B(Apo B)有两种形式，一种是肝细胞合成的分子量为512 kDa的Apo B-100，参与细胞内合成的脂类的运输；另一种是在小肠细胞合成的分子量为240 kDa的Apo B-48，参与以乳糜微粒形式携带的食物中脂类的运输。这是由于mRNA合成后发生了编辑，其第2153位密码子CAA(谷氨酰胺)的C变成U而成UAA(终止子)，所以蛋白质合成到此密码子即终止，产生含2152个氨基酸残基的Apo B-48，未被编辑的mRNA则翻译成含4536个氨基酸残基的Apo B-100。由于催化胞嘧啶变成尿嘧啶的脱氨酶只存在于小肠，故Apo B-48只在小肠合成，所以RNA编辑可以看作是对生物学中心法则的一个重要补充。RNA编辑的多种形式极大地增加了mRNA的遗传信息容量。

五、RNA的复制

以DNA为模板合成RNA是生物界RNA合成的主要方式，但有些生物像某些病毒、噬菌体等，它们的遗传信息贮存在RNA分子中，当它们进入宿主细胞后，在RNA指导的RNA聚合酶(又称RNA复制酶)催化下按5′→3′方向合成互补的RNA分子，这种RNA依赖的RNA合成称为RNA复制。但RNA复制酶缺乏校读功能，因此RNA复制时错误率很高。

第三节　蛋白质的生物合成——翻译

蛋白质是生命活动的物质基础，生命的任何过程都离不开蛋白质。蛋白质分子由氨基酸组成，不同的蛋白质分子中，氨基酸有着特定的排列顺序，这种特定的排列顺序是由编码蛋白质的基因中的碱基序列决定的。蛋白质的生物合成过程就是把储存在基因中，由核酸分子的A、G、C、T/U四种碱基符号组成的遗传信息转换为蛋白质的氨基酸排列顺序的过程，因此蛋白质生物合成过程也称为翻译(translation)。

一、蛋白质生物合成体系

蛋白质的生物合成是非常复杂的过程，需要众多的物质参加。参与蛋白质合成的物质包括：① 作为合成原料的20种氨基酸。② 作为模板指导蛋白质合成的mRNA。③ 氨基酸活化的运载体tRNA。④ 蛋白质合成的场所核糖体。⑤ 酶和蛋白质因子(起始因子、延长因子、释放因子)。⑥ 无机离子及能量的供给者ATP、GTP。

(一) mRNA——蛋白质合成的直接模板

遗传学将编码一个多肽的遗传单位称为顺反子。原核生物的一个mRNA往往携带有功能相关的几种蛋白质的编码信息，称作多顺反子。而真核生物中一个mRNA一般只带有一种蛋白质的编码信息，称作单顺反子。

mRNA分子以5′→3′方向，从起始密码子AUG开始，每三个连续的核苷酸(以碱基表示)组成一个密码子，代表一个特定的氨基酸。mRNA按5′→3′方向，连续读取密码子，一直到出现终止密

码子,这一段编码一条有功能活性多肽链的序列被称为编码区或开放读码框架(ORF)。ORF之外的核苷酸序列被称为非编码区,或称为非翻译区。

mRNA中的四种碱基可以组成64种密码子。遗传密码子见表10-5。

表10-5 遗传密码子表

第一个核苷酸(5′)	第二个核苷酸				第三个核苷酸(3′)
	U	C	A	G	
U	苯丙氨酸	丝氨酸	酪氨酸	半胱氨酸	U
	苯丙氨酸	丝氨酸	酪氨酸	半胱氨酸	U
	亮氨酸	丝氨酸	终止密码子	终止密码子	
	亮氨酸	丝氨酸	终止密码子	色氨酸	
C	亮氨酸	脯氨酸	组氨酸	精氨酸	C
	亮氨酸	脯氨酸	组氨酸	精氨酸	
	亮氨酸	脯氨酸	谷氨酰胺	精氨酸	
	亮氨酸	脯氨酸	谷氨酰胺	精氨酸	
A	异亮氨酸	苏氨酸	天冬酰胺	丝氨酸	A
	异亮氨酸	苏氨酸	天冬酰胺	丝氨酸	
	异亮氨酸	苏氨酸	赖氨酸	精氨酸	
	甲硫氨酸	苏氨酸	赖氨酸	精氨酸	
G	缬氨酸	丙氨酸	天冬氨酸	甘氨酸	G
	缬氨酸	丙氨酸	天冬氨酸	甘氨酸	
	缬氨酸	丙氨酸	谷氨酸	甘氨酸	
	缬氨酸	丙氨酸	谷氨酸	甘氨酸	

遗传密码具有如下特点:

1. **简并性** 64个密码子中,61个代表氨基酸,UAA、UAG、UGA等三个密码子不编码任何氨基酸,为终止密码。除了甲硫氨酸和色氨酸仅有一个密码子外,其余氨基酸均有2~6个密码子。这种多个密码子代表同一种氨基酸的现象称为密码子的简并性,代表同种氨基酸的密码称作同义密码子。同义密码子中一、二位碱基多数相同,只是第三位碱基不同,翻译过程总是优先选用其中的一两个同义密码子。

2. **方向性** mRNA分子中遗传信息的阅读方向是从5′末端到3′末端。肽链的合成从5′末端的起始密码子AUG(编码甲硫氨酸)开始,到3′末端终止密码子结束,合成的方向是N端到C端。

3. **连续性** mRNA的密码子之间既无"标点符号"隔开也无交叉,所以在相应基因的DNA链上,若因基因突变插入或缺失核苷酸,都会引起mRNA的阅读框架移位,使其编码的蛋白质发生突变。这种现象称为移码突变(图10-31)。

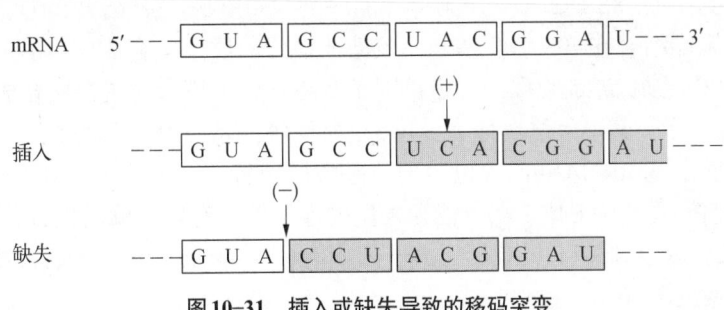

图10-31 插入或缺失导致的移码突变

4. 通用性 从低等生物到高等生物，遗传密码可以通用，这一点不仅为地球上的生物来自同一起源的进化学说提供有力依据，而且使我们有可能利用细菌等生物制造人类蛋白质。但遗传密码的通用性有个别例外，如哺乳动物线粒体的蛋白质合成体系中，UAG不代表终止信号而代表色氨酸，由AGA与AGG代表终止信号，CUA、AUA不代表亮氨酸，却分别代表苏氨酸和甲硫氨酸等。

(二) tRNA——氨基酸的运载工具

体内的20种氨基酸都各由其特定的tRNA携带，在特异的氨基酰-tRNA合成酶催化下，氨基酸可与特定的tRNA分子结合生成氨基酰-tRNA。tRNA分子上主要有两个功能部位：一个是3′末端氨基酸臂的CCA—OH，能与特定的氨基酸结合；一个是反密码子，能按碱基互补配对原则与mRNA上的密码子结合，保证特定氨基酰-tRNA准确地在mRNA上对号入座；但tRNA的反密码子中的第1个核苷酸与mRNA的第3个核苷酸配对时，并不严格遵循碱基互补配对原则，此种现象称为摆动配对（表10-6）。

表10-6 反密码子与密码子碱基配对时的摆动现象

反密码子第一个碱基	A	C	G	U	I
密码子第三个碱基	U	G	C、U	A	A、C、U

tRNA种类很多，一种tRNA只能专一性地结合一种氨基酸，每种氨基酸可以和2~6种tRNA特异地结合，运载同一种氨基酸的一组tRNA称为同功tRNA。

(三) rRNA参与形成的核糖体——蛋白质合成的场所

核糖体是蛋白质合成的场所，由大小不同的两个亚基所组成。这两个亚基分别由不同的rRNA与多种蛋白质分子共同构成。原核生物的核糖体为70S，由30S小亚基与50S大亚基组成；真核生物的核糖体为80S，由40S小亚基与60S大亚基组成（表10-7）。

表10-7 原核生物与真核生物核糖体组成的比较

核糖体	原核生物			真核生物		
	蛋白质	S值	rRNA	蛋白质	S值	rRNA
小亚基	21种	30S	16S	33种	40S	18S
大亚基	34种	50S	23S 5S	49种	60S	28S 5.8S 5S
核糖体		70S			80S	

已知核糖体的大亚基主要参与肽链延长的反应过程，具有转肽酶及GTP酶的活性，大亚基还存在结合到内质网膜的部位；小亚基主要参与mRNA及tRNA的识别、结合作用。在大肠杆菌核糖体小亚基中的16S rRNA 3′末端，有富含嘧啶的序列，能与mRNA起始密码子上游大约10个核苷酸（富含嘌呤碱基）的序列（称为SD序列）结合，有利于核糖体与mRNA在适当的部位结合。在真核细胞核糖体中小亚基中的18S rRNA上并无特异的序列与mRNA互补结合，但可通过"帽子"结合蛋白使mRNA的5′末端结合在40S小亚基上。核糖体在蛋白质生物合成中具有以下作用：① 有容纳mRNA的通道。② 能够结合起始因子、延长因子及终止因子等参与蛋白质合成的因子。③ 大亚基上具有A和P两个位点，其中A位也称为受位，是接受氨酰基-tRNA的部位；P位也称为给位，是结合起始tRNA或肽酰基-tRNA并向A位给出氨基酸的位置；此外原核生物核糖体的大亚基上还有卸载tRNA的排出位，也称为E位。④ P位和A位的连接处具有转肽酶活性，可催化氨基酸之间形成肽键，使肽链延长。⑤ 大亚基上具有延长因子依赖的GTP酶活性，它可为转肽提供能量。原核生物核糖体的结构示意见图10-32。

笔记栏

胞质中的核糖体分为两类,一类附着于粗面内质网上,主要参与清蛋白、胰岛素等分泌性蛋白质的合成;另一类游离于胞质中,主要参与细胞内固有蛋白质的合成。

二、蛋白质生物合成过程

蛋白质的生物合成可分为三大阶段:氨基酸的活化与转运、核蛋白体循环及蛋白质合成后的加工修饰。

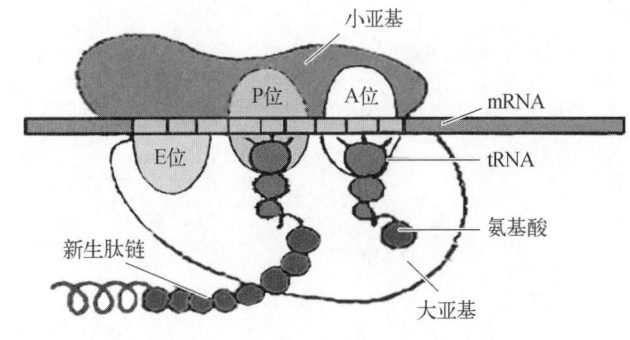

图10-32 原核生物核糖体的结构模式

原核生物与真核生物的蛋白质合成过程中有很多相似之处,又有一定的区别,真核生物的蛋白质合成过程更加复杂,下面着重介绍原核生物蛋白质合成的过程。

(一)氨基酸的活化与转运

在蛋白质生物合成中,各种氨基酸必须先经活化,然后再由其特异的tRNA携带至核糖体上,参与多肽链的合成。氨基酸的活化及活化后与相应tRNA的结合反应,均由特异的氨基酰-tRNA合成酶催化,并由ATP供能。氨基酰-tRNA合成酶存在于胞液中,具有高度特异性。它们既能识别特异的氨基酸,又能辨认携带该种氨基酸的一组同功tRNA分子,该酶还有校正活性,万一发生错配,能水解错误的酯键,换上正确的氨基酸。这是保证遗传信息准确翻译的要点之一。氨基酸的活化由以下两步反应完成:

第一步:氨基酸 + ATP + E → 氨基酰-ATP-E + PPi

第二步:氨基酰-ATP-E + tRNA → 氨基酰-tRNA + AMP + E

原核细胞中起始氨基酸活化后,还需要甲酰化,形成甲酰甲硫氨酸-tRNA(fMet-tRNA),由N^{10}-甲酰四氢叶酸提供甲酰基,真核细胞没有此过程。

(二)核糖体循环

蛋白质生物合成的核心过程是从读码框架的5'-AUG开始,按模板三联密码子的顺序,由相应tRNA携带的氨基酸在核糖体上合成多肽链,直到出现终止密码子,也称为"核糖体循环",可人为地分为起始、延长和终止三个阶段。

1. 起始阶段　在蛋白质生物合成的起始阶段,核糖体的大、小亚基,mRNA和具有起始作用的甲硫氨酰-tRNA共同形成起始复合物。这一过程需要起始因子、GTP及Mg^{2+}的参与。首先,在起始因子IF 3和IF 1的参与下,核糖体的大小亚基解聚,mRNA起始密码子AUG上游富含嘌呤碱的SD序列与30S的小亚基中16S rRNA 3'末端嘧啶核苷酸丰富序列配对结合,然后与GTP结合的IF 2促进甲酰甲硫氨酸-tRNA与mRNA分子中的起始密码子AUG相结合,形成30S起始复合物,此步尚需要Mg^{2+}参与;30S复合物一经形成,IF 3即自行脱落,50S的大亚基随之与其结合,随即GTP水解释放出能量使起始因子IF 2和IF 1变构、脱落,形成了大、小亚基,mRNA,fMet-tRNA共同构成的70S起始复合物(图10-33)。至此,已为肽链延长做好了准备。

真核生物与原核生物相比,其翻译的起始具有如下特点:核糖体是80S;起始因子种类更多;起始tRNA携带的Met不需甲酰化;mRNA的5'帽子和3' poly(A)尾结构与mRNA在核糖体就位有关;起始tRNA先与核糖体小亚基结合,然后再结合mRNA。

2. 延长阶段　在此阶段,核糖体从mRNA的5'末端向3'末端不断移位,根据mRNA上密码子的要求,按照mRNA密码序列的指导,依次添加氨基酸从N端向C端延伸肽链,直到出现终止密码子。肽链延长阶段需要延长因子、GTP与某些无机离子的参与。这一过程包括进位、转肽和移位三个循环步骤。

(1) 进位:受位上mRNA密码子相对应的氨基酸-tRNA进入受位。此步骤需要GTP、Mg^{2+}和称为肽链延长因子的EFTu与EFTs蛋白质因子的参与。

笔记栏

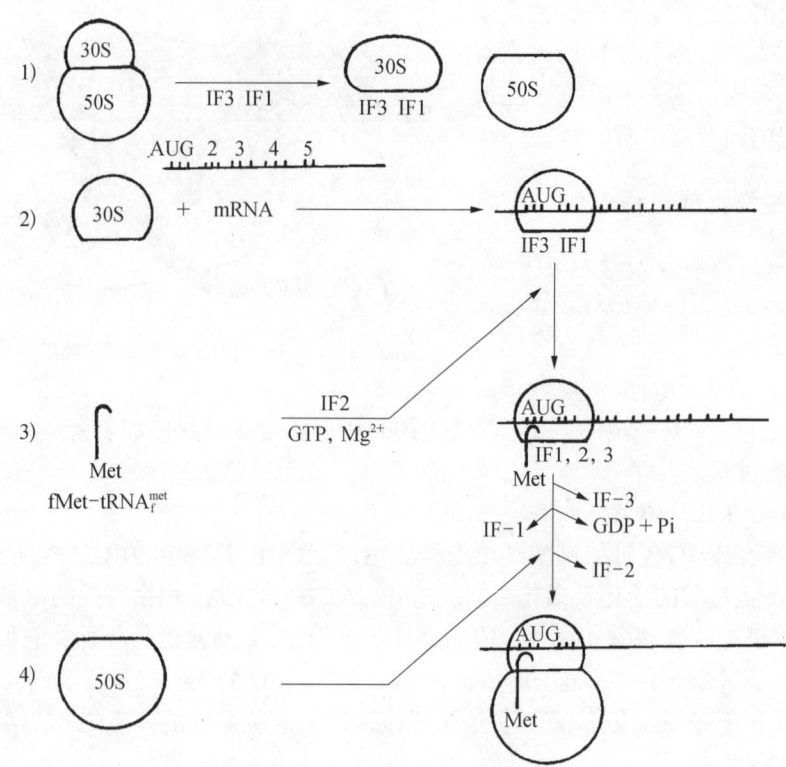

图10-33 原核生物翻译的起始

（2）转肽：在50S的大亚基的给位与受位之间转肽酶的催化下，将给位上tRNA所携的甲酰甲硫氨酰（或肽酰）转移给受位上已特异性进入的氨基酸-tRNA，与其所带的氨基酸的氨基结合形成肽键。此酶需要 Mg^{2+} 与 K^{2+} 存在。催化肽键合成的转肽酶是rRNA，蛋白质只是维持rRNA构象，起辅助的作用。原核生物的23S rRNA具转肽酶活性，真核生物转肽酶活性位于28S rRNA，这是RNA具有催化作用的又一证据。

（3）移位：转肽作用发生后，给位上无负荷氨基酸的tRNA转移到E位（排出位）并从复合物上脱落，与此同时，核糖体沿着mRNA向3′末端方向移动一个密码子的距离，使得原来结合二肽酰-tRNA的A位转变成了P位，而A位空出，可以接受下一个新的氨基酰-tRNA的进入。此步需有肽链延长因子EFG、GTP与 Mg^{2+} 的参与。

此后肽链上每增加一个氨基酸残基，就按进位、转肽及移位的步骤循环进行（图10-34）。

真核生物肽链合成的延长过程与原核基本相似，但反应体系和延长因子有所不同。另外，真核细胞的核糖体上没有E位，转位时卸载后的tRNA直接从P位脱落。

3. 终止阶段　当多肽链合成到"受位"上出现终止信号时即进入终止阶段。在此阶段包括已合成完毕的肽链被水解释放，以及核糖体与tRNA从mRNA上脱落的过程。这一阶段需要释放因子（RF，原核生物3种，真核生物1种）和GTP的参与。

当受位出现任何一个终止密码子时，RF可识别终止密码并进入核糖体的"受位"；之后RF使转肽酶变为水解酶。在其作用下，"给位"上tRNA所携带的多肽链与tRNA之间的酯键被水解，多肽链释放；再通过水解GTP，使tRNA、mRNA、RF与核糖体分离。核糖体解离为大、小亚基，重新参与蛋白质合成过程（图10-35）。

上述只是单个核糖体的翻译过程，事实上在细胞内一条mRNA链上可结合有多个核糖体。蛋白质开始合成时，第一个核糖体在mRNA的起始部位结合，引入第一个甲硫氨酸，然后核糖体向mRNA的3′末端移动一定距离后，第二个核糖体又在mRNA的起始部位结合，向前移动一定的距离后，在起始部位又结合第三个核糖体，依次下去，直至终止。两个核糖体之间有一定的长度间隔，每

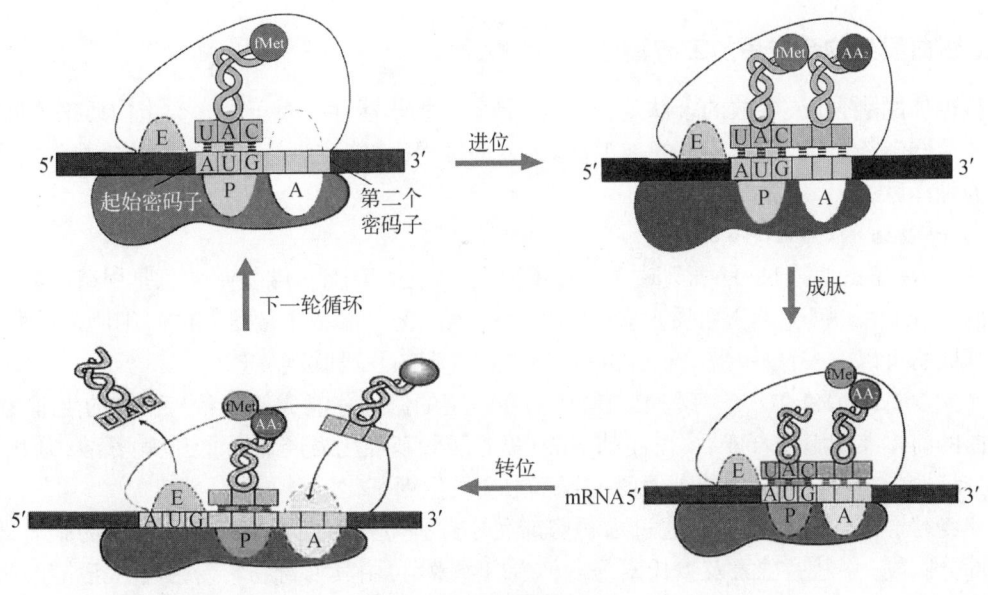

图 10-34 翻译的延长

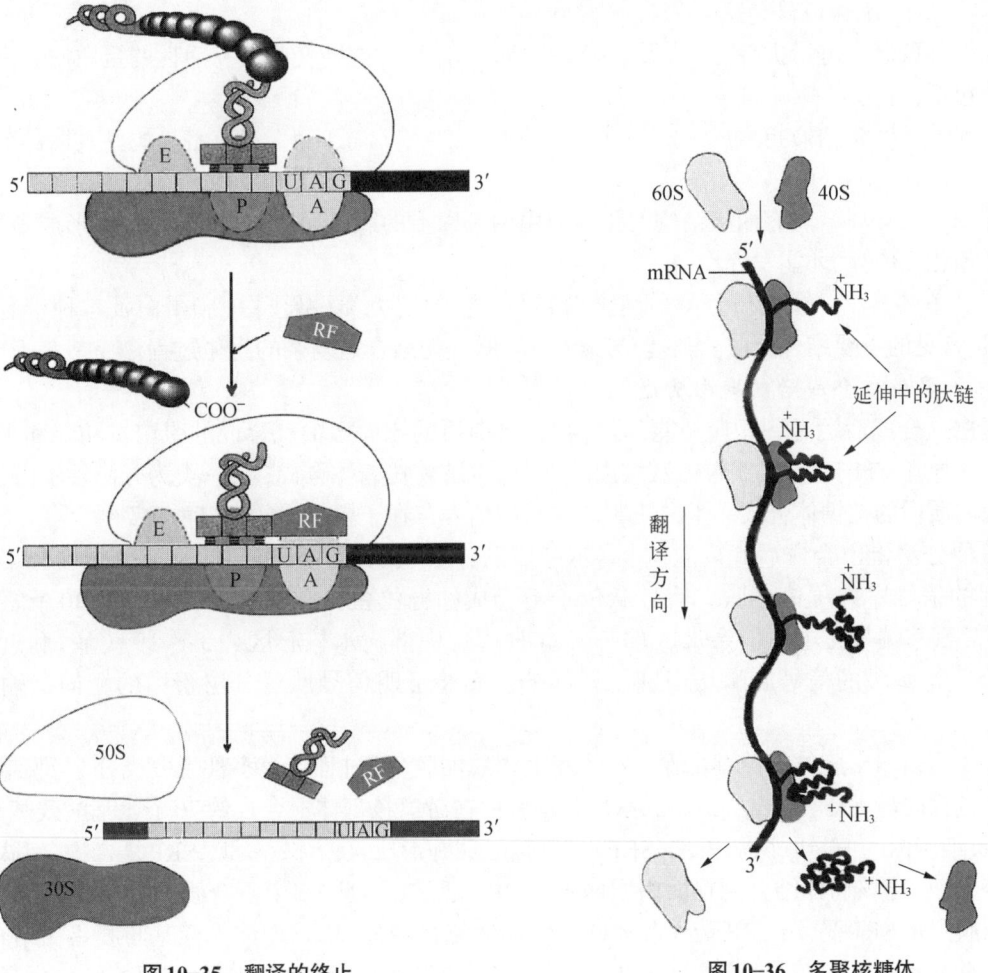

图 10-35 翻译的终止

图 10-36 多聚核糖体

个核糖体都独立完成一条多肽链的合成,多个核糖体在一条 mRNA 链上同时合成多条相同的多肽链,大大提高了翻译的效率。这种在一条 mRNA 上同时附着多个核糖体,以不同的进度合成多条同样的多肽链的结构称为多聚核糖体(图 10-36)。

三、蛋白质生物合成后加工与输送

从核糖体刚刚合成、释放的多肽链，不一定具备生物学活性。对于大多数蛋白质来说肽链从核糖体释放后，还需经过细胞内一定的加工、修饰处理过程，才能成为有生物活性的成熟蛋白质，这个过程称为翻译后加工。

（一）一级结构的加工修饰

1. 去除 N-甲酰基或 N-甲硫氨酸　　在蛋白质合成过程中，N 端氨基酸总是甲硫氨酸，原核生物是甲酰甲硫氨酸，但天然蛋白质大多数不以甲硫氨酸为 N 端第一位氨基酸。细胞内的脱甲酰基酶或氨基肽酶可以除去 N-甲酰基、N 端甲硫氨酸或 N 端的一段肽链。

2. 个别氨基酸的修饰　　有些蛋白质还需经一定的修饰才能成熟而参与正常的生理活动。如胶原蛋白的前体在细胞内合成后，需使脯氨酸、赖氨酸残基羟化为羟脯氨酸、羟赖氨酸；质膜蛋白质和许多分泌性蛋白质在丝氨酸或苏氨酸的羟基上会发生糖基化。

3. 水解修饰　　许多蛋白需通过水解修饰后才具有生物活性。如胰岛素原变为胰岛素时，需要去掉部分肽段；甲状旁腺素及生长素等多种蛋白类激素，由其前身物转变为具有正常生理活性的激素时，也需去掉部分肽段；清蛋白原需在氨基端去掉由 5~6 个氨基酸残基组成的肽段，才能成为清蛋白。

（二）高级结构的修饰

肽链释放后需进行折叠、盘曲形成特定的高级结构，才能转变为具有活性的蛋白质。高级结构的修饰包括：

1. 折叠　　蛋白质折叠成一定的立体构象时，需要有分子伴侣、二硫键异构酶及肽链顺反异构酶等参与。

2. 亚基聚合　　具有四级结构的蛋白质由两条以上的肽链通过非共价键聚合，形成寡聚体，各亚基必须相互依存，才能发挥作用。

3. 辅基连接　　蛋白质分为单纯蛋白和结合蛋白两大类，糖蛋白、脂蛋白及各种带有辅酶的酶，都是常见的重要结合蛋白。辅基（或辅酶）与肽链的结合是复杂的生化过程。

（三）蛋白质合成后的靶向输送

蛋白质合成后运送到相应功能部位，称为蛋白质的靶向运输。合成的蛋白按功能和去向分成两类：一类是分布于胞液、线粒体及核内的蛋白，由游离核糖体合成；另一类为分泌性蛋白质，由结合于粗面内质网的核糖体合成。蛋白质靶向输送的信号存在于蛋白质的氨基酸序列中。

各种分泌蛋白合成后经内质网、高尔基体以分泌颗粒形式分泌到细胞外。指引分泌蛋白分送过程的信号序列称信号肽。信号肽位于新合成的分泌蛋白前体 N 端，约 15~30 个氨基酸残基，包括氨基端带正电荷的亲水区（1~7 个残基）、中部疏水核心区（15~19 残基）和近羧基端含小分子氨基酸的信号肽酶切识别区三部分。实验证明信号肽对分泌蛋白的靶向运输起决定作用。

分泌蛋白输出胞外的关键步骤是进入粗面内质网腔，该过程涉及多种蛋白成分，与膜结合核糖体翻译过程同步进行，主要步骤如下：① 分泌蛋白在游离核糖体上合成约 70 个氨基酸残基，N 端为信号肽，细胞内的信号肽识别颗粒（SRP）识别信号肽并形成核糖体-多肽-SRP 复合物，使肽链合成暂时停止，引导核糖体结合到粗面内质网膜。② 核糖体-多肽-SRP 复合物中的 SRP 识别、结合于内质网膜上的 SRP 受体，SRP 受体水解 GTP 供能使复合物分离，核糖体大亚基与膜蛋白结合固定，多肽链继续延长。③ 信号肽通过结合内质网膜特异结合蛋白，启动形成蛋白跨膜通道，后者与核糖体结合，信号肽利用 GTP 水解释能插入内质网膜，并引导延长多肽经通道进入内质网腔，信号肽经信号肽酶切除。多肽在分子伴侣蛋白作用下逐步折叠成功能构象。进入内质网腔的分泌蛋白进而在高尔基体包装成分泌颗粒完成出胞过程（图 10-37）。

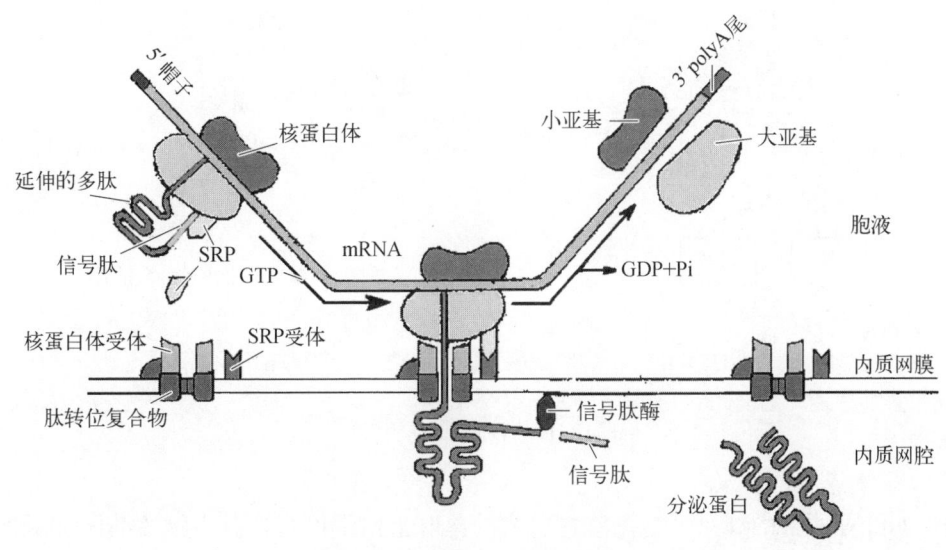

图10-37 分泌性蛋白质的转运

四、蛋白质生物合成的干扰和抑制

蛋白质生物合成的过程在细胞内进行,受到细胞内多种因素的调控。有些生物可以产生一些物质,对其他生物的蛋白质生物合成起到抑制作用。它们通过阻断真核、原核生物蛋白质翻译体系某组分功能,干扰或抑制蛋白质生物合成过程而起作用。

(一) 抗生素

抗生素是一类由某些真菌、细菌等微生物产生的药物,可通过阻断细菌蛋白质合成而抑制细菌生长和繁殖,用于预防和治疗人和动物的感染性疾病。不同的抗生素可通过影响翻译的不同过程,达到抑菌的作用。

1. 四环素族　　包括四环素、金霉素、土霉素等。其作用机制在于它们可与原核生物的核糖体小亚基结合,阻碍氨基酰-tRNA与小亚基结合。真核生物中核糖体对此类药也敏感,但此类药不能通过真核生物的细胞膜,避免了它对真核生物蛋白质合成的影响。

2. 氯霉素　　能与原核生物的核糖体大亚基结合,阻断翻译延长过程。高浓度时,对真核生物线粒体内的蛋白质合成也有阻断作用。

3. 链霉素和卡那霉素　　能与原核生物核糖体小亚基结合,改变其构象,引起读码错误,结核杆菌对这两种抗生素特别敏感。

4. 嘌呤霉素　　结构与酪氨酸tRNA相似,从而可取代一些氨基酸tRNA进入翻译中的核糖体受位,当延长的肽链转入此异常受位时,容易脱落,终止肽链合成。嘌呤霉素对原核、真核生物的翻译过程均有干扰作用。

5. 放线菌素　　抑制核糖体转肽酶,只对真核生物有特异性作用。

(二) 其他干扰蛋白质合成的物质

1. 干扰素　　干扰素(IF)可抑制病毒的繁殖,保护宿主细胞。在某些病毒双链RNA存在时,干扰素能诱导特异的蛋白激酶活化,使eIF-2磷酸化而失活,从而抑制病毒蛋白质合成。此外干扰素能与双链RNA共同活化特殊的2′-5′寡聚腺苷酸合成酶,生成2′-5′寡聚腺苷酸,后者活化核酸内切酶R Nase L,以降解病毒mRNA,从而阻断病毒蛋白质合成。干扰素除抗病毒作用外,还有调节细胞生长分化、激活免疫系统等作用,已普遍应用于临床治疗。干扰素的作用机制如图10-38所示。

2. 毒素　　除上述抗生素之外,一些毒素也可抑制蛋白质合成。如白喉杆菌产生的白喉毒素,对人及其他动物毒性极强。其作用机制在于它作为一种修饰酶,可使eEF-2失活,从而阻断翻译。它的催化效率很高,只需微量就能有效抑制蛋白质的生物合成。某些植物毒蛋白也是肽链延长

笔记栏

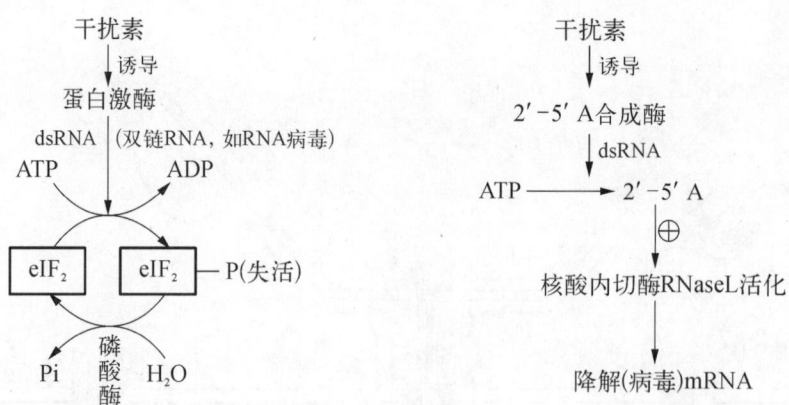

图10-38 干扰素的作用机制

的抑制剂。如红豆所含的红豆碱与蓖麻籽所含的蓖麻蛋白都可与真核生物核糖体60S亚基的28S rRNA的特异腺苷酸发生脱嘌呤反应,引起大亚基失活,抑制肽链延长。

第四节 基因的表达调控

生物体内基因的表达是受到调节和控制的,不同的环境条件、各种因素影响下基因的表达也不同,从而使细胞能够正常发育、分化、生长、繁殖,使生物体高效有序地运作。

一、基因表达的相关概念

基因(gene)是遗传的基本单位,是为生物活性产物编码的DNA功能片段,这些产物主要是蛋白质或是各种RNA。基因的结构,一般包括DNA编码区域、非编码调节区域和内含子组成的DNA区域。cDNA也被习惯地称为基因,但应注意的是,cDNA是体外通过反转录酶从mRNA反转录而合成的,它只含有多肽链的编码序列和翻译水平的调控序列,而不含有真正生物体内基因转录水平的调控序列。

基因组(genome)是指来自一个生物体的一整套遗传信息。原核细胞基因组是指单个环状染色体所包含的全部基因,真核生物基因组则为所有染色体所包含的所有的DNA,也称为染色体基因组。不同生物的基因组含有的基因数量不同。细菌基因组约含4 000个基因。人类基因组含2.5万～3万个基因。在同一种生物不同个体、不同组织细胞内、不同的发育生长阶段中,随着遗传背景、时间和环境的不同,基因组只有一小部分基因处于有转录活性的状态。譬如,大肠杆菌只有约5%基因高表达,真核生物细胞只有2%～15%基因处于表达状态。

基因表达(gene expression)主要是指基因转录与翻译的过程。广义的基因表达是指储存遗传信息的基因经过一系列步骤表现出其生物功能的整个过程。生物体内基因表达的开启、关闭和表达强度的直接调节称为基因表达调控。它是生物在长期进化过程中逐渐形成的精确而灵敏的生存能力和应变能力,是生物赖以生存的根本之一。

表达的基因中,有些产物是生命全过程中所必需的,它们在几乎所有细胞中持续表达,很少受环境影响,被称为管家基因。其表达也被称为基本的基因表达。譬如,三羧酸循环是生命活动不可或缺的代谢过程,这个过程中涉及的各种酶的基因就属于管家基因。基本的基因表达一般与转录的启动相关,很少受其他因素影响。其中转录启动取决于启动子和RNA聚合酶的结合。

管家基因之外的基因表达,广泛地受到各种各样的调控调节。环境的变化、信号的刺激、蛋白的作用,都可能诱导该基因的表达,这种基因被称为可诱导基因。相反,如果在一定的条件下,基因的表达被抑制,蛋白产物量减少,这种过程被称为阻遏,这种基因被称为可阻遏基因。诱导和阻遏是机体适应环境而引起基因表达开关或升降的基本调控途径。

二、乳糖操纵子

原核生物没有细胞核和亚细胞结构,其基因组结构相对真核要简单,也具备和真核生物不同的特点。原核基因调控中普遍存在操纵子机制。所谓操纵子(operon),就是原核生物中启动子、操纵基因和一系列紧密连锁的结构基因的总称,是转录的功能单位。这些基因前后相连成串,功能上相关,由一个共同的控制区进行转录的控制,转录出一段mRNA,然后分别翻译出几种蛋白质。一个操纵子只含有一个启动子(图10-39)。常见的操纵子如乳糖操纵子(*lac* operon)、色氨酸操纵子(*trp* operon)等。

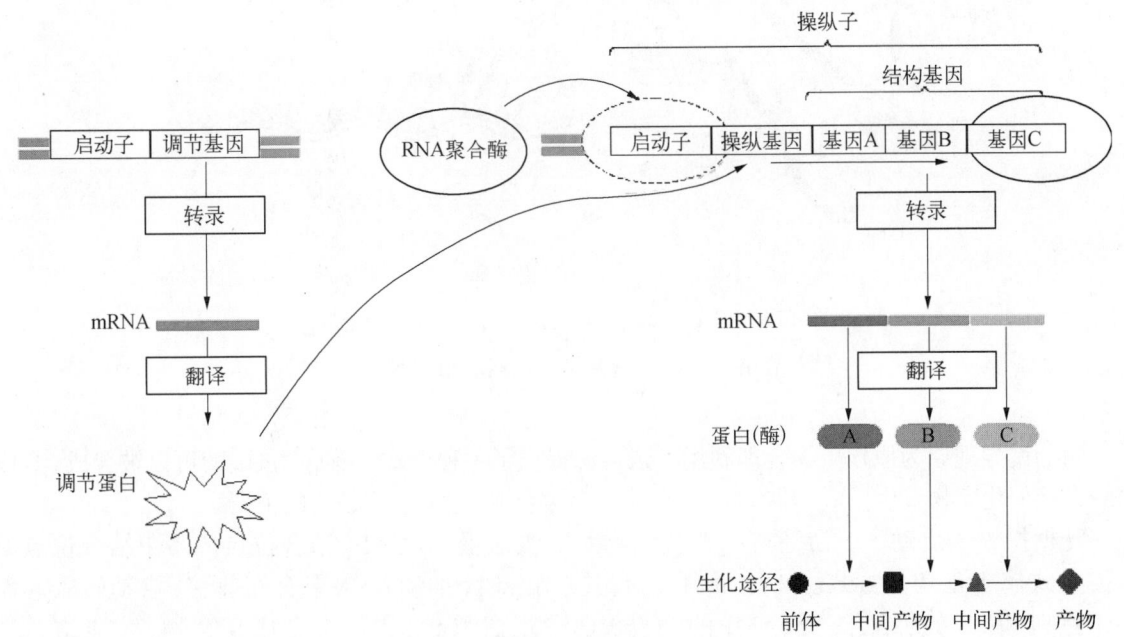

图 10-39 操纵子的结构和调节

(一) 乳糖操纵子结构

大肠杆菌的乳糖操纵子包括一个启动子(promotor, P)、一个操纵基因(operator, O)和一组结构基因:Z、Y、A,结构基因分别编码β-半乳糖苷酶、β-半乳糖苷通透酶和β-半乳糖苷乙酰转移酶,这三种酶功能相关,都是参与乳糖代谢。

(二) 乳糖操纵子的调控

大肠杆菌可以利用糖类作为碳源,当培养基中只有葡萄糖不含乳糖时,细菌不产生这三种酶,而当培养基中含有乳糖时,乳糖诱导细菌产生这三种酶。β-半乳糖苷酶催化乳糖生成葡萄糖和半乳糖;β-半乳糖苷通透酶将半乳糖送入细菌胞膜内;β-半乳糖苷乙酰转移酶催化乙酰CoA中的乙酰基转移到硫代半乳糖苷的C-6羟基上。在这个过程中,乳糖既是β-半乳糖苷酶的底物,又是三种酶的诱导剂。

操纵子上游还有一个调节(阻遏)基因(inhibitor gene, I)。调节基因大小约1 kb,编码一种分子量为155 kDa的阻遏蛋白。没有乳糖存在时,操纵基因和阻遏蛋白结合,RNA聚合酶虽可和启动子基因序列结合,但通不过操纵基因区,操纵子处于阻遏状态,转录无法启动。阻遏蛋白的结合也不是完全绝对的,偶尔也有阻遏蛋白和操纵基因结合不牢固的时候。所以,细胞中也有极少量的β-半乳糖苷酶生成。

当有乳糖存在时,乳糖经过通透酶转运入细胞,被原先存在于细胞中少量的β-半乳糖苷酶催化分解为半乳糖,而半乳糖作为诱导物和阻遏蛋白结合并使阻遏蛋白构象发生变化,失去了结合操纵基因的能力。这时RNA聚合酶顺利通过操纵基因,转录启动(图10-40)。从上可以看出,乳糖操纵子的转录调控,由阻遏蛋白起着抑制作用。这种调控方式称为负调控。乳糖操纵子为可诱导的操纵子,操纵基因通常关闭,由代谢底物诱导开放,结构基因产物的功能是介导分解代谢。

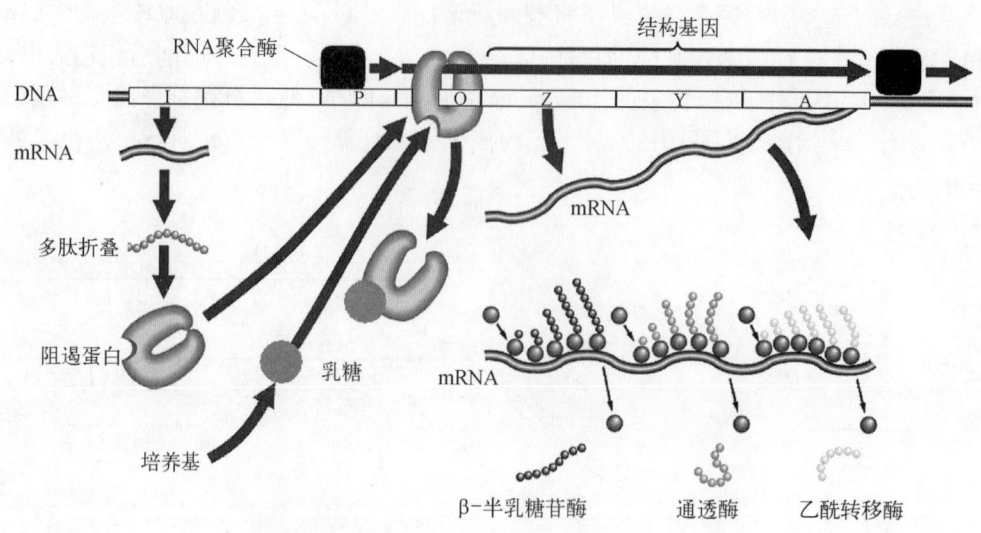

I:阻遏基因,P:启动子,O:操纵基因,Z、Y、A:结构基因

图10-40 乳糖操纵子的结构和负调控

酶的诱导现象为原核生物合理利用有限资源提供了一种方式。有底物时,酶可以被合成,合成的酶直接催化底物发生反应;没有底物时,酶不会被合成,避免了不必要的浪费。

乳糖操纵子启动子上游还有一个代谢物基因激活蛋白(CAP)结合位点。CAP结合位点的调控方式属于正调控方式。CAP蛋白和该位点结合时,推动RNA聚合酶前移,启动转录。而CAP蛋白和DNA的结合,受cAMP的调控。CAP蛋白和cAMP结合形成复合物,才能结合到DNA上。

细胞内存在丰富的葡萄糖时,葡萄糖分解代谢活跃,腺苷酸环化酶(AC)受抑制,ATP不能环化成cAMP,cAMP含量降低,cAMP-CAP复合物较少,乳糖操纵子转录作用不明显。葡萄糖耗尽时,cAMP含量升高,cAMP-CAP复合物增多,促进乳糖操纵子的转录(图10-41)。

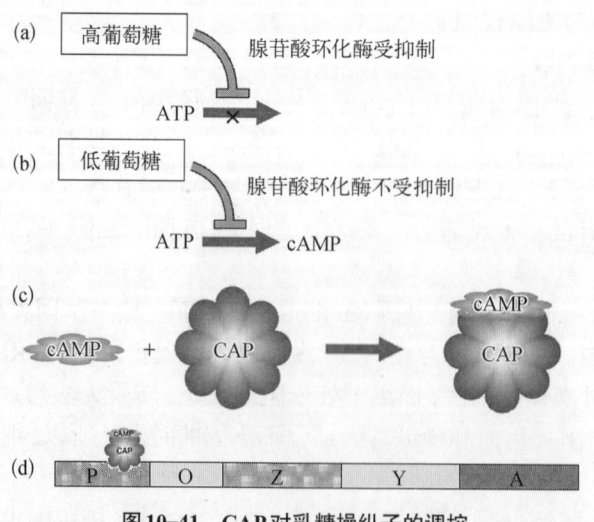

图10-41 CAP对乳糖操纵子的调控

CAP蛋白和cAMP结合，才能激活乳糖操纵子。如图10-41(a)高葡萄糖时，腺苷酸环化酶受抑制，ATP不能环化成cAMP。图10-41(b)低葡萄糖时，cAMP生成。图10-41(c)cAMP和CAP蛋白结合形成复合物。图10-41(d)cAMP-CAP启动转录。

这种正调控是负调控的一种补充，共同调节，使原核细胞能适应复杂的环境变化。单纯乳糖存在时，细菌通过乳糖操纵子的负性调节，利用乳糖作碳源。当单纯葡萄糖或葡萄糖与乳糖共同存在时，细菌首先利用葡萄糖。葡萄糖使cAMP浓度降低，cAMP-CAP结合量减少而抑制乳糖操纵子转录。这种葡萄糖对乳糖操纵子的阻遏作用，使得当乳糖操纵子需要被强烈诱导时，必须要有乳糖存在，同时必须缺乏葡萄糖。

三、真核基因的表达调控

真核基因及基因组的结构比原核复杂得多，其基因的调控环节包括染色质活化、转录激活、转录后加工、翻译和翻译后加工等。哺乳类动物DNA约有30亿对碱基，2万个左右基因，编码蛋白质的DNA序列只占总DNA的6%左右。DNA还和组蛋白结合，形成复杂的染色质结构，使基因表达调控更为深奥。

原核、真核DNA结构中都有重复序列，但在真核中，重复序列更普遍。重复序列短可小于10个核苷酸，长可达上千个核苷酸；重复频率少可只重复一次，多可达百万次。原核、真核DNA的不同点是：许多原核mRNA是多顺反子，而真核基因转录产物为单顺反子，一个编码基因转录生成一个mRNA分子，翻译后生成一条多肽链；真核基因具有不连续性，编码基因内部有内含子和外显子之分，外显子最终真正编码多肽链，内含子在转录后的加工过程中被切除。成熟的mRNA由巨大的核RNA前体(hnRNA)选择性地产生。不同的剪接方式可以形成不同的mRNA，得到不同的蛋白质，转录后剪接是真核基因表达调控的一种重要方式。

（一）顺式作用元件

顺式作用元件为真核生物结构基因上游调控区特有的一些相似或一致的序列。可分为启动子、增强子和沉默子。

1. 启动子　真核生物的启动子是RNA聚合酶结合位点周围的一组转录控制组件，包括至少一个转录起始点和一个以上的功能组件。典型的真核启动子结构及组成见第二节。

2. 增强子　增强子DNA序列虽远离转录起始点，但能增强启动子的转录活性。增强子可以远距离地增强启动转录，这种增强作用和距离无关，用基因工程方法将增强子迁移到其他位置，它仍起作用；这种增强作用也和方向无关，5′、3′方向倒置不影响其作用；增强子影响启动子但无专一性，同一增强子可以影响不同的启动子。

3. 沉默子　沉默子是负性调节元件，特异蛋白因子和沉默子结合时，阻遏基因转录。

（二）反式作用因子

和顺式作用元件相结合或间接影响其作用的蛋白质因子，统称为反式作用因子。大多数转录调节因子以反式作用调节基因转录。转录因子包括基本转录因子和特异转录因子。真核RNA聚合酶和DNA模板并无足够的亲和力相互结合，需由转录因子协助启动转录。RNA聚合酶Ⅰ、Ⅱ、Ⅲ相应的转录因子分别称为TFⅠ、TFⅡ、TFⅢ，这些转录因子即属于基本转录因子。其中TFⅡ又有TFⅡA、TFⅡB、TFⅡD、TFⅡE、TFⅡF和TFⅡ-I等多种亚类。转录起始前，TFⅡD亚类的组成成分TBP首先识别并结合TATA盒或启动子，其他转录因子亚类接着参加进来。TFⅡA稳定TFⅡD的作用，TFⅡB促进RNA聚合酶结合启动子，形成转录前起始复合物(pre-initiation complex, PIC)。转录前起始复合物不是很稳定，和结合有增强子的转录激活因子或TAF联系后，才形成稳定的转录起始复合物，然后，在蛋白激酶TFⅡH的作用下，RNA聚合酶Ⅱ被磷酸化，并和除TBP外的TF复合物分开，RNA聚合酶Ⅱ开始启动mRNA转录。以上转录因子亚类的功能类似于原核生物的σ因子，决定RNA聚合酶的识别特异性，只是种类众多，作用方式也更复杂。转录因子和σ因子进化上也相关，存在不同程度的相同氨基酸序列。

特异转录因子是个别基因转录所必需的因子，和该个别基因表达的时空特异性相关。特异转录因子可以是激活转录，也可以是抑制转录；可以通过DNA-蛋白质作用，也可以通过蛋白质-蛋白质作用。特异转录因子有增强子结合蛋白、沉默子结合蛋白等。

真核基因的转录激活相当复杂。在不同的基因转录中，存在大量不同的反式作用因子。顺式作用元件和反式作用因子一起实现多样化、特异性的调控程序。同一顺式作用元件或其他DNA序列，可以被不同的反式作用因子所识别。同一反式作用因子，可以通过直接结合或蛋白质-蛋白质相互作用影响多种不同的顺式作用元件或其他DNA序列。DNA-蛋白质、蛋白质-蛋白质的相互作用，将导致构象的改变，而后者使得基因的表达调控发生变化。概括地说，不同的细胞中不同种类、性质和数量的顺式作用元件和反式作用因子、不同的DNA-蛋白质和蛋白质-蛋白质的相互作用、不同的构象改变，产生的不同的协同、竞争或拮抗作用，使真核基因转录调控成为一个精确的复杂的多样化的网络。

反式作用因子至少包括三个功能域：DNA结合域、转录激活域和与其他蛋白的结合域。

DNA结合域通常由60～100个氨基酸残基组成。最常见的是锌指结构和碱性氨基酸残基形成的α-螺旋。锌指结构最早发现于结合GC盒的SP1转录因子。锌是某些酶的辅助因子，很多蛋白质含锌。锌螯合在氨基酸链中，以4个配价键和4个半胱氨酸残基或2个半胱氨酸2个组氨酸残基相结合，形成手指般的结构，称为锌指。每个锌指含有12～13个其他氨基酸。碱性氨基酸残基形成的α螺旋，例如识别CAAT盒的转录因子CTF1的DNA结构域，碱性亮氨酸拉链（bZIP）和碱性螺旋-环-螺旋（bHLH）结构的碱性氨基酸伸展。亮氨酸拉链是指：某些DNA结合蛋白一级结构C端区段，亮氨酸总是有规律地每隔7个氨基酸出现一次。α螺旋一圈为3.6个氨基酸残基，亮氨酸就每隔两圈出现一次，与螺旋轴平行并在外侧同一线上排布。两组平行走向、带亮氨酸的α螺旋的对称二聚体，就形成了亮氨酸拉链式结构（图10-42）。另外还有溴结构域等结构。

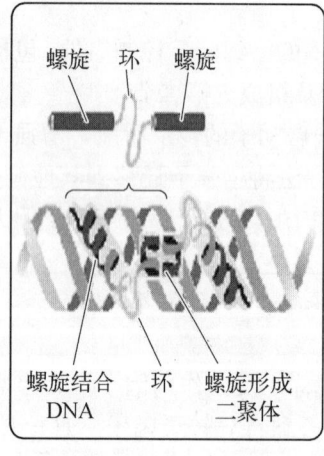
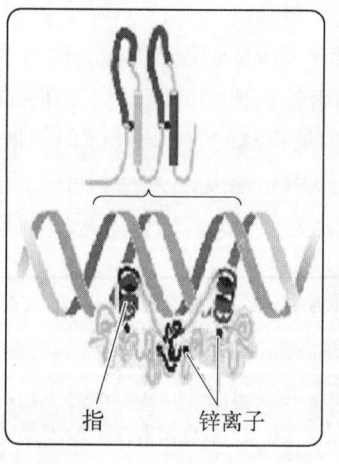
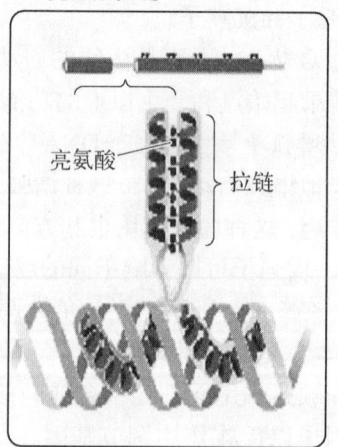

图10-42　DNA结合域的常见结构

转录激活域由30～100个氨基酸组成。根据氨基酸的组成不同，可称为酸性激活域、谷氨酰胺富含域及脯氨酸富含域。

结合其他蛋白质的结合域，介导蛋白质和蛋白质之间的相互作用，常含有二聚体结构域。二聚化作用也与bZIP的亮氨酸拉链、bHLH的螺旋-环-螺旋结构有关。组成二聚体的单体不同，最终形成的二聚体和DNA结合的能力不同，从而对转录激活的调控不同。

（三）正性调节

原核基因以负调控为主，正调控为辅。阻遏蛋白发挥了很大作用。真核基因组则广泛存在正性调节机制。真核基因结构庞大，调节复杂，远远超出了单单使用阻遏蛋白所能调节的范围。

小 结

DNA是绝大多数生物的遗传物质。在细胞分裂的过程中,DNA可通过半保留复制方式把所含的遗传信息从亲代细胞传递给子代细胞。DNA复制从特定的起点开始,双向复制,需要一系列酶和蛋白因子参加,如DNA聚合酶、解链酶、拓扑异构酶、引物酶、单链DNA结合蛋白等。新链合成的方向只能从5′末端到3′末端,两条子链中一条连续合成,另一条不连续合成,形成冈崎片段。

有些RNA病毒可以其自身的RNA为模板,反转录合成DNA。

DNA可受一些理化因素的影响而产生突变和损伤,如点突变、移码突变、基因重排等,但生物体有一系列修复机制,可修复损伤的基因,若损伤不能及时修复则可能导致疾病。

基因是有功能的DNA片段,其遗传信息可表达为RNA和蛋白质。基因可通过转录将遗传信息传递给RNA,转录时DNA双链中只有一条链可作为模板,称为不对称转录。转录由RNA聚合酶催化。真核生物的基因是断裂基因,由外显子和内含子间隔排列而成,通常需要进行加工修饰才能转变为成熟RNA。

蛋白质的生物合成是以mRNA为模板,其分子上的核苷酸每三个为一组,构成遗传密码,编码相应的氨基酸。氨基酸由tRNA携带。蛋白质合成在核糖体上进行,核糖体由rRNA和蛋白质组成。蛋白质合成后需要加工修饰才能形成特定空间构象,并转运到相应部位发挥功能。

基因的表达受到严格的调控,具有时间和空间特异性。原核生物基因表达是操纵子模型,主要由阻遏蛋白进行负性调控,如乳糖操纵子;真核生物基因表达调控复杂得多,有多种顺式作用元件和反式作用因子相互作用,以正性调节为主。

【思考题】
(1) 名词解释:半保留复制、冈崎片段、反转录、移码突变、不对称转录、模板链、编码链、断裂基因、密码子、操纵子、顺式作用元件、反式作用因子。
(2) 参加DNA复制的酶类和蛋白因子有哪些,各起什么作用?
(3) DNA的损伤后修复有哪些类型?各自的修复机制是什么?
(4) 比较转录和复制的相同点及不同点。
(5) 真核mRNA前体转录后的加工修饰有哪些?
(6) 遗传密码有何特点?
(7) 简述三种RNA在蛋白质生物合成中的作用。
(8) 蛋白质生物合成的核蛋白体循环分为几个阶段?其中延伸阶段又包括哪几个步骤?
(9) 试述乳糖操纵子的结构及调节特点。

(陈欣虹)

第十一章

基因工程

学习要点

- **掌握**：① 基因工程的概念；② 限制性核酸内切酶的作用特点；③ 载体的条件及特性。
- **熟悉**：① 基因工程的基本原理与基本过程；② 目的基因的主要获取方法。
- **了解**：① 主要工具酶的作用特点；② 以质粒DNA为载体进行DNA克隆的基本过程。③ 基因工程在医药领域中的应用。

自然界中存在着基因重组，如原核和真核生物细胞增殖、分裂及分化过程中，整段的DNA会在细胞内或细胞间进行交换，甚至会通过病毒携带到不同物种，在新的位置上进行复制、转录和翻译。这一现象提示我们，人为地将DNA重组可以实现对基因表达的调控，从而达到改造基因、克隆动物、培育抗病植物、开展临床诊断和新药开发等目的。20世纪50年代以来，分子生物学技术的迅猛发展，为基因工程的开展创造了足够的条件，尤其是限制性内切酶、DNA连接酶等工具酶的发现使分子克隆成为可能，也促进了重组DNA技术的成熟和应用。

基因工程（genetic engineering）也称基因克隆（gene cloning）或重组DNA技术（recombinant DNA techniques），就是将体外分离纯化的或人工合成的目的DNA与载体DNA连接，形成重组DNA，接着转化细菌或转染真核细胞，通过筛选获得能表达重组DNA的活细胞，经纯化后可稳定地扩增、传代和表达。通过基因工程技术，可将目的基因克隆扩增，并可利用表达载体获得大量该基因表达的蛋白质。

第一节 基因工程的基本工具酶

一、限制性核酸内切酶

限制性核酸内切酶（restriction endonuclease）也称限制性内切酶或限制酶，是一类能够识别和切割双链DNA分子内部特异核苷酸序列的核酸酶。载体和目的基因在连接之前，分别需要限制性核酸内切酶的酶切。酶切后，载体和目的基因DNA的两端出现切口，使目的基因DNA能够插入载体，并可使用DNA连接酶将载体和目的基因连接起来。限制性核酸内切酶识别的位点通常为连续的4个或6个碱基，且碱基序列具有回文结构（图11-1）。限制性核酸内切酶的酶切作用可导致两种切口：一种是平末端，即限制性核酸内切酶同时切断DNA的两条链，断端没有单链突出，如限制性核酸内切酶*Sma* I切割DNA后产生的切口；另一种是黏性末端，即双链的切口错开，断端有单链突出，如限制性核酸内切酶*Bam*H I酶切后产生的切口（图11-1）。制备将要连接在一起的载体和目的

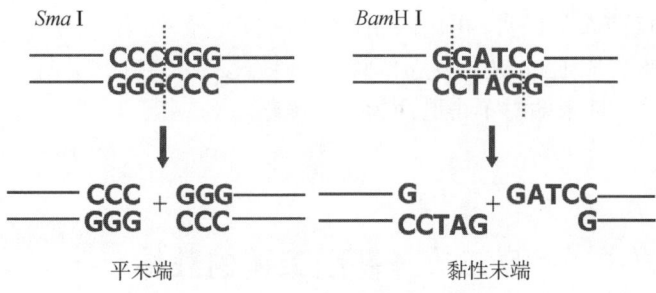

图 11-1 限制性核酸内切酶的作用

基因时,通常用同一种限制性核酸内切酶,以便两者连接时碱基对可以匹配。常用的商业化的限制性核酸内切酶有400多种,表11-1列出了部分代表。酶切DNA时常需Mg^{2+}作为辅助因子。除了采用限制性核酸内切酶制造平末端和黏性末端切口以外,有时可以在目的基因上连上一个连接器,人为制造酶切位点。

表 11-1　部分限制性核酸内切酶来源、识别位点和酶切方式

酶	来　　源	识 别 位 点
Alu I	*Arthrobacter luteus*	AG↓CT TC↑GA
*Bam*H I	*Bacillus amyloliquefaciens* H	G↓GATC C C CTAG↑G
*Eco*R I	*Escherichia coli* R factor	G↓AATT C C TTAA↑C
Hae III	*Hemophilus aegyptus*	GG↓CC CC↑GG
Hind III	*Hemophilus influenzae* Rd	A↓AGCT T T TCGA↑A
Not I	*Norcadia otitidis-caviarum*	GC↓GGCC GC CG CCGG↑CG
Pst I	*Providencia stuartii*	C TGCA↓G G↑ACGT C
Taq I	*Thermus aquaticus*	T↓CG A A GC↑T

载体和目的基因经限制性核酸内切酶酶切后,需要进行DNA片段的纯化,将切除的小片段除去,再进行下一步连接反应。

二、DNA连接酶

DNA连接酶(DNA ligase)可将一段DNA的3′-羟基末端和另一段DNA的5′-磷酸末端通过3′,5′-磷酸二酯键连接起来,使DNA的切口闭合或使两个DNA分子片段相连。常见的DNA连接酶有T4 DNA连接酶和 *E.coli* DNA连接酶两种。前者的辅助因子是ATP,后者的则为NAD^+。基因工程中多用T4 DNA连接酶。

根据切口的不同,载体和目的基因的连接方式有两种:一是黏性末端连接。经同一种限制性核酸内切酶酶切后产生的两个黏性末端相互匹配。这种情况下DNA连接酶连接的效率比较高,这也是DNA分子体外重组中最常用的连接方式。黏性末端连接中还有两种特别方式:同聚物加尾连接和人工接头连接。同聚物加尾连接就是在DNA片段末端,用末端转移酶加多聚A尾或多聚T尾,通过两者互补完成连接。这种连接效率也较高;人工接头连接就是在平末端上加上含有合适的限制

性核酸内切酶酶切位点的人工接头,再用限制性核酸内切酶酶切出黏性末端进行连接。第二种是平末端连接。平末端也可以通过DNA连接酶连接,但连接效率较低,并且要求插入的目的基因浓度较高。这是缺乏合适黏性末端时不得已而为之的策略。

第二节　基因工程的载体

一、载体的种类

载体(vector)是一类携带外源目的DNA并帮助其实现无性克隆或表达为有意义的蛋白质所采用的DNA分子。载体通常分为两种,用于克隆及扩增基因的载体称为克隆载体(cloning vector),用于目的基因表达的载体称为表达载体(expression vector)。

基因工程中常用的载体有质粒DNA、噬菌体DNA和病毒DNA。载体经过适当改造后可以增强扩增或表达目的基因的能力。

二、理想载体应具备的基本条件

理想的载体应该具备下列基本条件:① 能够自我复制,产生大量拷贝,装载目的基因后使后者能得到大量扩增。② 载体DNA在提纯分离中容易和宿主细胞的染色体DNA分开。③ 本身分子质量较小,容易操作,但可以装载较大分子质量的目的基因。④ 具有多个单一限制性核酸内切酶酶切位点,便于目的基因的插入。⑤ 含有一个或多个筛选标记,目的基因插入、转化细菌后可以通过抗生素抗性、营养缺陷或显色表型反应等进行筛选。⑥ 稳定地在子代细胞中复制或表达。具备了这些条件的载体就成为基因工程的重要工具。

第三节　基因工程的基本操作步骤

从基本操作程序上看,基因工程通常依次包括下列步骤:① 分离制备目的基因(分)。② 选择载体并使用限制性内切酶酶切目的基因和载体(切)。③ 采用DNA连接酶连接目的基因和载体(接)。④ 重组DNA转入细胞(转)。⑤ 扩增、筛选及鉴定重组子(筛)。⑥ 目的基因的表达(表)等(图11-2)。

一、目的基因的获取

(一)化学人工合成

根据已知目的基因一级结构的核苷酸序列,采用DNA合成仪化学合成。一些分子质量较小的多肽类也可以根据其氨基酸残基序列推导出DNA序列,然后以化学合成方法人工合成目的基因。化学合成的成本较高,对大片段DNA不是很合适。

(二)基因文库

应用核酸的分离纯化技术,直接从生物体组织和细胞中将全部DNA提取出来,然后用限制性核酸内切酶随机地将DNA酶切成20～40 kb或更大的数以万计的片段。将所有的片段与同一类载体连接重组,得到数以万计的重组体,再全部转化入宿主细胞进行扩增和保存。这种含有所有DNA克隆的混合体就是基因文库(gene library)。需要制备目的基因时,可以通过探针或其他技术将所需的目的基因从基因文库中"钓"出来。理想的基因文库所包含的DNA片段应该是整个基因组DNA序列的2～3倍,DNA克隆和DNA克隆之间有重叠序列,从文库中保证筛选得到完整的基因。利用基因文库,可以分离所需的基因,研究基因组。

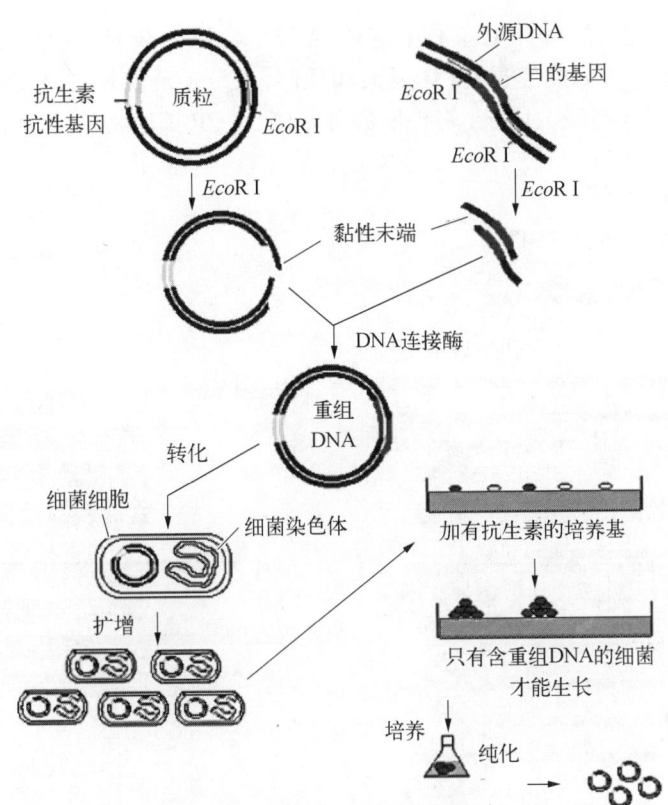

图 11-2　基因工程的基本操作程序

（三）cDNA文库

从组织或细胞中提取总mRNA并以此为模板，利用反转录酶合成与之互补的单链cDNA。用NaOH将mRNA-cDNA杂化双链中的mRNA降解，再用DNA聚合酶Ⅰ催化形成互补双链DNA，然后用单链核酸酶S1将双链连接处切开，最终得到cDNA（complementary DNA）片段（图11-3）。

将cDNA和适当的载体连接，形成重组DNA，转化入宿主细菌扩增后，即可得到cDNA文库。比照基因文库，cDNA文库不包含相应的mRNA剪接前的内含子等片段。利用cDNA文库，可以研究不同细胞形态中基因的活性、基因的表达，可以研究发育、分化等。经过对cDNA文库的筛选、鉴定，即可找到所感兴趣的目的基因；也可以联合应用反转录反应和聚合酶链式反应（PCR），利用已知基因的DNA序列设计一对引物，从mRNA中直接获得特定目的基因的cDNA片段。

（四）PCR

PCR是一种体外模拟自然DNA复制过程的DNA扩增技术，即无需细胞参与的分子克隆技术。PCR的基本原理是根据双链DNA在体外随温度升高发生变性及随温度下降复性的特点而设计的。该技术要求具备待扩增的目的基因DNA模板和已知目的基因片段的两端序列。根据已知序列设计并人工合成两条与模板DNA 3'末端序列互补的寡核苷酸引物，以待扩增的微量的两条DNA链为模板，在热稳定的DNA聚合酶（如Taq酶）、原料dNTP及Mg^{2+}等辅助因子的体系里，发生酶促反应。

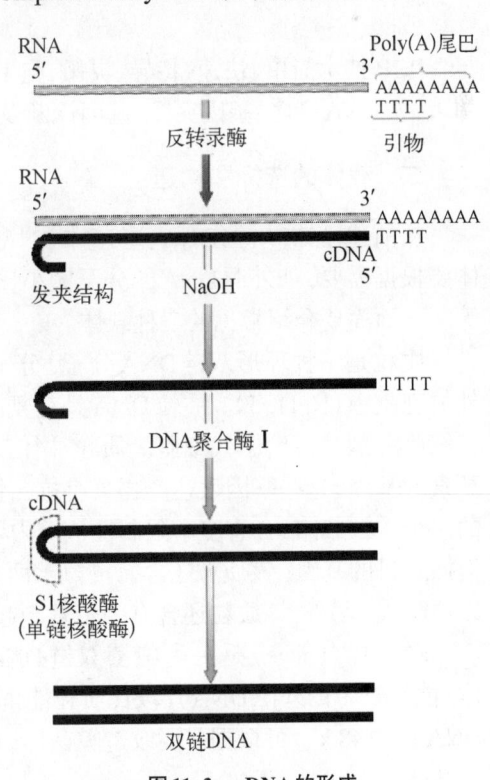

图 11-3　cDNA的形成

DNA在94℃左右时变性解链,55℃左右单链DNA与引物退火杂交,再于72℃左右,由DNA聚合酶催化引物延伸成子链。如此经过变性、退火和延伸,反复循环扩增产物,在约30个循环后,两个小时内目的DNA量以几何级数增长,将扩增数百万倍。PCR扩增将ng甚至pg水平的DNA扩增至μg水平(图11-4)。

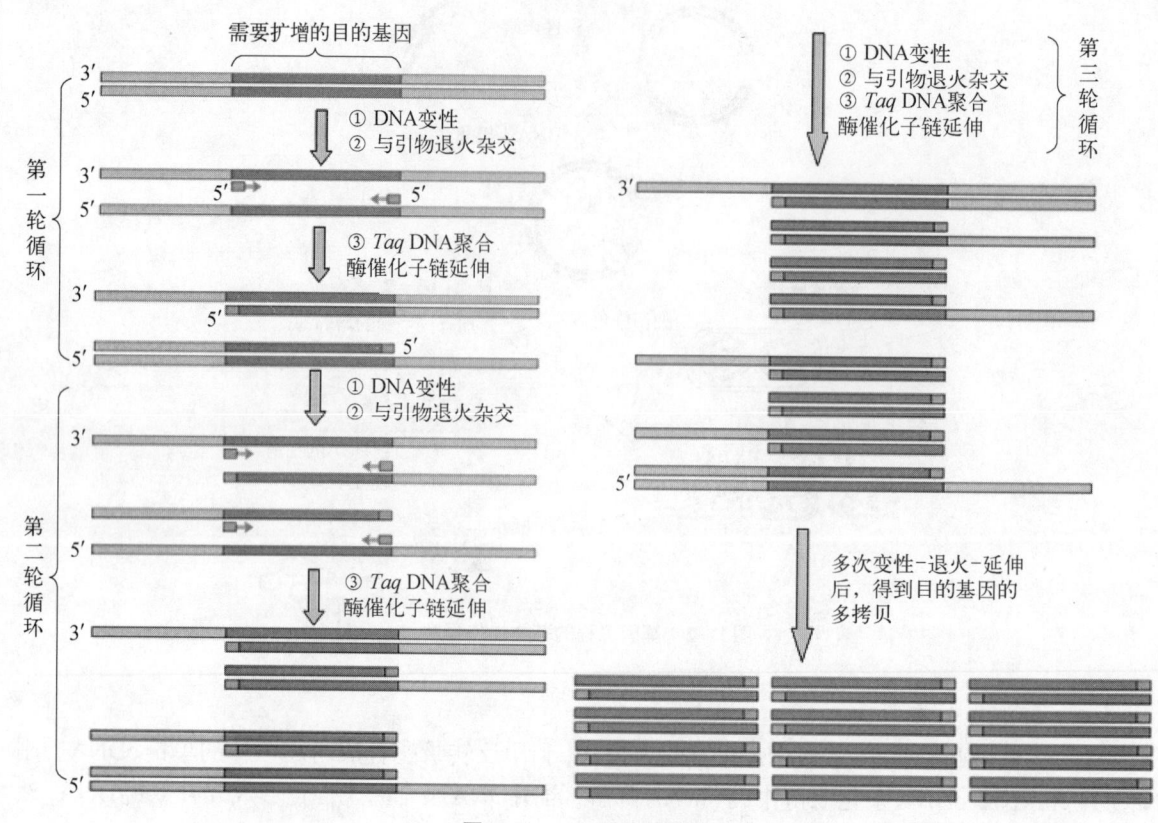

图11-4　PCR反应的原理

PCR技术简单、快速、特异、灵敏,自1985年问世以来以惊人的速度广泛应用于生命科学的各个领域,如DNA测序、基因突变、基因诊断及基因治疗等。

二、载体的选择和构建

从前述已知,质粒DNA、噬菌体DNA和病毒DNA为基因工程中常用的载体。何时采用何种载体要根据需要,如外源DNA的分子大小,选用哪种限制性核酸内切酶,载体用于克隆还是用于表达等。下面简要介绍常见的三种载体。

质粒是一种环形双链DNA分子,分子大小从2～3 kb到数百 kb不等,一般存在于细菌染色体外的胞质中(图11-5)。质粒DNA具有复制功能,可在宿主细胞中独立进行复制,产生大量拷贝,并在细胞分裂时传给子代细胞。质粒往往带有一个或多个药物抗性基因,如带有抗氨苄西林或抗四环素的基因,这些基因表达产物具有抗药性,可帮助进行转化后的筛选。pBRR322质粒是较早构建的一个质粒载体,含有多个限制性核酸内切酶酶切位点(多克隆位点),可通过酶切作用在这些位点上插入目的基因;该质粒还含有抗氨苄西林基因和抗四环素基因,使转化质粒后的细菌产生抗药性以便筛选;另外,该质粒还含有一个复制起始点和与DNA复制调节有关的序列。

噬菌体(phage)是一类细菌双链DNA病毒。λ噬菌体和M13噬菌体是常用的两个噬菌体载体,能够携带的外源DNA片段比质粒能携带的较大一些,也比质粒较容易感染大肠杆菌。λ噬菌体DNA长约48 kb,可根据需要改造噬菌体,使之只保留一个或两个内切酶切口,成为插入型或置换型的载体。

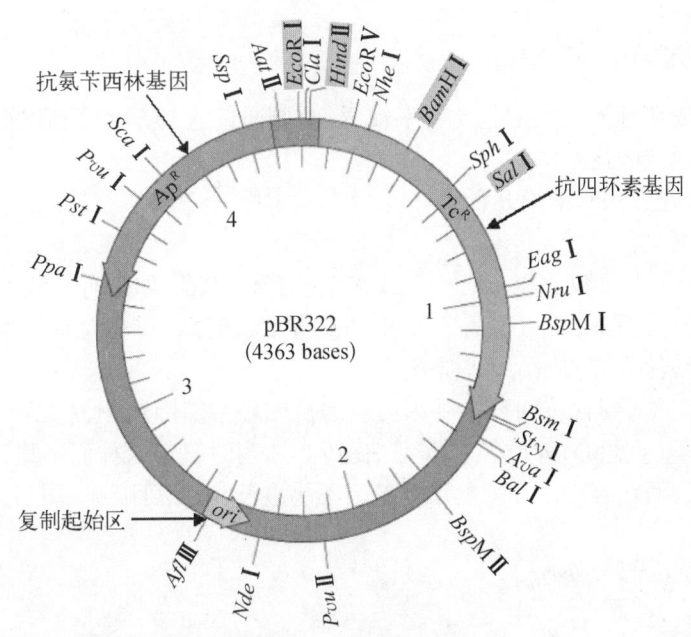

图11-5 pBRR322质粒结构

病毒载体包括一些用动物病毒改造的载体，如腺病毒载体、腺相关病毒载体、反转录病毒载体、慢病毒载体以及用于昆虫病毒表达的杆状病毒载体等。

此外，人工载体还有柯斯质粒载体和酵母人工染色体载体、细菌人工染色体载体和哺乳动物人工染色体载体，这些载体可以克隆大片段的目的基因。

选择好载体后就要采用合适的限制性核酸内切酶来酶切载体及外源DNA，使它们产生能相互匹配的切口，最好是黏性切口，以便下一步的连接。通常采用的方式是两种限制性核酸内切酶分别酶切载体及外源DNA，使载体两端及外源目的DNA两端产生完全一致的切口，接着可以进行连接，这一过程称为定向克隆。

三、目的基因和载体的连接

通过DNA连接酶的作用，已经酶切好的载体和目的基因可重组并连接在一起，接下来可用于转化（transformation）、转染（transfection）及感染（infection）目的细胞。此过程只需要合适的酶切缓冲液及16℃左右的连接温度连接过夜即可。

四、重组DNA转入受体细胞

转化、转染及感染即是将重组DNA导入宿主细胞的过程，转入细胞后，宿主细胞的形态可能发生改变，重组DNA得以复制及扩增。重组载体DNA导入大肠杆菌或酵母宿主细胞时称为转化，重组载体DNA导入真核细胞时称为转染，而噬菌体、柯斯质粒、病毒装载的重组DNA导入到宿主细胞时称为感染。

宿主细胞需要被诱导才可形成感受态细胞（competent cell），然后可以接纳重组DNA。重组DNA导入宿主细胞后需要具备一定条件才能进行无性繁殖。宿主细胞本身必须没有切断重组DNA的那些限制性核酸内切酶，才可使重组DNA进入后保持完整状态。

最常用于转化的宿主细胞是大肠杆菌，而最常用的制备感受态细胞的方法是采用$CaCl_2$法，即在0℃时用$CaCl_2$处理大肠杆菌，增加其细胞膜的通透性；感受态细胞和重组载体经过42℃短暂的热休克处理，可使重组载体进入宿主细胞。

将外源重组DNA导入到真核宿主细胞有多种方法：磷酸钙转染、DEAE-葡聚糖转染、电穿孔转染、脂质体转染、多聚赖氨酸转染、微量注射、基因枪等。

五、重组子的筛选和鉴定

外源重组DNA成功进入宿主细胞的概率较低,需要通过适当方式筛选以筛出含有外源目的基因的细胞,进一步扩增或表达。

常见的筛选及鉴定方法有下面几种。

(一)遗传标记筛选

1. 抗药性筛选　　大多数质粒带有一个或多个抗药性基因,如带有抗氨苄西林或抗四环素的基因,将质粒导入到细菌后,原先不能耐药的细菌具有了耐药性,可在含有氨苄西林或四环素的培养基上生长,而没有转化质粒的细菌,则被杀死。

如果将目的基因插入到含抗四环素基因质粒的抗四环素基因之中,抗四环素基因被分为两段而不再能形成抗生素。重组DNA质粒导入到细菌后,细菌耐氨苄西林而不耐四环素,在含有氨苄西林的培养基上生长,而在含有四环素的培养基上不能生长,由此可筛选(图11-6)。

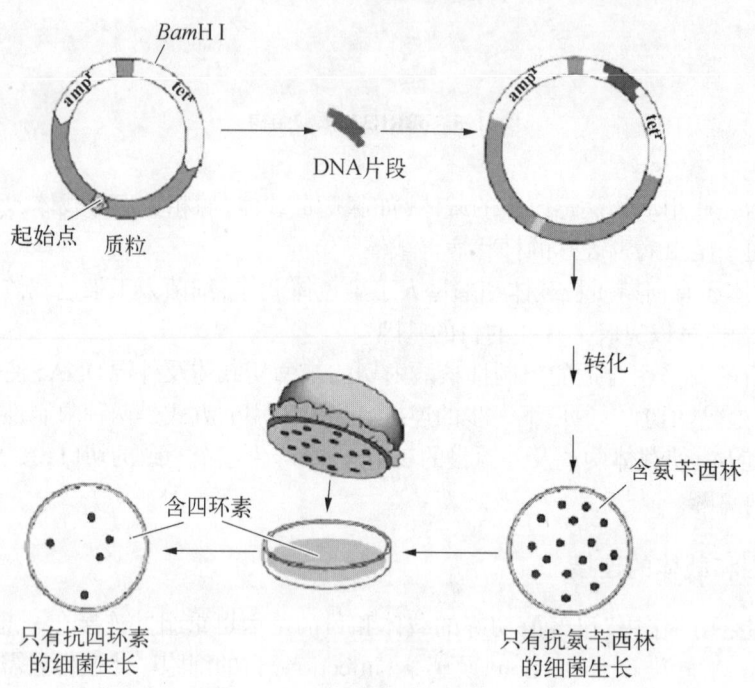

图11-6　抗药性筛选

2. 标志补救——营养缺陷型的互补筛选　　如果宿主细胞原来缺乏某种营养,则其生长必须在含有这种营养物的培养基上。当外源重组DNA可表达这种营养物时,导入了外源重组DNA的宿主细胞即使在不含该营养物的培养基上也可以正常生长,这也叫标志补救。

α-互补筛选法就是一种标志补救。大肠杆菌M13载体在*M13*基因间隔区插入一段β-半乳糖苷酶基因(*Lac Z*)的调节序列及Lac Z的N端26个氨基酸残基编码基因,其编码产物即为β-半乳糖苷酶的α片段。突变型lac-大肠杆菌可表达该酶的C端ω片段。β-半乳糖苷酶的N端α片段和C端ω片段分别单独存在时,都没有β-半乳糖苷酶活性。只有共同表达时,β-半乳糖苷酶才启动它的催化功能,和底物X-gal作用后产生蓝色化合物。表现在细菌宿主细胞与克隆载体共表达两个片段时,就出现蓝色菌落(图11-7)。这就是α-互补(α complementation)。

M13载体经改造后,含有不同位置的限制性核酸内切酶酶切克隆位点。当外源目的基因插入到*Lac Z*基因内时,*Lac Z*基因被断开,β-半乳糖苷酶的α片段不能被表达。质粒转化突变型lac-大肠杆菌细胞后,不能同时产生β-半乳糖苷酶的N端α片段和C端ω片段,在含X-gal的培养基上生长时,不能产生蓝色化合物,则菌落为白色。

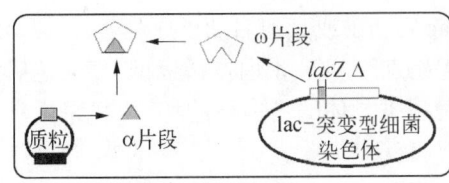
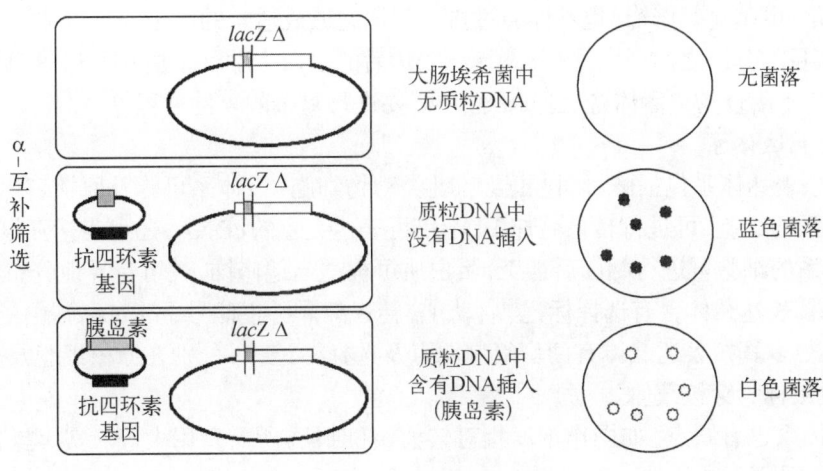

图 11-7 α-互补筛选

(二) 酶切鉴定

将已经导入外源重组 DNA 的菌落在液体培养基里培养扩增,采用碱-SDS 裂解方法抽提出质粒 DNA,然后用重组时采用的限制性核酸内切酶酶切该 DNA,如切出的片段大小与目的基因一致,则克隆成功。也可采用其他的限制性核酸内切酶酶切目的基因以作为补充鉴定。

(三) 核酸杂交

将已经导入外源重组 DNA 的菌落分散在固体培养基平板上,并用一张与平板等大的硝酸纤维素膜覆盖平板,进行印迹转移。转移到硝酸纤维素膜上的菌落经溶菌、中和、蛋白酶作用、漂洗、烘干后,与放射性核素或地高辛等标记的目的基因探针杂交,经放射自显影以确定杂交阳性菌落,即可获得成功转化外源重组 DNA 的菌落并进行下一步的扩增表达。

(四) 免疫鉴定

如果外源目的基因的表达产物为一已知蛋白质,则可以用该蛋白质的特异性抗体进行筛选。

(五) PCR/DNA 测序鉴定

用一对针对外源目的基因的引物可对从菌落中提取的 DNA 进行 PCR,从而鉴定目的基因的存在。另外也可以采用 DNA 测序,此法是最准确的鉴定方法,但菌落众多,工作量大且不经济,可在初步筛选后再采用以作为双重鉴定。

六、目的基因的扩增(表达)

目的基因的高表达需要在表达载体里进行。表达载体与克隆载体不同,重组蛋白质的表达体系包括表达载体的构建、宿主细胞的类型和表达产物的分离、纯化等,它可分为原核和真核表达体系。

(一) 原核表达体系

大肠杆菌是最常用的原核表达体系。

在大肠杆菌表达体系中,表达载体的设计和构建需要有一定的合理考虑:① 含有一个或多个筛选标记,转化细菌后可以通过标记进行筛选。② 含有多个单一限制性内切酶酶切位点,并设计合理,使目的基因以正确方向与载体连接。③ 转录水平上的强启动子,能够调控转录,并能够产生大

笔记栏

量转录产物mRNA用于指导翻译,如lac、tac启动子或其他启动子序列。④ 翻译水平上有适当的翻译调控序列,如核蛋白体结合位点和翻译起始点等。⑤ 蛋白选择标记,使表达后提取的蛋白能够和大肠杆菌本身的蛋白分离。在实际操作中,根据具体的蛋白质的特性,将采用具体的表达载体设计策略。

原核表达体系也有其缺陷:① 缺乏转录后加工机制,使得大肠杆菌只能表达克隆的cDNA,而不适合表达真核基因组DNA。② 缺乏翻译后的加工机制,大肠杆菌中表达得到的真核性质蛋白质不能进行糖基化、甲基化等修饰,也不能通过折叠和螺旋形成适当的二级或三级结构。③ 为便于选择分离,往往在目的基因之前插入一筛选标记,表达后的蛋白为融合蛋白,但是,这种情况下表达的蛋白质常会形成不溶性的包涵体,恢复其活性还需要进行复杂的复性过程等。

(二) 真核表达体系

常用的真核表达体系包括酵母、昆虫及哺乳类动物细胞,该体系可弥补原核表达体系的缺陷:① 真核表达体系的细胞,可进行转录后加工,不仅可表达克隆的cDNA,还可表达真核基因组DNA。② 真核表达体系的细胞可进行翻译后加工,蛋白质可被适当地修饰,并可特异地分布在细胞内的特定区域。③ 真核表达载体含有选择标记、启动子、转录翻译终止信号、mRNA加尾信号或染色体整合位点等。④ 很多真核表达载体有两套复制原点及选择标记,可分别在原核细胞及真核细胞中表达,这类载体也被称为穿梭载体。

真核表达体系也有缺点,如操作难度相对较大、耗时长、所需费用大等。实际操作过程中应该根据具体情况而采用不同的方法。

第四节　基因工程在医学中的应用

基因工程的进展除了用于科学研究,也在医药产业、基因诊断及基因治疗中不断发挥重要作用。

一、基因工程技术用于生产生物药品和疫苗

随着基因工程技术的不断发展和完善,利用该技术构建适当的表达体系,生产有生物活性的重组蛋白质、有药用价值的蛋白质、多肽产品日益成为当今世界一项重大的医药产业。目前,我国的基因工程药物和疫苗年销售额也已达数十亿元。

(一) 基因工程疫苗

疫苗是预防和控制严重传染病的重要手段,通过基因工程技术生产疫苗已成为医药领域的热点。目前,治疗性基因工程疫苗已从治疗传染性疾病的研究扩展到非传染性疾病的研究。如传统的乙肝疫苗的制备是从携带者的血清中分离取得,价格昂贵,货源稀少,并存在潜在的交叉感染危险,而基因工程乙肝疫苗则解决了这些问题,自从1986年基因工程乙肝疫苗在美国正式上市以来发挥了重要作用。此后,基因工程霍乱疫苗、痢疾疫苗等也被用于预防霍乱及控制痢疾等,越来越多的基因工程疫苗正在发挥超乎想象的作用。

(二) 基因工程激素

基因工程胰岛素是1982年投放市场以用于治疗糖尿病患者的。其后,基因工程生长激素等也陆续上市,对很多疾病起到了很好的治疗作用。

(三) 基因工程细胞因子

我国第一种基因工程多肽药物干扰素是在1989年获得卫生部批准的。干扰素基因可在大肠杆菌及酵母中大量表达,是很有前景的抗病毒抗肿瘤的药物。此后的1990年,肿瘤坏死因子在美国被批准上市,它可以明显抑制肿瘤的生长。

目前已有多种基因工程激素、基因工程细胞因子等多肽蛋白产品投入市场(表11-2)。

表11-2 目前已经投入市场的主要生物制药产品

生 物 产 品	功 能
胰岛素(insulin)	治疗糖尿病
生长激素(growth hormone, GH)	治疗侏儒症
各种干扰素(interferons, IFN)	抗病毒抗肿瘤调节免疫
各种白细胞介素(interleukins, IL)	调节免疫,促进造血
各种集落刺激因子(colony stimulating factors, CSF)	造血因子,刺激白细胞生成
促红细胞生成素(erythropoietin, EPO)	造血因子,刺激白细胞生成,促进造血系统功能,治疗贫血
肿瘤坏死因子(tumor necrosis factor, TNF)	抑制肿瘤生长,调节免疫,参与炎症反应
上皮细胞生长因子(epidermal growth factor, EGF)	刺激细胞生长和分化,愈合创伤,防治胃肠道溃疡
成纤维细胞生长因子(fibroblast growth factor, FGF)	刺激细胞生长和分化
血小板生长因子(platelet derived growth factor, PDGF)	刺激细胞生长和分化
神经生长因子(nerve growth factor, NGF)	促进神经纤维再生
骨形态形成蛋白(bone morphogenetic protein, BMP)	修复骨损伤、骨折
组织纤溶酶激活剂(tissue-type plasminogen activator, t-PA)	溶血栓
凝血因子Ⅷ、Ⅸ(blood coagulation factor Ⅷ、Ⅸ)	促进凝血,治疗血友病
超氧化物歧化酶(superoxide dismutase, SOD)	清除自由基、抗衰老、抗损伤

(四)基因工程单克隆抗体

传统的单克隆抗体的制备需要采用融合杂交瘤技术,而采用基因工程技术则可以不经过杂交瘤技术而得到人源的抗体,用于诊断试剂盒等的制备,这方面研究已经备受关注。

二、基因工程技术用于基因治疗

基因工程技术可用于基因诊断和基因治疗。

目前基因诊断分析方法可以用于DNA及RNA。方法涉及:① 限制性核酸内切酶酶谱分析,限制性核酸内切酶酶切片段长度多态性连锁分析(RFLP)。② PCR和RT-PCR。③ DNA测序。④ DNA液相杂交、固相点杂交、RNA杂交、荧光原位杂交(FISH)、基因芯片等技术。

基因治疗(gene therapy)是通过将正常的目的基因导入有功能缺陷的细胞中,使该基因正常表达产物适量表达,行使正常功能以矫正或补偿细胞原本的基因缺陷,从而达到治疗目的。

目前基因治疗开展的领域已涉及肿瘤、遗传病、器官移植、艾滋病等的治疗。其中肿瘤基因治疗的研究占了大部分。

基因治疗包括体细胞基因治疗和性细胞基因治疗两种。对于体细胞基因治疗,最便捷的方法是将目的基因直接导入患者的靶组织中,实际操作中,先将目的基因导入来自患者体内的或其他来源的细胞,经过适当的体外培养和扩增后,再将这些带有目的基因的细胞移植到患者体内。实现基因治疗需要适当的载体和目的基因,需要适合的靶细胞,没有强的不良反应等。值得关注的是,基因治疗需要对DNA进行操作和改造,并且基因治疗中往往采用病毒载体,其安全性和潜在的风险需要特别关注。而性细胞基因治疗会影响后代遗传性状,还存在伦理问题,仍处于研究阶段。目前,关于基因治疗的临床研究需要经过非常严格的审批和管理。

尽管基因工程技术已经比较成熟,并且已经在医药领域得到较多应用,但基因工程开发出的药物,有的疗效还不是很理想;基因诊断的应用范围还比较局限;基因治疗成功的例子更寥寥无几。总之,基因工程技术在医药领域的应用仍处于初级阶段,今后针对基因工程技术在医药领域的应用还有很多工作要做。

小 结

基因工程技术也称为基因克隆或重组DNA技术,它已日益成熟并成为生命科学研究的重要工具,其过程就是将体外分离纯化的或人工合成的DNA与载体DNA连接,形成重组DNA,然后转化细菌或转染真核细胞宿主,并通过筛选,得到能表达重组DNA的活细胞,纯化后,稳定地扩增、传代和表达。简要地说,基因工程通常依次包括:目的基因的分离制备(分);载体的选择及限制性核酸内切酶酶切载体和目的基因(切);DNA连接酶连接载体和目的基因(接);重组DNA转入细胞(转);扩增、筛选和鉴定重组子(筛);目的基因的表达(表)等。

其中目的基因的分离制备往往采用化学人工合成、基因组文库、cDNA文库及PCR等方法,各自具有优缺点。

载体的选择是基因工程的重要一步,载体可以分为克隆载体及表达载体,通常使用的载体有质粒DNA、噬菌体DNA及病毒DNA。而载体和目的基因的连接则首先需要使用合适的限制性核酸内切酶来酶切,接着借助DNA连接酶连接完整形成重组载体。重组载体再通过转化、转染或者感染的方式进入各类细胞,经过筛选获得阳性克隆并大量扩增或表达相应的产物而发挥作用。

目前采用基因工程技术可以开展基因诊断及基因治疗,基因工程药物也日益增加,可以说基因工程正在发挥强大的作用,为人类的健康服务。

【思考题】
(1) 名词解释:质粒、PCR、基因工程、回文结构、转化、α互补。
(2) 说明可作为载体的有哪些DNA。
(3) 简述基因工程的主要过程。
(4) 何谓目的基因,有哪些获取方法?

(程　宏)

第十二章

细胞信号转导

学习要点

- **掌握**：① 信号分子的概念、特点与分类；② 受体的概念、类别及作用特点；③ G蛋白的结构组成和活化形式。
- **熟悉**：① 膜受体及其主要信息传递途径；② 胞内受体及其信息传递途径；③ 载体的条件及特性。
- **了解**：各信息传递途径间的交互联系。

生物体对外界环境的适应是经过漫长而有序的进化演变过程的。人体的各细胞间通过准确有效的信息传递来实现个体的生长发育以及与外界环境的和谐共存，如果信息不能准确有效地传递，机体就很有可能出现代谢的紊乱，产生疾病甚至导致死亡。

细胞信号转导（cell signaling transduction）就是指信号分子借助与靶细胞膜上或胞内的特异性受体结合，激活相关的信号传递系统，引起蛋白质（酶）分子的构象、功能的改变，进而产生一系列生理效应。本章主要介绍与人体和疾病有关的信号分子、受体及主要的信号转导通路。

第一节 生物信号分子

一、信号分子的概念、化学特点与分类

（一）信号分子的概念

凡是由细胞合成并能传递信息的化学物质称为信号分子。按照作用部位的不同，凡是由细胞分泌的，在细胞外或细胞间传递信息，调节靶细胞生命活动的化学物质称细胞间信息物质，又称为第一信使。相应的在细胞内传递调控信号的化学物质称为细胞内信息物质，又称为第二信使。细胞间信息物质与受体结合后，经受体的转换，在细胞内产生第二信使，将信号进一步放大及传递，最终产生相应的生物学效应。

（二）信号分子的化学特点

信号分子多为小分子化学物质，包括一些小分子质量的蛋白质，其作用特点取决于结构及化学性质的不同。根据化学特点的不同，信号分子包括：① 蛋白质/多肽类：包括生长因子、细胞因子、趋化因子、胰岛素等小分子蛋白质；下丘脑和神经垂体分泌的多肽或寡肽激素如促肾上腺皮质激素释放激素、促甲状腺素释放激素等；内啡肽及脑啡肽等神经肽类。这些信号分子往往具有亲水性，

笔记栏

不能穿过细胞膜,而需要与细胞膜上的受体相结合,把信息传入细胞内。② 脂类化合物:包括固醇类化合物如糖皮质激素及性激素等;磷脂类化合物如磷酸神经酰胺和溶血磷脂酸等;脂类衍生物如二酰甘油(DAG)、N-酯酰鞘氨醇等。这些亲脂性信号分子大多可穿过细胞膜,进入细胞内,形成信号分子-受体复合物,产生生物学效应。③ 氨基酸类及氨基酸衍生物:包括氨基酸类如甘氨酸及谷氨酸等;氨基酸衍生物如γ-氨基丁酸;胺类如肾上腺素、去甲肾上腺素及多巴胺等。④ 其他化合物或小分子:包括核苷酸衍生物如环腺苷酸(cAMP)、环鸟苷酸(cGMP)等;无机离子如Ca^{2+};脂酸衍生物如前列腺素;活性氧中间体;气体分子如NO、CO、CO_2等。

(三) 信号分子的分类

信号分子按存在的位置不同可以分为细胞间信息物质及细胞内信息物质。细胞间信息物质可经血液、淋巴液以及突触等传递,按照作用方式及传输距离,可分为4种类型(图12-1):内分泌信号、旁分泌信号(局部化学介质)、突触传递信号(神经递质)及自分泌信号。细胞内信息物质又称为第二信使,如Ca^{2+}、DAG、神经酰胺、三磷酸肌醇(IP_3)、cAMP和cGMP等。

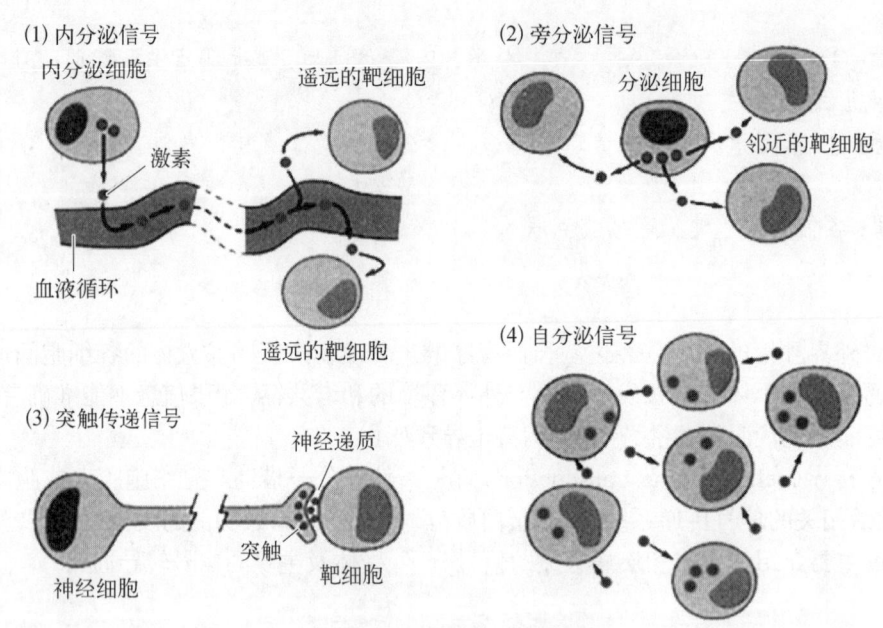

图12-1 细胞间信息物质

二、信号分子的作用特点

(一) 细胞间信息物质

1. 内分泌信号(激素)　　如胰岛素、肾上腺素、甲状腺素等。由于内分泌腺没有腺体导管,这些由内分泌细胞分泌的激素随血液循环到达远隔部位的靶细胞。其特点是:① 低浓度,仅为$10^{-12} \sim 10^{-8}$ mol/L。② 全身性,随血液流经全身,但只能与特定的受体结合而发挥作用。③ 长时效,激素产生后经过漫长的运送过程才起作用,而且血流中微量的激素就足以维持长久的作用。

2. 旁分泌信号(局部化学介质)　　如生长因子、一氧化氮、前列腺素等。它们的特点是这些信号分子大多由体内某些普通细胞分泌;不进入血循环,而是通过扩散作用到达附近的靶细胞;一般作用时间较短。

3. 突触传递信号(神经递质)　　如乙酰胆碱、去甲肾上腺素等。它们的特点是由神经元细胞分泌;通过突触间隙到达下一个神经细胞;作用时间较短。

4. 自分泌信号　　如一些癌基因的表达产物,这种信号分子由细胞分泌至细胞间隙,对同种细胞或分泌细胞自身起调节作用。

（二）细胞内信息物质

当细胞间信息物质与特异受体结合后，可在胞内产生细胞内信息物质，即第二信使，接着通过酶促级联反应改变细胞内相关酶的活性、细胞膜离子通道状态及调控细胞核内基因的表达，进而调节细胞的生理活动。所有的细胞内信息物质在完成信息传递后，将在细胞内通过酶促降解、代谢转化或细胞摄取等方式灭活信号分子。

第二节 受 体

受体（receptor）是指细胞膜上或细胞内能够被配体（如激素、神经递质、细胞因子等）所识别，并与之结合而产生一定生物学效应的特殊蛋白质（个别是糖脂）。配体（ligand）则是指能够与受体特异性结合的具有生物学活性的分子，而细胞间信息物质就是最常见的一类配体，另外某些药物、毒物及维生素也可作为配体而发挥生物学作用。

一、受体的分类、结构与功能

一般可根据受体的存在部位将受体分为两大类，即位于细胞膜上的膜受体和位于细胞质和细胞核中的胞内受体。绝大部分膜受体是跨膜糖蛋白，如胰岛素受体、促甲状腺素受体等，有些膜受体属于蛋白聚糖如某些细胞因子的受体，也有些受体蛋白为脂蛋白，主要与磷脂结合，如促肾上腺皮质激素受体等。胞内受体均为DNA结合蛋白。

（一）膜受体

根据膜受体的结构、功能及转导机制的差异，可将其分为三大类：离子通道型受体、G蛋白偶联受体、酪氨酸蛋白激酶受体（图12-2）。

1. 离子通道型受体

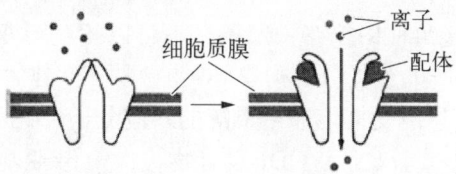

2. G蛋白偶联型受体

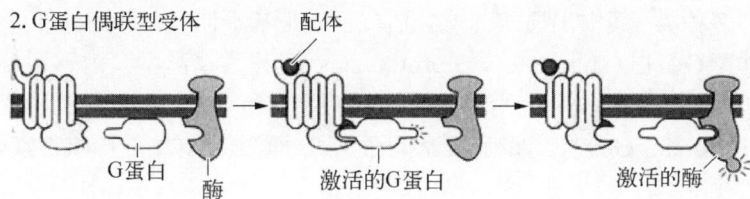

3. 酪氨酸蛋白激酶受体

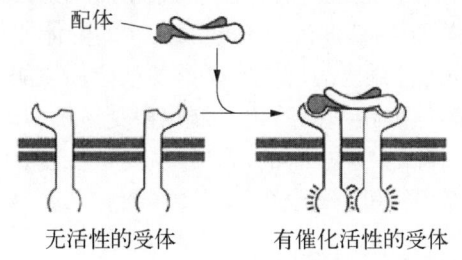

图12-2 三种膜受体

1. **离子通道型受体** 这类受体与离子通道连接在一起,或其本身就是一种离子通道,配体主要是神经递质、神经肽等。当神经递质与这类受体结合后能短暂而快速地打开或关闭离子通道,从而改变某些离子的通透性(图 12-2)。如骨骼肌细胞的乙酰胆碱(Ach)受体。

2. **G 蛋白偶联型受体** 也称 7 次跨膜型受体或蛇型受体。该受体是只含一条多肽链的糖蛋白,N 端在细胞外,形成与配体直接结合的结构域;C 端在细胞内,形成与鸟苷酸结合蛋白(G 蛋白)结合的结构域;中段形成 7 个跨膜 α 螺旋结构、3 个细胞外环及 3 个细胞内环(图 12-3)。此类受体的特点是其胞内第 3 个环能与 G 蛋白相偶联,并且影响腺苷酸环化酶(AC)或磷脂酶 C(PLC)等的活性,进而产生相应的生物学效应。

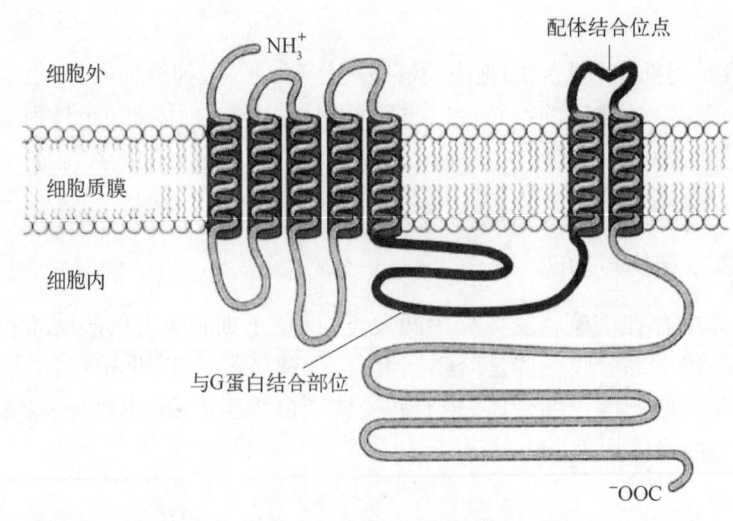

图 12-3 G 蛋白偶联受体

与该类受体相偶联的 G 蛋白是一类能与 GTP 或 GDP 相结合、位于细胞膜胞质面的外周蛋白,一般由 α、β 和 γ 三个亚基组成。G 蛋白有两种构象,α 亚基与 GTP 结合并与 βγ 二聚体解聚者为活化型,以 αβγ 三聚体与 GDP 结合者为非活化型,这两种构象在一定条件下可以相互转变。当受体与配体结合后,受体构象发生改变,影响与受体偶联的 G 蛋白的构象,G 蛋白从三聚体解开,α 亚基与 GTP 结合置换 GDP,从而使 G 蛋白活化,并将信息由受体传递给下游的效应分子。α 亚基具有 GTP 酶活性,可在 G 蛋白活化后水解 GTP 形成 GDP,接着 α 亚基 GDP 复合物再次与 βγ 亚基二聚体结合形成无活性的三聚体(图 12-4)。

G 蛋白存在许多种类,其中 βγ 亚基非常相似,而 α 亚基不同,从而使各种 G 蛋白的功能也不同。常见的如激动型 G 蛋白(stimulatory G protein, Gs,又称为霍乱毒素敏感型 G 蛋白)、抑制型 G 蛋白(inhibitory G protein, Gi,又称为百日咳毒素敏感型 G 蛋白)和磷脂酰肌醇特异性磷脂酶 C 型 G 蛋白(PI-PLC G protein, Gp)等。霍乱毒素能激活 Gs 而激活 AC,百日咳毒素则能激活 Gi 而抑制 AC。

3. **酪氨酸蛋白激酶(tyrosine-protein kinase, TPK)受体** 这类受体大多为单次跨膜的糖蛋白,其中细胞膜外区是配体结合区,跨膜区则由为数不多的疏水性氨基酸残基构成,细胞膜内区或者自身具有激酶活性或者与具有激酶活性的蛋白偶联。具有激酶活性的受体如胰岛素受体、表皮生长因子受体等也称为催化型受体,它们与配体结合后即具有了酪氨酸蛋白激酶活性,既可导致受体自身磷酸化,也可催化底物分子的特定酪氨酸残基磷酸化。催化型受体细胞膜外区形成与配体结合的结构域,其中有的含与免疫球蛋白同源的结构,有的富含半胱氨酸残基;跨膜区高度疏水;细胞膜内的酪氨酸蛋白激酶功能区位于 C 末端,可结合 ATP 及底物(图 12-5)。催化型受体往往与细胞的增殖、分化、分裂及癌变有关。

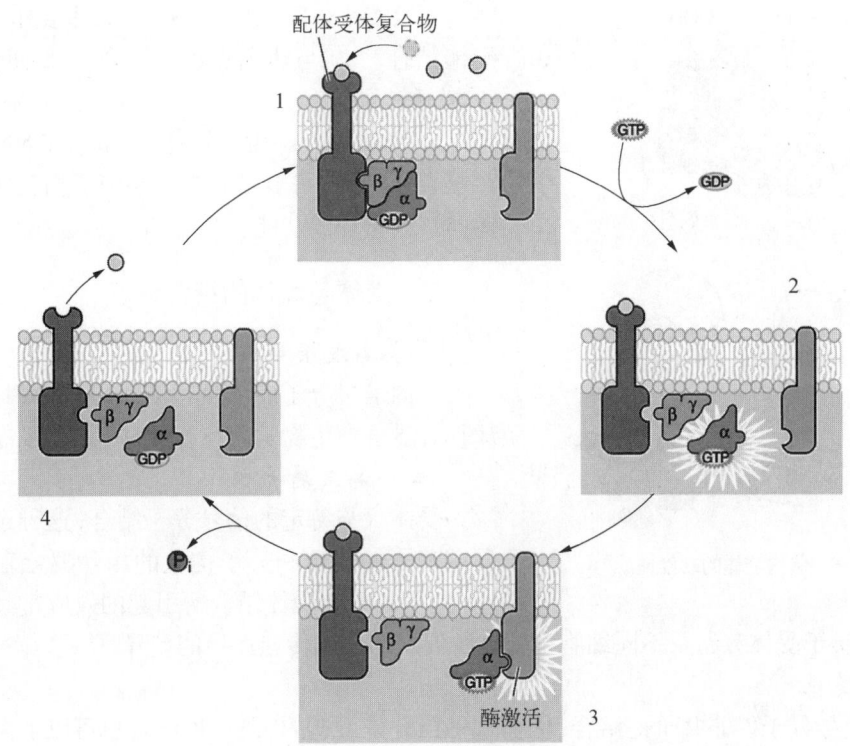

图12-4 活化型与非活化型G蛋白的相互转变

1. 配体与受体结合,信号传递至G蛋白;2. G蛋白α亚基与GTP结合,同时与βγ二聚体分离,G蛋白活化;3. 活化的G蛋白激活下游效应分子;4. α亚基水解GTP为GDP,与βγ亚基结合,G蛋白恢复无活性状态。

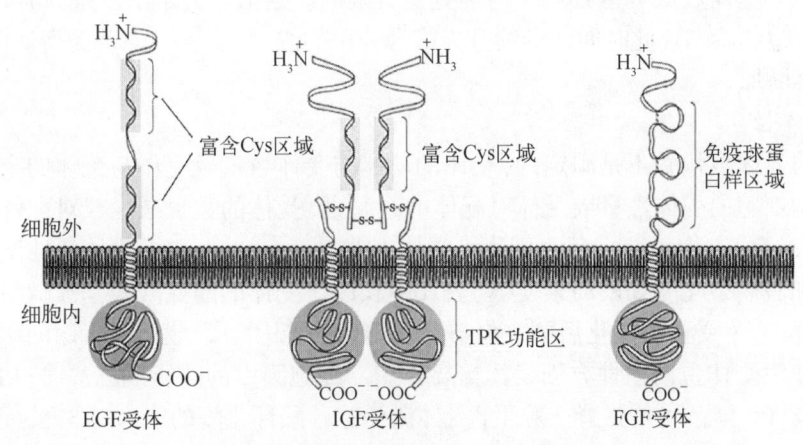

图12-5 酪氨酸蛋白激酶受体的主要类型

EGF:表皮生长因子;IGF:胰岛素样生长因子;FGF:成纤维细胞生长因子;TPK:酪氨酸蛋白激酶

(二)胞内受体

胞内受体存在于细胞质内或细胞核内,一般由400~1 000个氨基酸残基组成,可与亲脂性的甲状腺激素、类固醇激素、维生素D_3和视黄酸等信号分子结合。胞内受体多为反式作用因子,当与相应配体结合后,能结合DNA的顺式作用元件,调控基因表达。

胞内受体通常包括以下四个区域。

1. 高度可变区 位于N末端,长度大小不一,具转录激活作用。

2. DNA结合区 通常富含半胱氨酸并具有锌指结构。平时该区与抑制蛋白结合,当受体与配体结合后,该区构象发生变化,抑制蛋白脱落,受体转移入细胞核内,能与特定DNA部位结合,调控转录活性(图12-6)。

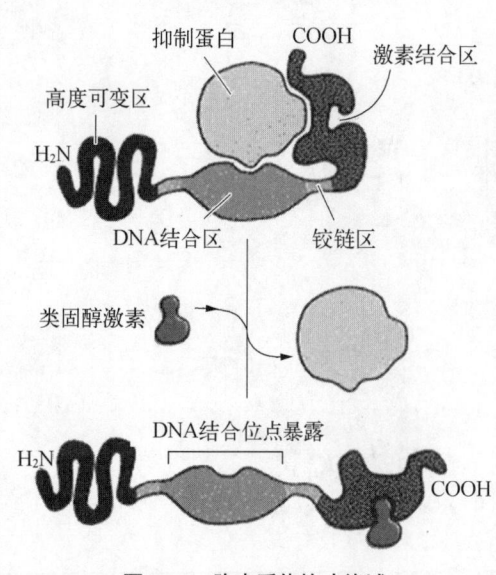

图12-6 胞内受体的功能域

3. 激素结合区　位于C末端,主要作用包括:① 与配体结合。② 与热休克蛋白结合。③ 使受体二聚化。④ 激活转录等。

4. 铰链区　为一短序列,位于DNA结合区和激素结合区之间,可能具有与转录因子相互作用和引起受体向核内移动的功能。

二、受体与配体的结合特点

(一) 高度亲和力

体内信号分子的浓度非常低,通常 $\leq 10^{-8}$ mol/L,但却具有显著的生物学效应,表明两者具有高度亲和力。

(二) 高度特异性

受体只与特定的信号分子结合,这种选择性是通过反应基团的定位和分子构象的相互契合来实现的。此外,信号分子与受体结合所引起的效应常具有组织特异性,这主要取决于受体分布及不同细胞中受体所偶联的信息传递途径的差异。

(三) 可逆性

受体与信号分子以非共价键结合,因而这种结合是可逆的,既可以结合也可以解离。当生物效应发生后,信号分子即与受体解离。受体可恢复到原来的状态,并再次被利用,而信号分子通常被立即灭活。

(四) 可饱和性

一个细胞的膜受体数量可达 10^4 个,但毕竟是有限的。当信号分子浓度很高时,受体与信号分子的结合已处于饱和状态。此时即使继续升高信号分子的浓度,也不会显著提高受体的结合率,生物学效应也不再增加。

(五) 可调节性

细胞表面的受体数量并不是固定的,受体的功能与受体数量及受体与配体的亲和力有关。不少因素可以影响细胞的受体数量或受体对配体的亲和力,受体的数量减少或对配体的亲和力降低称为受体下调(down regulation),反之则称为受体上调(up regulation)。受体活性调节的常见方式有:① 磷酸化和脱磷酸化。如胰岛素受体、表皮生长因子受体的酪氨酸残基被磷酸化后易于同配体结合,而类固醇激素受体磷酸化后则丧失与配体结合的能力。② 膜磷脂代谢的影响。膜磷脂在维持膜流动性和膜受体蛋白活性方面发挥重要作用。细胞膜中的磷脂酰乙醇胺(PE)被甲基化转变成磷脂酰胆碱(PC)后,可增强肾上腺素β受体激活腺苷酸环化酶的能力。③ 酶促水解作用。有些膜受体可通过内化(internalization)方式被溶酶体降解。④ G蛋白的调节。G蛋白可在多种活化受体与腺苷酸环化酶之间起偶联作用。当一受体系统被激活而使cAMP水平升高时,就会降低同一细胞受体对配体的亲和力。

第三节　细胞信息传递途径

不同的信号分子与相应的受体结合,通过不同的信息传递途径,产生不同的效应。胰岛素、细胞因子等亲水性信号分子与膜受体结合后产生第二信使,将细胞外信息跨越细胞膜传入靶细胞内,引起细胞内一系列改变,最终发挥功能,这个过程为跨膜信息传递。而糖皮质激素等亲脂性信号分子可通过简单扩散直接进入细胞内与胞内受体结合,主要通过调节基因表达发挥生物学效应。下面介绍几条主要的信息传递途径。

一、细胞膜受体介导的信号传递途径

（一）cAMP-蛋白激酶A途径

该途径以靶细胞内cAMP浓度改变和激活蛋白激酶A（protein kinase A，PKA）为主要特征，是激素（如肾上腺素、促肾上腺皮质激素及胰高血糖素等）调节物质代谢的主要途径。

1. cAMP的合成与分解　　环腺苷酸（cAMP）是最早发现的第二信使之一。cAMP的合成由腺苷酸环化酶（AC）催化。AC催化ATP脱去一分子焦磷酸，形成cAMP分子。正常细胞内cAMP的平均浓度为10^{-6} mol/L，由信号分子诱导所产生的cAMP在正常情况下很快受细胞内的磷酸二酯酶（PDE）的催化降解成5′-AMP而失活。一些激素或药物可影响PDE的活性，如胰岛素可激活PDE使cAMP浓度降低，而茶碱则可抑制PDE的活性而使cAMP浓度升高。

$$ATP \xrightarrow[PPi]{Ac} cAMP \xrightarrow{PDE} 5'-AMP$$

2. cAMP的作用机制　　cAMP的下游效应分子主要是蛋白激酶A（PKA），cAMP可以作为该激酶的变构激活剂，使无活性的PKA转变为有活性的PKA。PKA是一种由四个亚基（C_2R_2）组成的变构酶，其中C为催化亚基，R为调节亚基，每个调节亚基上有2个cAMP结合位点。当调节亚基与催化亚基相结合时，PKA无活性。当4分子cAMP与2个调节亚基结合后，调节亚基脱落，游离的催化亚基才具有蛋白激酶活性，可催化底物蛋白质中的丝/苏氨酸残基的磷酸化（图12-7）。

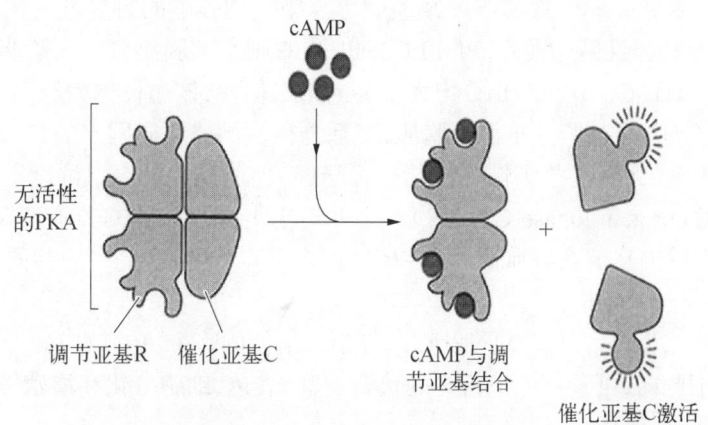

图12-7　蛋白激酶A（PKA）的激活

3. PKA的作用　　PKA是一种丝/苏氨酸蛋白激酶。PKA被cAMP激活后，能在ATP存在的情况下使许多蛋白质特定的丝氨酸残基和（或）苏氨酸残基磷酸化，从而调节细胞的物质代谢和基因表达。

（1）对代谢的调节作用：如肾上腺素与细胞膜上的受体结合后，可通过激动型G蛋白使AC活化，催化ATP生成cAMP，后者进一步激活PKA。PKA可使无活性的磷酸化酶激酶b磷酸化而转变成有活性的磷酸化酶激酶a，后者催化无活性的肝糖原磷酸化酶b磷酸化而成为有活性的肝糖原磷酸化酶a。具有强大作用的肝糖原磷酸化酶a可迅速促使肝糖原分解，引起血糖升高（图12-8）。此外，PKA也可使有活性的糖原合酶的特定丝/苏氨酸磷酸化而失活，抑制糖原合成，也有助于升高血糖。

（2）调控基因表达的作用：在基因的转录调控区中有一类cAMP应答元件（cAMP response element，CRE），它可与cAMP应答元件结合蛋白（cAMP response element binding protein，CREB）相互作用而调节相关基因的转录。

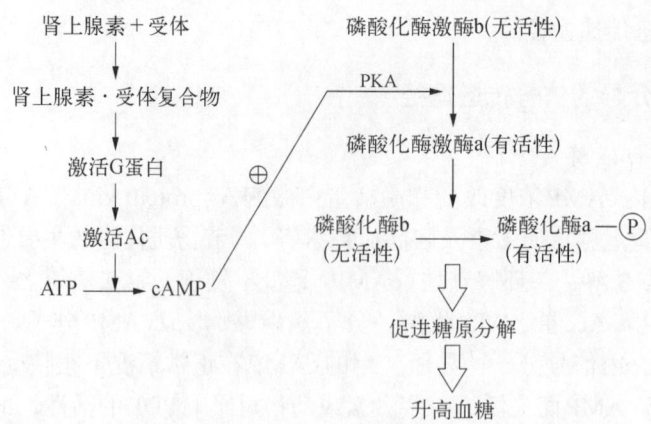

图 12-8 肾上腺素通过 PKA 调节糖原磷酸化酶的活性

(二) Ca^{2+}-磷脂依赖性蛋白激酶途径

Ca^{2+}是细胞内一种重要的第二信使,可参与许多生命活动,如细胞的收缩、运动、分泌和分裂等。胞质内Ca^{2+}浓度为0.01～1μmol/L,比细胞外液中Ca^{2+}浓度(约2.5 mmol/L)低得多。细胞的肌质网、内质网和线粒体可作为细胞内Ca^{2+}的储存库。当细胞外液的Ca^{2+}通过钙通道进入细胞内,或者细胞器内储存的Ca^{2+}释放到胞质时,都会使胞质内Ca^{2+}浓度急剧升高,随之引起某些酶活性和蛋白功能的改变,从而调节各种生命活动。一些甘油磷脂如三磷酸肌醇(肌醇-1,4,5三磷酸, inositol triphosphate, IP_3)和二酯酰甘油(diacylglycerol, DAG)在Ca^{2+}的协助下可激活蛋白激酶C,调节细胞内的多种反应。

1. DAG 和 IP_3 的生成　　当激素或神经递质等与靶细胞膜上的特异性受体结合后,可通过 Gp 蛋白激活磷脂酰肌醇特异性磷脂酶 C(PI-PLC),PI-PLC 则水解膜组分——磷脂酰肌醇-4,5-二磷酸(PIP_2)而生成 IP_3 和 DAG。IP_3 和 DAG 均为重要的第二信使,该途径称为双信使途径。

IP_3为水溶性小分子,可从膜上扩散至胞质,然后与内质网或肌质网上的IP_3受体结合,引起受体蛋白变构,钙通道开放,促使这些钙储库内的Ca^{2+}释放,使胞质内的Ca^{2+}浓度迅速升高。而Ca^{2+}能与胞质内蛋白激酶C(protein kinase C, PKC)结合并聚集至质膜。DAG具有两条疏水的脂肪链,属于脂溶性分子,生成后仍然留在细胞膜上,在磷脂酰丝氨酸(PS)和Ca^{2+}的共同协助下可激活PKC(图12-9)。

2. PKC 的结构与功能　　IP_3、DAG 及 Ca^{2+} 等第二信使的一个重要效应分子是 PKC。PKC 广泛存在于机体的组织细胞内,可参与调节机体的代谢、基因表达、细胞分化和增殖等。

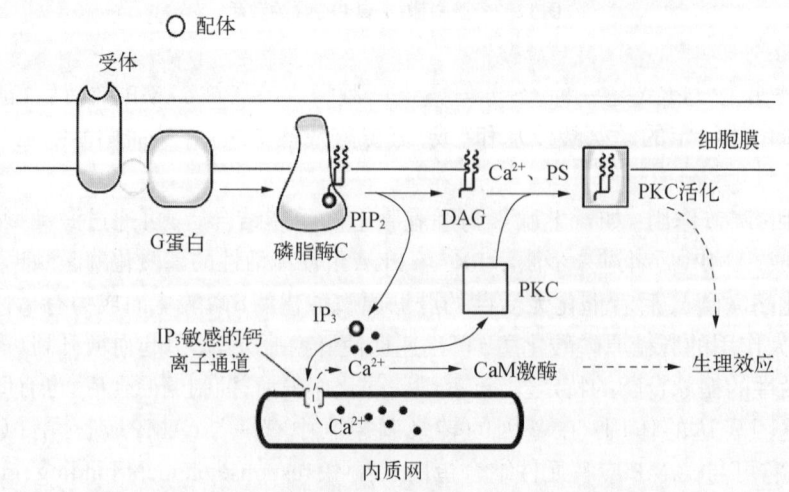

图 12-9　Ca^{2+}-磷脂依赖性蛋白激酶途径(双信使途径)

(1) 对代谢的调节作用：PKC被激活后可引起膜受体、膜蛋白和多种酶等靶蛋白上的丝氨酸和（或）苏氨酸残基发生磷酸化反应，启动一系列生理、生化反应。如PKC能催化质膜的Ca^{2+}通道磷酸化，促进Ca^{2+}内流。此外，PKC也能催化如糖原合酶等代谢途径中的关键酶发生磷酸化，从而调节代谢。

(2) 对基因表达的调节作用：PKC对基因的活化过程可分为早期反应和晚期反应两个阶段。首先，PKC能使立早基因的反式作用因子磷酸化，加速立早基因表达。立早基因多数为细胞原癌基因（如*c-fos*、*AP1/jun*），它们表达的蛋白质寿命短暂，具有跨越核膜传递信息的功能，故有第三信使之称。第三信使受磷酸化修饰后，活化晚期反应基因并导致细胞增生或核型变化。

（三）Ca^{2+}-钙调蛋白依赖性蛋白激酶途径（Ca^{2+}-CaM激酶途径）

1. **CaM的结构** 钙调蛋白（calmodulin, CaM）是一种特异的Ca^{2+}结合蛋白，几乎存在于所有的真核细胞中。CaM由148个氨基酸残基组成，因富含酸性氨基酸而极易结合Ca^{2+}。CaM分子上有4个Ca^{2+}结合位点，Ca^{2+}与CaM结合后，可引起CaM构象改变而激活Ca^{2+}-钙调蛋白依赖性蛋白激酶（Ca^{2+}-CaM-PK），进而发挥一系列生理效应。

2. **CaM激酶的作用** Ca^{2+}-CaM-PK可以磷酸化许多蛋白质的丝氨酸和（或）苏氨酸残基，使之激活或失活，其底物包括酶（如糖原合酶、丙酮酸羧化酶等）、细胞骨架蛋白、离子通道和转录因子等。Ca^{2+}-CaM-PK能激活腺苷酸环化酶而加速cAMP的生成，也能激活磷酸二酯酶而加速cAMP的降解，使信息迅速传至细胞内又迅速消失。Ca^{2+}-CaM-PK能激活胰岛素受体的酪氨酸蛋白激酶，并参与调节PKA的激活和抑制。

（四）cGMP-蛋白激酶途径

1. **cGMP的合成与分解** 环鸟苷酸（cGMP）是细胞内另一种环核苷酸信使。cGMP广泛存在于动物各组织中，其含量约为cAMP的1/100～1/10。它由GTP在鸟苷酸环化酶（guanylate cyclase, GC）的催化下脱去焦磷酸并环化而生成，cGMP经磷酸二酯酶催化而降解。与AC的激活过程有所不同的是，GC的激活还间接地依赖于Ca^{2+}。Ca^{2+}通过激活磷脂酶C和磷脂酶A_2使膜磷脂水解成花生四烯酸，花生四烯酸再经氧化生成前列腺素而激活GC。

2. **GC的结构和功能** GC有两种类型：一种为膜结合型GC，另一种为胞质可溶型GC。膜结合型GC是一单体跨膜蛋白，它由胞外段的受体结构域、胞内段的蛋白激酶结构域及靠近羧基端的催化结构域（生成cGMP的部位）组成（图12-14）。这类受体存在于小肠黏膜、心血管、精子、视网膜杆状细胞等的细胞膜上，可作为心房钠尿肽（ANP）、鸟苷酸、内毒素等信号分子的受体。如当血压升高时，心房肌细胞分泌ANP，促进肾细胞排水、排钠，同时导致血管平滑肌细胞松弛，这两种效应都能使血压下降。介导ANP反应的受体分布在肾细胞和血管壁平滑肌细胞表面。ANP与受体结合后直接激活胞内段鸟苷酸环化酶的活性，使GTP转化为cGMP，cGMP作为第二信使结合并激活依赖cGMP的蛋白激酶G（cGMP-dependent kinase, PKG），导致靶蛋白的丝氨酸/苏氨酸残基磷酸化而活化，并引起上述对血压升高的反应。

胞质可溶型GC存在于肺、肝、大脑等细胞的胞质中，可作为NO的受体。"NO是心血管系统的信号分子"是1986年由伊格纳罗、弗奇戈特及穆拉德提出的，他们因此获得了1998年的诺贝尔生理学或医学奖。内源性的NO由一氧化氮合酶（NOS）催化生成，NO是一种非极性的气体小分子，易透过细胞膜。与胞质中的GC结合，使cGMP浓度增加，进而激活PKG，引起血管平滑肌舒张。临床上常用的抗心绞痛药物硝酸甘油就是因为它们能自发产生NO，经GC-cGMP-PKG途径实现血管平滑肌松弛，从而缓解心绞痛的症状。

3. **PKG的作用** PKG是cGMP的靶蛋白之一，在小脑、肺、平滑肌、血小板中含量较丰富，其分子中存在两个串联排列的cGMP结合位点。cGMP可激活PKG，从而催化有关蛋白或有关酶类的丝/苏氨酸残基磷酸化，产生相应生物学效应。

（五）酪氨酸蛋白激酶途径

酪氨酸蛋白激酶（TPK）作用于靶蛋白中特定的酪氨酸残基使之磷酸化，从而参与调节细胞的

生长、增殖和分化，与肿瘤的发生也有密切的关系。细胞中的TPK包括两大类：一类位于细胞膜上，为受体型TPK，又称催化型受体，如胰岛素受体、表皮生长因子受体、血小板源性生长因子受体等。这些受体的胞内区具有TPK活性，可直接使靶蛋白发生磷酸化。另一类位于胞质中，为非受体型TPK，如多数细胞因子受体。它们的胞内区本身并无TPK活性，但可与JAK（just another kinase，另一类激酶）、Src等胞内的其他TPK偶联而使靶蛋白发生磷酸化。近年来发现核内也存在着TPK，这对于信号在核内的传递有重要意义。

当信号分子与单次跨膜受体结合后，催化型受体大多数发生二聚化，二聚体的TPK发生自身磷酸化而被激活。细胞内存在的一些连接蛋白（adaptor protein）可以通过SH2结构域（Src homology 2 domain）识别磷酸化的酪氨酸残基并与之结合，把磷酸化的受体与其他效应蛋白连接起来，由于这些效应蛋白本身也具有酶活性，故可逐级传递信息并将效应级联放大。

受体型TPK和非受体型TPK都能使靶蛋白的酪氨酸残基磷酸化，但它们的信息传递有所不同。

1. 受体型TPK-Ras-MAPK途径　催化型受体与信号分子结合后，发生自身磷酸化并磷酸化Grb$_2$（一种接头蛋白）、SOS（鸟苷酸释放因子）等中介分子，使其活化，进而激活Ras蛋白。由于Ras蛋白为多种生长因子信息传递过程所共有，因此又称为Ras通路。

Ras蛋白是由一条多肽链组成的单聚体G蛋白，由原癌基因 *ras* 编码而得名。Ras蛋白的分子质量为21 kDa，故又名p21蛋白。因Ras蛋白的性质类似于G蛋白中的Gα亚基，它的活性与其结合GTP或GDP有关，但分子质量比G蛋白小，故Ras蛋白又称为小G蛋白。

Ras与GDP结合时无活性，但磷酸化的SOS可促使Ras转变成GTP结合状态而活化。活化的Ras蛋白可进一步活化Raf蛋白。Raf蛋白具有丝氨酸/苏氨酸蛋白激酶活性，它可激活有丝分裂原激活蛋白激酶（mitogen-activated protein kinase, MAPK）系统。MAPK系统包括MAPK、MAPK激酶（MAPKK）和MAPKK激酶（MAPKKK），是一组酶兼底物的蛋白分子。其中，MAPK更具有广泛的催化活性，它除调节花生四烯酸的代谢和细胞微管形成之外，更重要的是可催化细胞核内许多反式作用因子（如转录因子）的丝氨酸/苏氨酸残基磷酸化，导致基因转录或关闭（图12-10）。

受体型TPK活化后还可通过激活腺苷酸环化酶、多种磷脂酶（如PI-PLC、磷脂酶A和鞘磷脂酶）等发挥调控基因表达的作用。

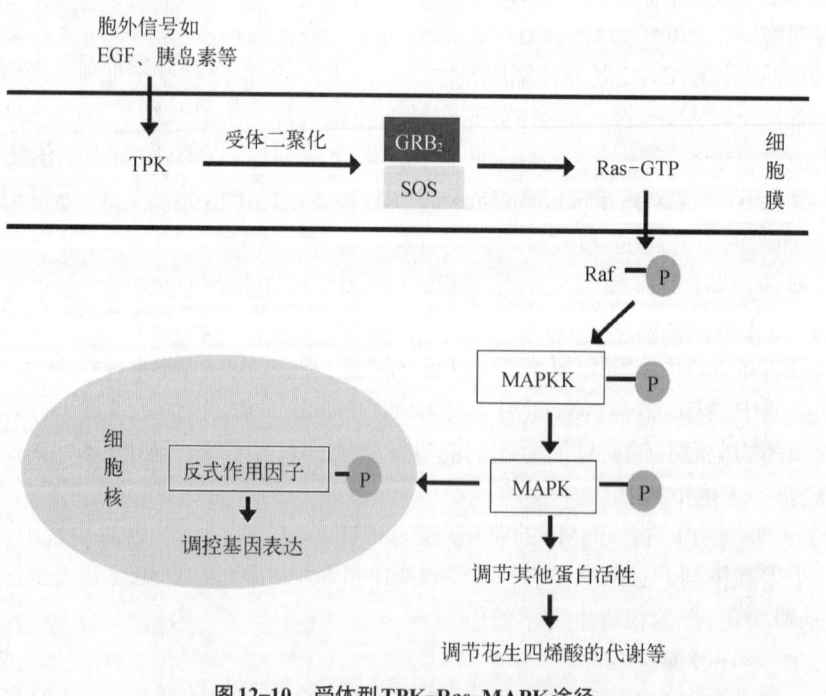

图12-10　受体型TPK-Ras-MAPK途径

2. JAK-STAT途径 就一部分生长因子、大部分激素和细胞因子如干扰素（IFN）、生长激素（GH）、促红细胞生成素（EPO）、粒细胞集落刺激因子、白细胞介素-2（IL-2）、白细胞介素-6（IL-6）等而言,其单次跨膜受体本身缺乏TPK活性,但能借助细胞内存在的TPK如JAK、Src等完成信息传递。干扰素等信号分子与其受体结合后,能活化各自的JAK,活化的JAK一方面使上游的二聚体受体磷酸化;另一方面可识别具有SH2结构域的下游蛋白分子并使之磷酸化。在JAK的催化下,信号转导和转录激活因子（STAT）分子中的酪氨酸残基发生磷酸化而被激活,进入细胞核内,调节基因的转录。故将此途径称为JAK-STAT途径（图12-11）。

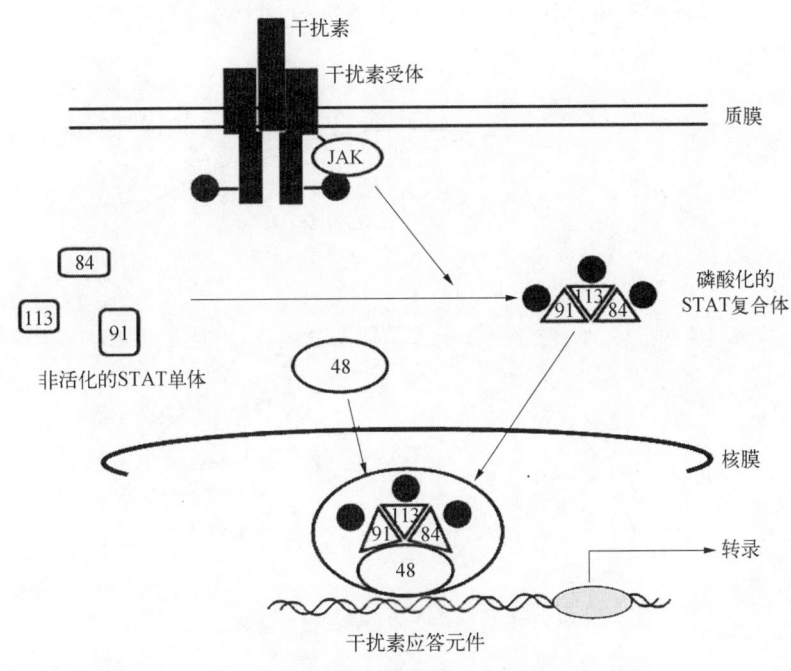

图12-11 JAK-STAT途径

（六）NF-κB途径

核因子κB（nuclear factor-κB, NF-κB）是一类分布广泛且有重要作用的真核细胞转录因子,它由p50和p65蛋白亚基组成同源或异源二聚体,其中异源二聚体活性较强。

在静息细胞的胞质中,NF-κB与抑制蛋白κB（inhibitor-κB, I-κB）结合而呈无活性状态。而且由于NF-κB的核定位序列（入核信号）被覆盖,使NF-κB滞留在胞质中。当TNF-α与细胞膜上相应受体结合后,受体活化,然后通过第二信使神经酰胺（Cer）激活NF-κB系统。NF-κB系统的激活是通过I-κB激酶（I-κB kinase, IKK）使I-κB磷酸化,磷酸化的I-κB因其构象改变而与NF-κB分离,使NF-κB得以活化。活化的NF-κB进入细胞核内与DNA结合,发挥转录调控作用（图12-12）。

病毒、LPS、ROS、佛波酯、内皮素-1、IL-1、血小板活化因子（PAF）、双链RNA（dsRNA）及活化的PKC、PKA等可直接激活NF-κB途径。IKK、I-κB与NF-κB共同构成的信息传递途径不仅涉及免疫反应、组织损伤和应激、细胞分化和凋亡、肿瘤发生等过程,而且对淋巴结、胸腺、脾脏、肝脏、骨骼、皮肤等多种组织和器官的发育至关重要。

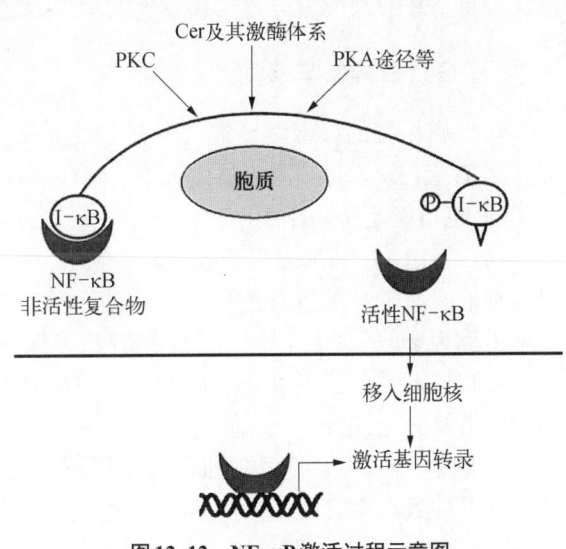

图12-12 NF-κB激活过程示意图

二、细胞内受体介导的信号传递途径

目前已知通过细胞内受体传递信息的信号分子包括甲状腺激素（T_3及T_4）、视黄酸类及类固醇激素如糖皮质激素、盐皮质激素、雄激素、雌激素、孕激素、$1,25(OH)_2-D_3$等，上述激素除甲状腺素外均为类固醇化合物。细胞内受体又有核内受体和胞质内受体之分，如雄激素、雌激素和甲状腺素受体位于细胞核内，而糖皮质激素受体位于胞质中。

一般来说，T_3或类固醇激素进入细胞内，与相应的胞质内受体或核内受体结合，导致受体构象改变，形成激素-受体复合物。该复合物可作为转录因子与DNA上特异的顺式作用元件相结合，从而调节相关基因的表达（图12-13）。

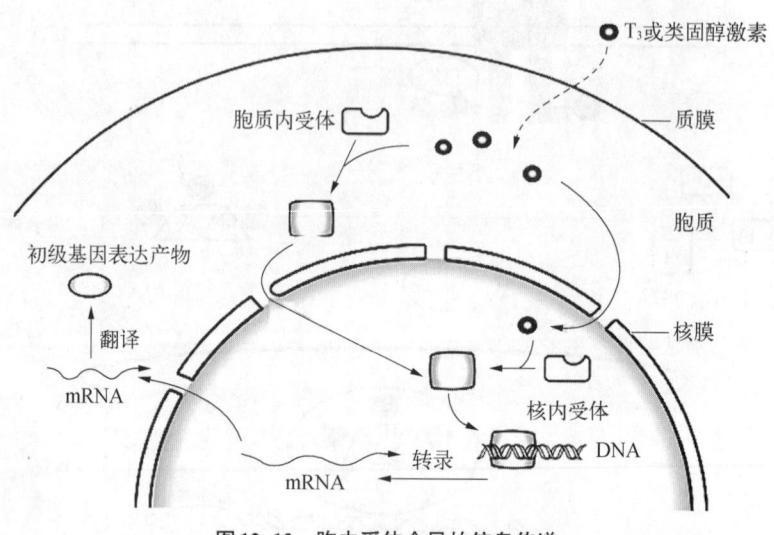

图12-13 胞内受体介导的信息传递

第四节 细胞信息传递途径异常与疾病

随着人类基因组计划的完成以及后基因组时代的到来，细胞信号转导机制的研究越来越成为生命科学领域的研究热点。细胞信号转导的异常往往导致多种疾病的发生，信号分子、受体、传递途径等每个环节都成为导致疾病发生的重要因素，值得进行深入探讨。

一、G蛋白异常与疾病

与疾病相关的G蛋白异常至少有三种变化：① G蛋白α亚基基因突变而造成的G蛋白功能紊乱。② G蛋白α亚基基因表达的改变。③ G蛋白α亚基翻译后修饰改变。这三种变化可能是分开出现的，也可能是协同作用。

在G蛋白α亚基基因突变造成的疾病中，研究最多的是分泌生长激素的垂体腺瘤。研究结果表明该腺瘤具有较高的腺苷酸环化酶活性而对外界的刺激因素反应较差。进一步研究发现其α亚基发生了称为 gsp 的突变，由半胱氨酸/组氨酸（Cys/His）代替了精氨酸（Arg）[201]或者由精氨酸代替了谷氨酰胺（Gln）[227]，这一变化可以抑制GTP酶活性，引起环腺苷酸（cAMP）浓度升高，从而造成大量细胞增生及分化，最终引起垂体腺瘤。

G蛋白α亚基基因表达的水平对维持正常的生理功能非常重要。有证据表明，G蛋白表达水平的改变可导致心血管疾病。例如在肥大性或者扩张性心肌病模型中可发现$α_s$的mRNA水平明显降低，同时伴有G_s活性的降低以及$α_i$水平的增加。

某些细菌毒素可引起G蛋白α亚基翻译后修饰改变。霍乱毒素可通过Arg^{201}的ADP-核糖基化修饰$α_s$,使得GTP酶活性被抑制,引起G蛋白持续性活化,这样就可持续刺激腺苷酸环化酶并使cAMP数量增加。因此,受到霍乱弧菌感染后,肠上皮细胞的$α_s$持续活化发挥作用,造成严重的腹泻、体液丧失、低血压甚至休克等临床症状。百日咳毒素与霍乱毒素的作用方式不同,它的作用可引起G蛋白从与之结合的受体分离,抑制$α_i$亚基的活性,破坏G_s与G_i的平衡,导致cAMP的增加,产生腹泻等症状,还可造成低血糖症。

二、信号转导障碍与疾病

细胞内的信号转导途径中任何一个环节出现异常和障碍都可通过级联效应放大并引起疾病。例如Ca^{2+}是细胞内常见的第二信使,而在组织缺血-再灌注损伤过程中可见胞质Ca^{2+}浓度明显升高,这样可通过下游的信号转导途径引起组织损伤。

由于细胞内的信号转导途径不是单一的,而是呈网络状的,因此,在疾病发生和发展过程中可能会涉及多个信息分子、信号蛋白,影响多条信号转导途径,导致复杂的网络调节失衡。以非胰岛素依赖性糖尿病(NIDDM)来说,胰岛素受体属于酪氨酸蛋白激酶(TPK)家族,受体与配体结合后可激活磷脂酰肌醇3激酶(PI3K),从而启动与代谢和生长有关的下游信号转导过程。NIDDM的发病涉及胰岛素受体和其后多个环节信号转导异常:① 受体基因突变可使受体合成减少或结构异常,引起受体与配体的亲和力降低或受体活性降低。② 受体与配体结合后信号转导异常,如PI3K基因突变可造成胰岛素抵抗,使胰岛素对PI3K的激活作用减弱。

另外,像阿尔茨海默病、帕金森病、亨廷顿舞蹈病等神经退行性疾病虽然发病机制涉及多种不同原因,但都会发生神经元退行性病变,启动凋亡相关的信号转导途径,导致疾病的发展并最终引起个体死亡。这些疾病的治疗随着我国老龄化社会的到来显得越来越重要,相关的信号转导途径的研究及药物靶点的发现成为热点。

三、受体异常与疾病

与信息分子数量结构异常相比,受体的异常更为常见,也涉及多种疾病。受体异常包括受体的数量、结构或调节功能改变,这样就使其不能正确介导信息分子进行信号转导过程。

受体信号转导异常可分为原发性与继发性两种。家族性肾性尿崩症的发病原因是原发性受体信号转导异常,血浆血管升压素(ADH)受体基因突变引起ADH受体合成减少或结构异常,从而造成ADH对肾小管和集合管上皮细胞的刺激作用减弱或上皮细胞膜对ADH的反应性降低,降低对水的重吸收,最终引起尿崩症。继发性受体异常是指由于配体的含量、磷脂环境、pH及细胞合成与分解蛋白质等发生了变化而引起受体数量及亲和力发生继发性改变。如心力衰竭时,β受体对儿茶酚胺的刺激发生了减敏反应,引起β受体水平下调,促进了心力衰竭的发展。

四、细胞信号转导异常性疾病的防治

1. **调整细胞外信息分子的数量**　如帕金森病患者脑中多巴胺能神经元减少和缺失,通过补充多巴胺的前体左旋多巴,可起到一定的疗效。

2. **调节受体的结构和功能**　根据疾病发病机制,确定是由于受体的过度激活或不足而引起的信号转导障碍,再分别采用受体的抑制剂或受体的激动剂来达到治疗目的。

3. **调节细胞内信使分子或信号转导蛋白的活性**　根据研究的深入,更多的信号转导靶分子成为关注的目标,有部分产品已用于临床。其中有调节细胞内钙离子浓度的钙通道阻滞剂,有维持细胞cAMP浓度的β受体阻滞剂以及cAMP磷酸二酯酶抑制剂。

4. **调节某些重要核转录因子的水平**　例如NF-κB的激活已被证明是炎症反应的关键环节,在炎症发生的早期适当应用抑制NF-κB活化的药物,有助于控制一些全身炎症反应过程中炎症介质的失控性释放,对改善病情和预后可能是有益的。

小 结

细胞信号转导主要是多细胞生物对外界环境产生应答,进而引起生物学效应的重要过程。信号转导的主要过程是由特定细胞释放的信息物质(第一信使)到达靶细胞,与特异受体结合,受体转换信号进入胞内,启动胞内信使系统(第二信使),进而产生生物学效应。

细胞信号转导是非常复杂的系统,内容涉及多种类型的细胞分子,最开始发动信号者是细胞间的信息物质,其化学本质有蛋白质与肽类、脂肪酸衍生物、氨基酸及其衍生物、类固醇激素以及某些气体分子等。

受体与细胞间信息物质发生特异性结合,根据存在部位不同受体可分为细胞膜受体及细胞内受体。最常见的受体有离子通道型受体、G蛋白偶联型受体、酪氨酸蛋白激酶受体等。受体与配体的结合具有以下特征:高度亲和力、高度特异性、可逆性、可饱和性及可调节性等。受体与配体的结合可将细胞间信号转换为胞内信号,借助第二信使在胞内传递信号。多种G蛋白、蛋白激酶等在信号转导中起重要的开关作用。

细胞膜受体介导的信号转导途径很多,其中重要的有cAMP-蛋白激酶A途径、脂类双信使途径、TPK-Ras-MAPK途径及JAK-STAT途径、NF-κB途径及胞内受体介导的信号转导途径等。

细胞信号转导过程涉及一系列信号分子及信号通路,它们之间相互联系又相互交叉,形成了一个复杂而有序的网络。如果信号转导途径的任何环节出现改变就会导致疾病的发生,研究信号转导途径必然有助于对疾病发生机制及药物治疗机制的探讨。

【思考题】

(1) 名词解释:受体、G蛋白、第二信使。
(2) 请说明膜受体有哪些类型?结构和功能各自有什么特点?
(3) 请简述G蛋白的结构,并说明其活化型和非活化型如何互变。
(4) 请简述cAMP-蛋白激酶信息传递途径。

(程　宏)

第十三章

血液生化

学习要点

- **掌握**：①成熟红细胞的代谢特点；②血红素合成的原料、主要合成途径和限速酶。
- **熟悉**：血浆蛋白的分类和生理功能。
- **了解**：血液的组成成分和白细胞的代谢特点。

血液是在心血管系统中流动的红色、不透明并具有黏性的液体。它与淋巴液、组织间液一起构成了细胞外液，是人体体液的重要组成部分。正常成年人血液总量约占体重的8%左右，婴幼儿比成人血容量大。血液在内外环境及机体各组织之间的沟通、维持机体内环境的恒定及多种物质的运输、免疫、凝血和抗凝血等方面都具有重要的作用。由于血液取材方便，通过血中某些代谢物浓度的变化，可反映体内的代谢或功能状况，因此与临床医学有着密切的关系。

第一节 血液的组成成分

一、血液的成分概述

血液（blood）是由液态的血浆与混悬在其中的红细胞、白细胞、血小板等有形成分组成。正常人血液的pH为7.35～7.45，比重为1.050～1.060，血液的黏度为水的4～5倍。离体血液加适当的抗凝剂后离心使有形成分沉降，所得的浅黄色上清液称为血浆（plasma），占全血体积的55%～60%。如离体血液不加抗凝剂凝固成血凝块后所析出的淡黄色透明的液体称为血清（serum）。血浆与血清的主要区别在于后者中没有纤维蛋白原等凝血因子。

正常人血液中含水量为81%～86%，血浆中含水达93%～95%，其余为可溶性固体成分和少量氧、二氧化碳和氮等气体。血液中的可溶性固体又分为有机物与无机盐两大类。其中有机物主要包括蛋白质（血红蛋白、血浆蛋白质及酶与蛋白类激素等）、非蛋白含氮化合物、糖类、脂类（包括类固醇激素）和维生素等。血液中的无机盐主要以离子状态存在。重要的阳离子有Na^+、K^+、Ca^{2+}、Mg^{2+}等，重要的阴离子有Cl^-、HCO_3^-、HPO_4^{2-}等。这些离子在维持血浆晶体渗透压、酸碱平衡以及神经肌肉的正常兴奋性等方面起重要作用。血液中的化学成分容易受食物的影响，故在临床进行化验检查时应采取空腹血进行。

二、血液非蛋白含氮化合物

血液中除蛋白质以外的含氮物质称为非蛋白含氮化合物，主要包括尿素、尿酸、肌酸、肌酐、氨

笔记栏

基酸、氨、肽、胆红素等,这些化合物中所含的氮量称为非蛋白氮(non-protein-nitrogen,NPN)。正常成人血中NPN含量为143~250 mmol/L。这些化合物中绝大多数为蛋白质和核酸分解代谢的终产物,可经血液运输到肾脏随尿液排出体外。当肾功能障碍影响排泄时会导致其在血中浓度升高,这也是血中NPN升高最常见的原因。此外,肾血流量下降,体内蛋白质摄入过多,消化道出血或蛋白质分解增强等也会使血中非蛋白含氮化合物浓度升高。

尿素是非蛋白含氮化合物中含量最多的一种物质,正常人尿素氮(BUN)的含量占血中NPN总量的1/3~1/2,故临床上测定血中BUN与测定NPN的意义基本相同。

尿酸是体内嘌呤化合物分解代谢的终产物,当机体肾排泄功能障碍或嘌呤化合物分解代谢过多如痛风、白血病、中毒性肝炎等疾病均可使血中尿酸升高。

肌酸主要存在于肌肉和脑组织中,其代谢的终产物是肌酐。正常人血中肌酐的含量为88.4~176.8 μmol/L,肌酐全部由肾排泄,且食物蛋白质的摄入量不影响血中肌酐的含量,故临床检测血肌酐含量较尿素更能准确地反映肾功能状况。

第二节 血浆蛋白质

一、血浆蛋白质的来源及分类

血浆中除水分外含量最多的化合物是血浆蛋白质,正常人含量为60~80 g/L。血浆蛋白的来源主要有两个:一是由各种组织细胞合成后分泌到血浆中。这类蛋白质对于血浆的功能必不可少,如各种转运蛋白、凝血酶原、抗体、补体、生长因子等。它们的量与质的改变反映了机体代谢方面的变化。二是在组织细胞更新或遭到破坏时,渗漏到血浆中的,如淀粉酶、转氨酶、血红蛋白等。这类蛋白在血浆中出现或含量升高,往往反映相关组织细胞的更新、破坏或细胞膜通透性的改变等。

血浆中共有200多种蛋白质。按不同的分类方法可将血浆蛋白质分成不同的组分,常用的方法有盐析法、电泳法及按生理功能分类法。

盐析法:此法可将血浆蛋白质分为清蛋白、球蛋白两大类,其中清蛋白/球蛋白(A/G)正常比值为1.5:1~2.5:1。

电泳法:以醋酸纤维素薄膜为支持物,可将血清蛋白质分为清蛋白、α_1球蛋白、α_2球蛋白、β球蛋白、γ球蛋白等五个组分(图13-1),如用分辨率更高的聚丙烯酰胺凝胶电泳或免疫电泳则可分成更多组分,目前已分离出百余种血浆蛋白质。

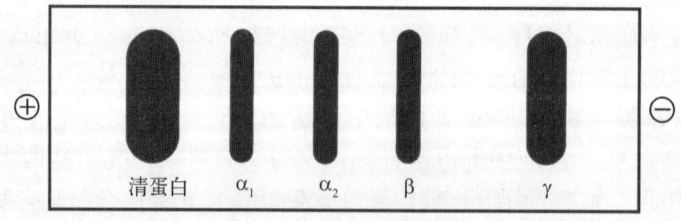

图13-1 醋酸纤维素薄电泳分离血清蛋白示意图

按生理功能不同,可将血浆蛋白分为清蛋白、免疫球蛋白、补体、糖蛋白、金属结合蛋白类、脂蛋白类、血浆酶类等六大类。

二、血浆蛋白质的主要生理功能

1. 维持血浆胶体渗透压　血浆胶体渗透压是由血浆蛋白质产生,其大小取决于蛋白质的浓度和分子大小。清蛋白是血浆中含量最多的蛋白质,正常人含量为35～55 g/L。血浆胶体渗透压中75%是由清蛋白产生。清蛋白由肝脏合成,占肝脏合成分泌蛋白质总量的50%。临床上由于清蛋白的合成原料不足(如营养不良等)、合成能力降低(如严重肝病)、丢失过多(肾脏疾病,大面积烧伤等)或分解过多(如甲状腺功能亢进、发热等)时引起血浆清蛋白含量降低,可导致血浆胶体渗透压下降,使水分向组织间隙渗出从而产生水肿。

2. 调节血液pH 正常人血液pH在7.35～7.45,血浆大多数蛋白质的pI在pH 4～6之间,为弱酸性,并且其中一部分与Na^+结合成弱酸盐,弱酸与弱酸盐组成缓冲体系,在维持血浆正常pH中发挥重要作用。

3. 运输作用 血浆中一些不溶或难溶于水的物质以及易被细胞摄取和易随尿液排出的一些小分子物质,常与血浆中一些载体蛋白结合而运输。如不溶于水的脂类可与血浆蛋白质(主要是球蛋白)结合,以脂蛋白形式进行运输。清蛋白可与脂肪酸、胆红素、甲状腺素、肾上腺素、两价金属离子(Cu^{2+}、Ca^{2+}等)及药物等多种物质结合起运输作用。此外血浆中还有皮质激素传递蛋白、视黄醇结合蛋白、铜蓝蛋白、结合珠蛋白、血红素结合蛋白、运铁蛋白、运钴蛋白等多种载体蛋白。

4. 催化作用 血浆中有许多种酶,按其来源可将它们分为三类:一是血浆功能性酶,如脂蛋白脂肪酶、纤溶酶等,血浆功能性酶是真正在血浆中起催化作用的酶。二是外分泌酶如淀粉酶、脂肪酶、碱性磷酸酶等,正常时仅少量逸入血浆,但当相应腺体病变时,进入血浆的量增多。如急性胰腺炎时,血浆中淀粉酶含量明显增多。三是细胞酶如谷丙转氨酶、乳酸脱氢酶等。当细胞在生理病理情况下其细胞膜的通透性改变或细胞损伤时逸入血浆,它们在血浆中虽无生理作用但却有临床诊断价值,尤其是一些组织特有的酶在血浆中活性的变化,对疾病的诊断和预后有重要参考价值。

5. 血液凝固与纤维蛋白溶解作用 一些血浆蛋白质是凝血因子,经适当因素激活后,可促使纤维蛋白原转变为纤维蛋白,后者可网罗血细胞形成凝块,阻止出血。血浆中的纤溶酶原在纤溶激活剂的作用下转变为纤溶酶,使纤维蛋白溶解,以保证血流通畅。

6. 免疫作用 机体对入侵的病原微生物可产生特异的抗体。血液中具有抗体作用的蛋白质称为免疫球蛋白(Ig)。免疫球蛋白可分为IgG、IgA、IgM、IgD、IgE等五大类,由浆细胞产生,电泳时主要出现于γ球蛋白区域,Ig能识别并结合特异性抗原形成抗原-抗体复合物,激活补体系统从而消除抗原对机体的损伤。

第三节 血细胞代谢

一、红细胞代谢

红细胞由骨髓中造血干细胞定向分化而生成,是血液中最主要的细胞。红细胞经历原始红细胞、早幼红细胞、中幼红细胞、晚幼红细胞、网状红细胞等阶段,最后发育为成熟红细胞,进入血循环。

哺乳类动物的红细胞在成熟过程中要经历一系列的形态和代谢的改变。红细胞在发育成熟过程中,首先发生细胞核消失,继而线粒体和核糖体等细胞器消失,成熟红细胞除细胞膜外,无其他细胞器结构。伴随发生的是代谢功能的逐渐丧失,如不能进行核酸、蛋白质的合成,也不能利用氧进行有氧氧化等(表13-1)。

表13-1 红细胞成熟过程中的代谢变化

	有核红细胞	网织红细胞	成熟红细胞
DNA合成	+	-	-
RNA合成	+	-	-

笔记栏

(续表)

	有核红细胞	网织红细胞	成熟红细胞
蛋白质合成	+	+	-
脂类合成	+	+	-
血红素合成	+	+	-
三羧酸循环	+	+	-
氧化磷酸化	+	+	-
糖酵解	+	+	+
磷酸戊糖途径	+	+	+

注:"+":表示有此功能,"-":表示无此功能。

(一)成熟红细胞的代谢特点

葡萄糖是成熟红细胞的主要能源物质。成熟红细胞保留的代谢通路主要是葡萄糖的酵解和磷酸戊糖通路以及2,3-二磷酸甘油酸(2,3-BPG)支路。

1. 糖酵解途径 成熟红细胞由于没有线粒体,糖酵解是其获得能量的基本过程。红细胞每天通过易化扩散方式大约从血浆中摄取30 g葡萄糖。葡萄糖进入红细胞后变成6-磷酸葡萄糖,其中有90%~95%经糖酵解途径被利用,5%~10%通过磷酸戊糖途径代谢。红细胞中生成的ATP主要用于维持以下几方面的生理活动:

(1)维持红细胞膜上钠泵(Na^+-K^+ ATPase)的正常运转,维持红细胞内高K^+低Na^+的状态,保持红细胞的容积和正常形态。如果红细胞糖酵解异常,ATP生成减少,使红细胞膜内外离子平衡失调,Na^+进入红细胞内多于K^+排出,可导致红细胞膨大成球形甚至破裂。

(2)维持红细胞膜上钙泵(Ca^{2+}-ATPase)的正常运转。钙泵可将细胞内Ca^{2+}泵入血液,维持红细胞内的钙处于稳定状态。如ATP缺乏,钙泵不能正常运行,钙将凝集在细胞膜上,使膜失去韧性而易破坏。

(3)为红细胞膜脂类交换提供能量。成熟红细胞不能合成脂肪酸,只有利用糖酵解产生的ATP为能量,使红细胞膜的脂质与血浆脂蛋白中的脂质不断地进行交换,以便维持其正常的组成、结构和功能。实验证明,ATP缺乏可使红细胞膜的可塑性下降,硬度增加、易被破坏。

(4)少量ATP用于红细胞内谷胱甘肽的生物合成。

2. 2,3-二磷酸甘油酸支路 成熟红细胞糖酵解与其他细胞不同之处是2,3-二磷酸甘油酸(2,3-BPG)的生成。2,3-BPG是红细胞糖酵解支路的产物,首先在二磷酸甘油酸变位酶催化下使糖酵解的中间产物1,3-二磷酸甘油酸(1,3-BPG)转变为2,3-BPG,后者再经2,3-BPG磷酸酶水解生成3-磷酸甘油酸和磷酸,3-磷酸甘油酸可沿糖酵解途径继续分解。上述两种酶催化的反应不可逆,从而形成了2,3-BPG支路(图13-2)。

2,3-BPG的主要生理作用是调节血红蛋白的运氧功能。2,3-BPG可降低血红蛋白与O_2的亲和力。当血液流经肺部时,受2,3-BPG的影响不大;而当血液流入组织时,由于氧分压较低,2,3-BPG的存在则明显增加O_2的释放,以供组织需要。在氧分压相同条件下,随2,3-BPG浓度增大,含氧血红蛋白释放的氧增多。另外,有肺部换气障碍的严重阻塞性肺气肿的患者或正常人在短时

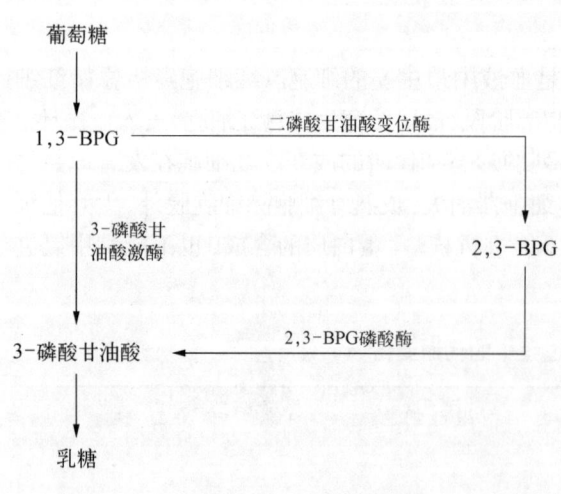

图13-2 2,3-BPG支路

间内由低海拔上升至高海拔处或高空时，都可通过红细胞中2，3-BPG浓度的改变来调节组织的获氧量。

3. 磷酸戊糖途径与氧化还原系统　　红细胞中磷酸戊糖途径的重要生理意义是提供NADPH，后者能维持细胞内还原型谷胱甘肽（GSH）的含量，使红细胞避免受到内源性及外源性氧化剂的损伤。红细胞中GSH含量很高，而且几乎全是还原型（GSH）。GSH的主要功能是作为重要的抗氧化剂保护体内蛋白质或酶分子中的巯基免遭氧化，使其处于活性状态。例如，当红细胞内有少量H_2O_2产生时，可在谷胱甘肽过氧化物酶催化下，还原型GSH使H_2O_2还原成水，而自身氧化成GSSG，之后GSSG又在以NADPH为辅酶的谷胱甘肽还原酶作用下生成GSH（图13-3所示）。

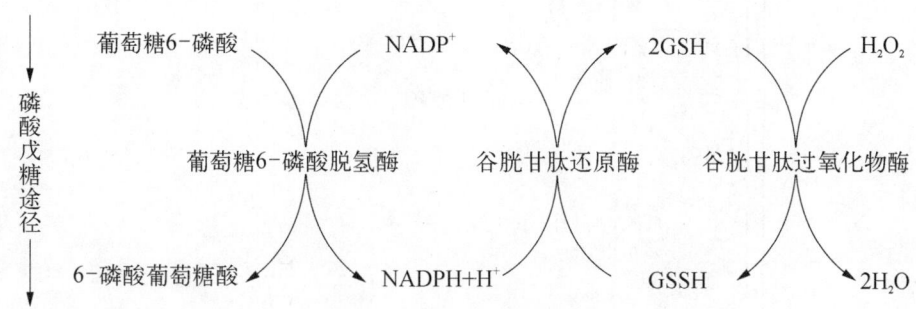

图13-3　谷胱甘肽的氧化与还原

另外，由于氧化作用，红细胞内也可产生少量高铁血红蛋白（MHb）。如果血中MHb过多并不能及时还原，则妨碍运氧能力，出现发绀等症状。由于红细胞中有NADH-高铁血红蛋白还原酶及NADPH-高铁血红蛋白还原酶能催化MHb还原成Hb，另外GSH和维生素C也能还原MHb，因此正常红细胞MHb只占总量的1%～2%。

先天性6-磷酸葡萄糖脱氢酶缺陷者，由于磷酸戊糖途径代谢障碍，红细胞内NADPH不能生成，导致GSH减少，含巯基的蛋白质或酶分子得不到保护，引起红细胞形态与功能异常，脆性增加而易发生溶血现象。

4. 成熟红细胞脂代谢的特点　　成熟红细胞由于缺乏完整的亚细胞结构，所以不能从头合成脂肪酸。成熟红细胞中的脂类几乎都位于细胞膜。红细胞通过主动摄取和被动交换不断地与血浆脂类进行交换，以满足其膜脂不断更新及维持其正常的脂类组成、结构和功能的需要。

（二）血红蛋白的合成与调节

红细胞中最主要的成分是血红蛋白（Hb）。Hb由珠蛋白和血红素缔合而成，是血液运输氧气和二氧化碳的物质基础。在成熟红细胞中，血红蛋白占湿重的32%，占干重的97%。从早幼红细胞开始，Hb合成量逐渐增加，直到网织红细胞时仍能合成少量血红蛋白。血红素是血红蛋白的辅基，同时也是肌红蛋白、细胞色素、过氧化氢酶、过氧化物酶等的辅基。珠蛋白的合成与一般蛋白质相同，这里主要介绍血红素的生物合成。

1. 血红素的生物合成　　体内大多数组织细胞都能合成血红素，但最主要的合成部位是骨髓和肝脏。85%以上的血红素在骨髓合成，其余的大多在肝脏合成。核素示踪实验表明：血红素合成的原料是琥珀酰辅酶A、甘氨酸和Fe^{2+}，合成的关键酶是ALA合酶，辅酶是磷酸吡哆醛。血红素主要在有核红细胞和网织红细胞中合成，合成的起始和终末阶段在线粒体中进行，中间过程则在胞液中进行。血红素的整个合成过程见图13-4。

2. 血红素合成的调节　　血红素的合成受多种因素的调节，其中主要是调节ALA的生成。

（1）ALA合酶：血红素对此酶有反馈抑制作用。正常情况下血红素生成后很快与珠蛋白结合，但当血红素合成过多时，则过多的血红素被氧化为高铁血红素，后者是ALA合酶的强烈抑制剂，而且还能阻遏ALA合酶的合成。雄激素睾酮在肝内还原生成的β-氢睾酮，能诱导ALA合酶的合成，从而促进血红素和血红蛋白的生成。某些化合物，如巴比妥、灰黄霉素等药物，也能诱导

笔记栏

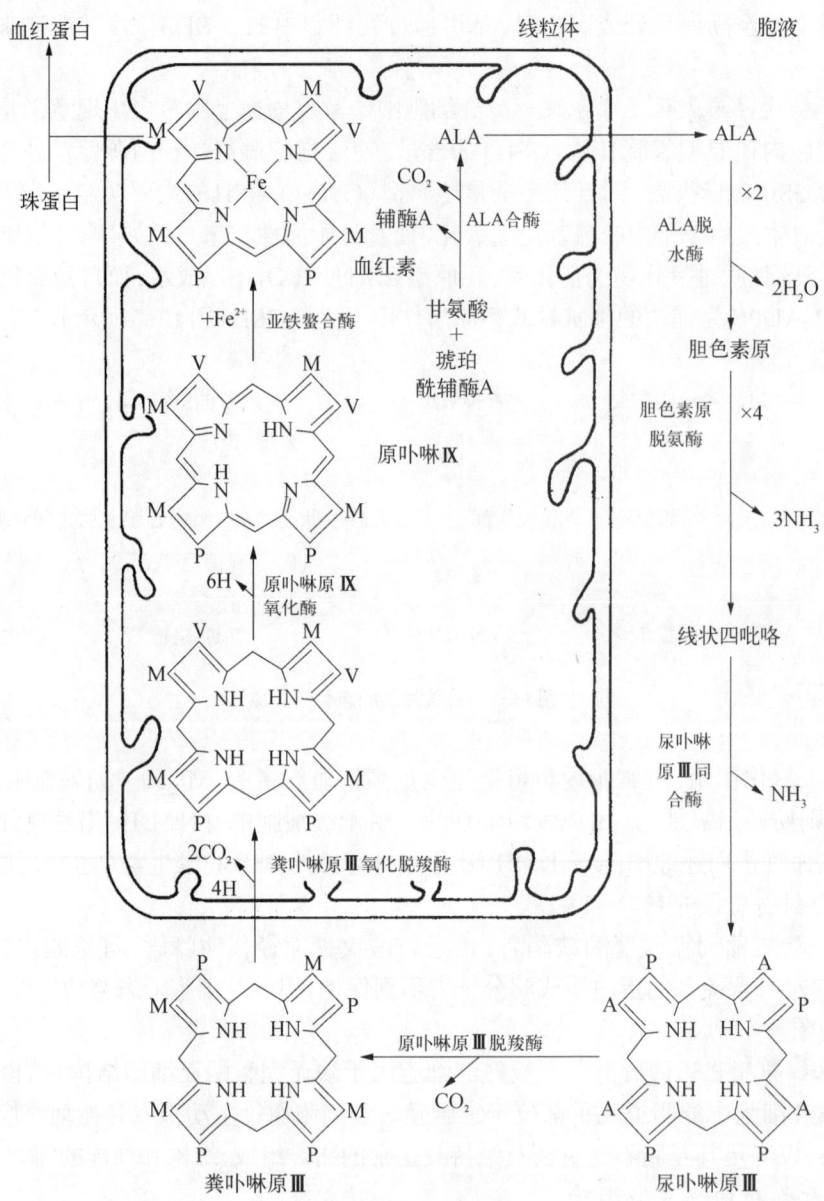

图13-4 血红素的合成过程

ALA合酶的合成。

(2) ALA脱水酶与亚铁螯合酶：ALA脱水酶和亚铁螯合酶对重金属敏感，如铅中毒时，体内高水平的铅可与ALA脱水酶和亚铁螯合酶结合，抑制这些酶的活性，可导致红细胞中尿卟啉水平升高。大量尿卟啉从尿中排出，常作为铅中毒的特征之一。

(3) 促红细胞生成素（EPO）：EPO在红细胞的生长、分化中发挥关键作用。成人血清EPO主要由肾脏合成，胎儿和新生儿主要由肝脏合成。当循环血液中红细胞容积减低或机体缺氧时，肾分泌EPO增加。EPO可促进原始红细胞的增殖和分化、加速有核红细胞的成熟，并促进ALA合酶的生成，从而促进血红素的生成。

此外铁对血红素的合成有促进作用。而血红素又对珠蛋白的合成有促进作用。

血红素合成代谢异常而引起卟啉化合物或其前体的堆积，称为卟啉症。先天性红细胞生成性卟啉症是由于先天性缺乏尿卟啉原Ⅲ同合酶，患者尿中有大量尿卟啉Ⅰ和粪卟啉Ⅰ出现。

3. 血红蛋白的合成 血红蛋白中珠蛋白的合成与一般蛋白质合成过程相同。珠蛋白的合成受血红素的调节。血红素的氧化产物-高铁血红素能促进珠蛋白的生物合成并抑制血红素的合成过程,从而协调血红蛋白的合成。

(三) 叶酸、维生素B_{12}对红细胞成熟的影响

细胞分裂增殖的基本条件是DNA合成。叶酸、维生素B_{12}对DNA合成具有重要影响。叶酸在体内转变为活性形式——四氢叶酸后作为一碳单位的载体,参与嘌呤核苷酸和胸腺嘧啶核苷酸的合成。当叶酸缺乏时,核苷酸特别是胸腺嘧啶核苷酸合成减少,红细胞中DNA合成受阻,细胞分裂增殖速度下降,细胞体积增大,核内染色质疏松,导致巨幼细胞性贫血的发生。

体内N^5-甲基四氢叶酸可看作是叶酸在体内的储存形式。当发挥作用时,必须在N^5-甲基四氢叶酸转甲基酶的催化下,N^5-甲基四氢叶酸与同型半胱氨酸反应生成四氢叶酸与甲硫氨酸(见氨基酸代谢中的甲硫氨酸循环),而维生素B_{12}是该转甲基酶的辅酶,故当维生素B_{12}缺乏时,转甲基反应受阻,影响四氢叶酸的循环利用,同样导致巨幼红细胞性贫血。

二、白细胞代谢

粒细胞、淋巴细胞和单核吞噬细胞三大系统共同组成人体白细胞,主要功能是对外来病原微生物的入侵起抵抗作用。在免疫学将详细介绍淋巴细胞,而白细胞的代谢与白细胞的功能密切相关,在此只扼要介绍粒细胞和单核吞噬细胞的代谢。

(一) 糖代谢

粒细胞中的线粒体很少,故糖酵解是主要的糖代谢途径,中性粒细胞能利用外源性的糖和内源性的糖原进行糖酵解,为细胞的吞噬作用提供能量。单核吞噬细胞虽能进行有氧氧化和糖酵解,但糖酵解仍占很大比重,在中性粒细胞中,约有10%的葡萄糖通过磷酸戊糖途径进行代谢。中性粒细胞和单核吞噬细胞被趋化因子激活后,可启动细胞内磷酸戊糖途径,产生大量的还原型NADPH。经NADPH氧化酶递电子体系可使氧接受单电子还原,产生大量的超氧阴离子。超氧阴离子再进一步转变成H_2O_2、$OH\cdot$自由基等,发挥杀菌作用。

(二) 脂代谢

中性粒细胞不能从头合成脂肪酸。单核吞噬细胞受多种刺激因子激活后,可将花生四烯酸转变成血栓素和前列腺素,在脂氧化酶的作用下,粒细胞和单核吞噬细胞可将花生四烯酸转变为白三烯,它也是速发性过敏反应的慢反应物质。

(三) 蛋白质和氨基酸代谢

氨基酸在粒细胞中的浓度较高,特别是组氨酸脱羧后的代谢产物组胺的含量尤其多。这是由于组胺参与白细胞激活后的变态反应。成熟粒细胞由于缺乏内质网,因此蛋白质的合成量极少,而单核吞噬细胞蛋白质代谢活跃,能合成各种细胞因子、多种酶和补体。

小 结

血液由有形的红细胞、白细胞和血小板以及无形的血浆组成。血浆的主要成分是水、无机盐、有机小分子和蛋白质。

血浆中的蛋白质浓度为70~75 g/L,多在肝合成。其中含量最多的是清蛋白,其浓度为38~48 g/L,它能结合并转运许多物质,在血浆胶体渗透压形成中起重要作用。血浆中的蛋白质具有多种重要的生理功能。

成熟红细胞代谢的特点是丧失了合成核酸和蛋白质的能力,并不能进行有氧氧化,红细胞功能的正常主要依赖无氧酵解和磷酸戊糖旁路。未成熟红细胞能利用琥珀酰CoA、甘氨酸和铁离子合成血红素。血红素生物合成的关键酶是ALA合酶。

有吞噬作用的白细胞的磷酸戊糖旁路和无氧酵解代谢也很活跃。NADPH氧化酶递电子体系

笔记栏

在白细胞的吞噬功能中起重要作用。

【思考题】

(1) 简述血浆蛋白质的生理功能。

(2) 什么叫NPN？主要包括哪些物质？临床上测定NPN（或BUN）有何意义？

(3) 成熟红细胞通过何种途径获得能量？生成的ATP有何生理功能？

(4) 简述成熟红细胞糖代谢的特点。

(5) 简述成熟红细胞糖酵解的2,3-二磷酸甘油酸旁路及其生理意义。

(6) 血红素合成的原料和关键酶是什么？

（周晓霞）

第十四章

肝的生物化学

学习要点

- **掌握**：①生物转化的概念、意义及生物转化的主要类型；②胆汁酸的分类、合成原料及相关酶；③胆色素的正常代谢。
- **熟悉**：①胆汁酸的肠肝循环；②熟悉三种黄疸的病因及血、尿、便检查的意义。
- **了解**：①肝脏在糖、脂、蛋白质、维生素和激素代谢中的作用；②影响生物转化的因素。

肝脏是人体内非常重要的器官，其在糖、脂、蛋白质、维生素、激素等物质代谢中起重要作用，并且有分泌、排泄、生物转化等多方面功能。肝脏的这些功能与其组织结构特点和具有高活性和丰富的酶类密切相关。

肝脏除具有肝动脉和门静脉的双重血液供应外，还有肝静脉和胆道系统两条输出通道。这些结构为肝脏与人体其他组织之间的物质交换和分泌排泄等提供了良好的条件。此外，肝细胞含丰富的线粒体、内质网、高尔基体和大量的核糖体及其含有的各种活性较高和完备的酶体系，以适应肝脏活跃的生物氧化、蛋白质合成、生物转化等多种功能。

第一节 肝脏在物质代谢中的作用

一、肝脏在糖代谢中的作用

肝脏在糖代谢中最重要的作用是维持血糖浓度的相对恒定以保障全身各组织，尤其是大脑和红细胞的能量供应。这种作用通过糖原的合成和分解及糖异生得以实现。在进食后，血糖浓度升高，肝脏可大量合成肝糖原。在空腹和饥饿时，血糖浓度下降，肝糖原可迅速分解成葡萄糖以补充血糖。而肝糖原的储存量有限，当因病禁食或反复呕吐、饥饿等情况下，肝脏能通过糖异生以补充血糖的不足，保证生物体得到必要的血糖供应。在剧烈运动及饥饿时糖异生作用对调节血糖作用尤为显著。当肝功能受到严重损害时，肝糖原的合成与分解及糖的异生作用降低，维持血糖浓度恒定的能力下降，进食后易出现一过性高血糖，在饥饿时易发生低血糖。

二、肝脏在脂代谢中的作用

肝脏在脂类的消化、吸收、分解、合成和运输中均起着重要的作用：①肝脏在脂类消化、吸收中的作用。肝脏将胆固醇转化为胆汁酸并随胆汁分泌，胆汁中的胆汁酸盐有促进脂类消化吸收的作用。当肝脏受损时，分泌胆汁能力下降，可影响脂类的消化吸收，临床上可出现"脂肪泻"的症状。

笔记栏

② 肝脏在脂类合成代谢中的作用。肝脏是体内合成三酰甘油、胆固醇及其酯和磷脂的主要器官，并以极低密度脂蛋白形式将肝内合成的脂类运到肝外组织利用。肝脏合成磷脂非常活跃，特别是卵磷脂。如果磷脂合成发生障碍，就会造成脂肪运输障碍而导致肝中脂肪沉积，出现脂肪肝。③ 肝脏在脂类分解代谢中的作用：肝脏中三酰甘油和脂肪酸的分解代谢旺盛，并具有生成酮体的特有酶系，是体内酮体生成的重要器官。酮体通过血液运往肝外组织，如脑、心肌、骨骼肌等进一步氧化供能。

三、肝脏在蛋白质代谢中的作用

肝脏是体内蛋白质代谢的主要器官，主要体现在以下几个方面：① 肝脏除合成自身所需蛋白质以外，还合成多种分泌蛋白质，如清蛋白、凝血酶原、纤维蛋白原、载脂蛋白以及部分球蛋白。血浆清蛋白是许多物质（如游离脂肪酸、胆红素等）的载体，并在维持血浆胶体渗透压方面起重要作用。当肝功能减退时，其清蛋白合成能力下降，患者可能会出现水肿或腹水。临床上通过测定血浆蛋白质的比值和含量的变化，作为肝功能正常与否的判断指标之一。胚胎肝细胞还可合成一种与血浆清蛋白分子质量相似的甲胎蛋白，胎儿出生后其合成受到抑制。原发性肝癌的癌细胞可重新表达这种蛋白质并释放入血，故甲胎蛋白的检测对原发性肝癌的临床诊断有一定的意义。此外，肝功能严重障碍时，血浆中许多凝血因子含量降低，常导致血液凝固功能障碍。同时肝脏也是清除血浆蛋白质的重要器官（清蛋白除外），很多激活的凝血因子和纤溶酶原激活物等也由肝细胞清除，肝功能严重障碍可诱发弥散性血管内凝血。此外肝脏还合成多种运载蛋白，如运铁蛋白、铜蓝蛋白等，当这些蛋白质合成障碍时，也可产生相应的病理变化。② 肝内有关氨基酸代谢的酶类十分丰富，肝细胞内的转氨酶特别是丙氨酸转氨酶（ALT）活性较其他组织高，故当肝细胞受损时，血清中ALT活性升高，可作为诊断肝炎的主要指标之一。③ 通过鸟氨酸循环合成尿素，以解除氨毒是肝脏的特异功能。肝功能严重受损时，尿素合成能力下降，可使血氨浓度升高，导致肝性脑病的发生，临床出现肝性脑病。另外，肝脏也是胺类物质解毒的重要器官。胺类主要来自肠道细菌对氨基酸（特别是芳香族氨基酸）的脱羧基作用，它们的结构类似于茶酚胺类神经递质，故又称假性神经递质，可以取代或干扰大脑正常神经递质的作用。当肝功能严重减退时，假性神经递质含量升高，这可能是肝性脑病产生的机制之一。

四、肝脏在维生素代谢中的作用

肝脏在维生素的吸收、储存、转化中具有重要作用。肝脏所分泌的胆汁酸可促进脂溶性维生素A、维生素D、维生素E、维生素K的吸收。并且肝脏也是这些脂溶性维生素和维生素B_{12}的储存场所。因此肝胆系统疾病常伴有维生素代谢障碍。多种维生素在肝中转变为辅酶的组成成分。如维生素B_1转化成焦磷酸硫胺素（TPP）；维生素B_6转化成磷酸吡哆醛；维生素PP转变为辅酶Ⅰ（NAD^+）和辅酶Ⅱ（$NADP^+$）；泛酸转变为辅酶A；维生素D_3羟化为25–OH–D_3等。肝脏还可合成维生素D结合蛋白和视黄醇结合蛋白，通过血液循环转运维生素D和A。

五、肝脏在激素代谢中的作用

许多激素在其发挥调节作用之后，主要在肝脏内被分解转化，从而降低或失去活性，称为激素的灭活作用。激素灭活过程是体内调节激素作用时间长短和强度的重要方式之一。肝功能障碍，激素灭活作用受影响，临床上可出现男性乳房发育、皮肤蜘蛛痣、肝掌、面部色素沉着等现象。

第二节　肝脏的生物转化作用

笔记栏

一、生物转化的概念

机体在生命活动中会不断出现一些非营养性物质，它们既不能作为构成组织细胞的原料，又不能氧化供能，其中许多物质对机体有一定的生物活性或毒性作用。根据其来源不同可分为两大类：① 内源性物质如代谢中所产生的各种生物活性物质：激素、神经递质及胺类等，有些则是有毒的代谢产物如氨、胆红素等。② 外源性物质如药物、毒物、食物防腐剂、色素及其他化学物质等。机体将内源性或外源性非营养性物质进行化学转变、增加其极性（水溶性），使其易随胆汁或尿液排泄的代谢变化过程称为生物转化。肝脏是生物转化作用的最主要器官，在肝细胞的微粒体、胞质、线粒体等部位都存在着有关生物转化的酶类。其他组织如肾、胃肠道、肺、皮肤及胎盘等也有一定的生物转化功能。

二、生物转化的反应类型

通常将生物转化反应分为两相反应。氧化、还原、水解等反应直接改变物质的基团或使之分解，被称为生物转化的第一相反应。有的物质经过第一相反应即可充分代谢或迅速排出体外，但有许多物质即使经过第一相反应后，极性的改变仍不大，必须与某些极性更强的物质（如葡萄糖醛酸、硫酸、氨基酸等）结合，增加其溶解度，或者甲基化、乙酰化等改变其反应性，才最终排出。体内的这种结合反应被称为生物转化的第二相反应。

（一）第一相反应

1. 氧化作用　在肝细胞的微粒体、线粒体及胞液中含有参与生物转化的不同的氧化酶系，包括加单氧酶系、胺氧化酶系、脱氧酶系。

（1）微粒体氧化酶系：存在于微粒体中的以细胞色素P_{450}为主要成分的加单氧酶系具有十分重要的生理意义。在该酶系所催化的反应中，由于氧分子中的一个氧原子掺入到底物中，而另一个氧原子使NADPH氧化生成水，故也称混合功能氧化酶。

$$RH + O_2 + NADPH + H^+ \longrightarrow ROH + NADP^+ + H_2O$$

加单氧酶系在体内可参与多种药物和毒物的生物转化，通过增强水溶性，使其易排出体外；同时也参与体内多种生物活性物质的羟化反应，如维生素D_3羟化为具有生物活性的$25-(OH)-D_3$。加单氧酶系催化的特点是活性强、特异性低、具有可诱导性，如苯巴比妥类药物可诱导加单氧酶的合成，长期服用此类药物的患者，对异戊巴比妥、氨基比林等多种药物的转化及耐受能力亦同时增强。

（2）单胺氧化酶系：胺氧化酶属于黄素酶类，存在于线粒体中，可催化组胺、酪胺、尸胺、腐胺等肠道腐败产物氧化脱胺，生成相应的醛类。

$$RCH_2NH_2 + O_2 + H_2O_2 \longrightarrow RCHO + NH_3 + H_2O$$

（3）脱氢酶系：肝细胞的胞液中含有以NAD^+为辅酶的醇脱氢酶与醛脱氢酶，分别催化醇或醛脱氢，氧化生成相应的醛或酸类。如：

$$CH_3CH_2OH \xrightarrow{\text{醛脱氢酶}} CH_3CHO \xrightarrow{\text{醇脱氢酶}} CH_3COOH$$
$$\text{乙醇} \qquad\qquad \text{乙醛} \qquad\qquad \text{乙酸}$$

2. 还原作用　肝微粒体中存在着由NADPH及还原型细胞色素P_{450}供氢的还原酶，主要有硝基还原酶类和偶氮还原酶类，均为黄素蛋白酶类。还原的产物为胺。如硝基苯在硝基还原酶催化下加氢还原生成苯胺，偶氮苯在偶氮还原酶催化下还原生成苯胺，反应见下图。

$$\text{偶氮苯} \xrightarrow{2H} \text{（中间产物）} \xrightarrow{2H} 2 \text{ 苯胺}$$

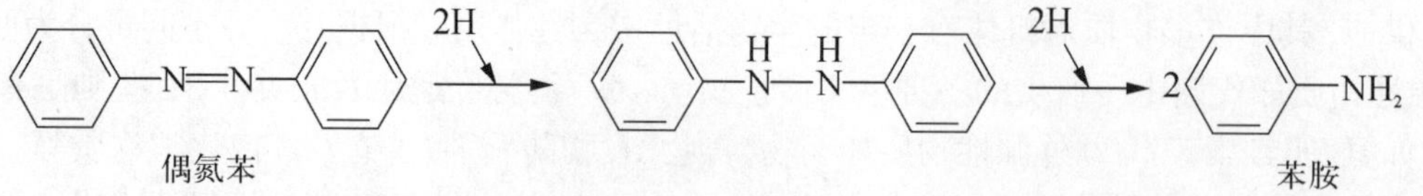

3. 水解作用 如某些酯类（如普鲁卡因）、酰胺类（如异丙异烟肼）及糖苷类化合物（如洋地黄毒苷）可分别在酯酶、酰胺酶、糖苷酶等水解酶的作用下被水解。这类酶在体内广泛分布。

（二）第二相反应

有机毒物或药物，特别是具有极性基团的物质，不论是否经过氧化、还原及水解反应，大多要与体内其他化合物或基团相结合，从而遮盖药物或毒物分子中的某些功能基团，使它们的生物活性、分子大小以及溶解度等发生改变，这就是生物转化中的结合反应。结合反应往往属于耗能反应，它在保护有机体不受外来异物毒害、维持内环境稳定方面具有重要意义。结合反应可在肝细胞的微粒体、胞液和线粒体内进行。不同形式的结合反应由特异的酶系所催化。常见的结合反应有葡萄糖醛酸结合、硫酸结合、乙酰基结合、甘氨酰基结合、甲基结合、谷胱甘肽结合及水化等。但其中以葡萄糖醛酸结合最为重要，这不仅因为葡萄糖醛酸来源丰富，而且肝内含有丰富的葡萄糖醛酸转移酶。

三、生物转化作用的特点与意义

（一）多样性和连续性

一种非营养性物质在体内可进行多种、往往是连续的生物转化反应，才能由原来极性弱、脂溶性的物质变为极性强的水溶性物质，再经胆道或肾脏排出体外，如乙酰水杨酸，其生物转化过程见图14-1。

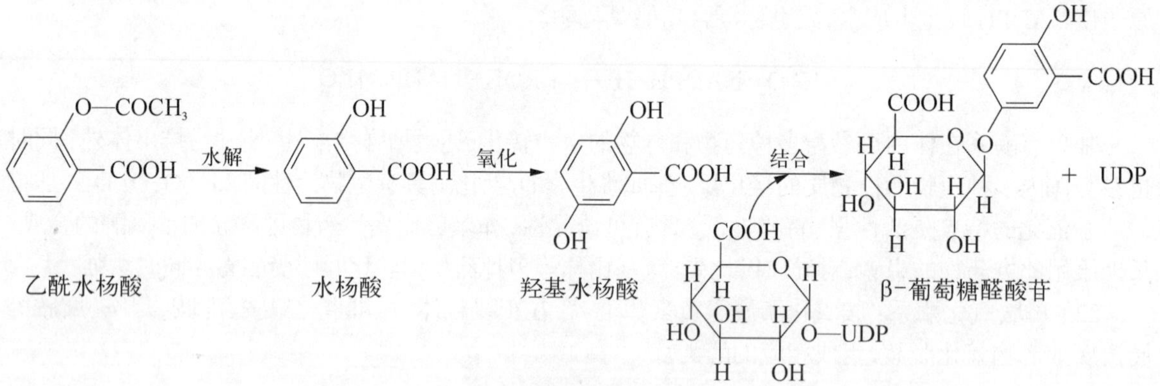

$$\text{乙酰水杨酸} \xrightarrow{水解} \text{水杨酸} \xrightarrow{氧化} \text{羟基水杨酸} \xrightarrow{结合} \text{β-葡萄糖醛酸苷} + UDP$$

图14-1 乙酰水杨酸的生物转化过程

（二）解毒与致毒双重性

生物转化的生理意义在于机体通过上述氧化、还原、水解和结合等反应，使非营养性物质的溶解度增加，有利于转化后的产物随胆汁或尿液排出体外。在大多数情况下，通过生物转化，对生物活性物质、药物等使其生物活性降低或消失，或使有毒物质降低或失去其毒性，对机体是一种保护作用。

但是，生物转化作用并不都是解毒作用。有些物质经过生物转化后不但没有降低毒性，反而增加其毒性。例如多环芳烃类物质在多环芳烃羟化酶催化下，转化为多环芳烃环氧化物，后者是一种致癌物质，可与细胞核DNA发生共价结合，导致基因的突变而产生癌变。黄曲霉素亦是经转化后才具有致癌作用的。所以生物转化具有解毒与致毒的双重性。

四、影响生物转化的因素

生物转化作用受年龄、性别、肝脏疾病及药物等体内、外各种因素的影响。例如新生儿生物转化酶发育不全，对药物及毒物的转化能力不足，易发生药物及毒素中毒。老年人因器官退化，对氨基比林、保泰松等的药物转化能力降低，用药后药效较强，不良反应较大。此外，某些药物或毒物可诱导转化酶的合成，使肝脏的生物转化能力增强，称为药物代谢酶的诱导。例如，长期服用苯巴比妥,可诱导肝微粒体加单氧酶系的合成,从而使机体对苯巴比妥类催眠药产生耐药性。同时,由于加单氧酶特异性较差,可利用诱导作用增强药物代谢和解毒,如用苯巴比妥治疗地高辛中毒。苯巴比妥还可诱导肝微粒体UDP-葡萄糖醛酸转移酶的合成,故临床上用来治疗新生儿黄疸。另一方面由于多种物质在体内转化代谢常由同一酶系催化,同时服用多种药物时,可出现竞争同一酶系而相互抑制其生物转化作用,临床用药时应加以注意。如保泰松可抑制双香豆素的代谢,同时服用时双香豆素的抗凝作用加强,易发生出血现象。肝实质性病变时,微粒体中加单氧酶系和UDP-葡萄糖醛酸转移酶活性显著降低,加上肝血流量的减少,患者对许多药物及毒物的摄取、转化发生障碍,易积蓄中毒,故对肝病患者用药要特别慎重。

第三节 胆汁酸盐的代谢

一、胆汁

胆汁(bile)是肝细胞分泌的液体。人的肝脏每日约分泌300～700 mL胆汁(称肝胆汁),肝胆汁进入胆囊后,经浓缩而成为胆囊胆汁,随后经胆总管流入十二指肠。人胆汁呈黄褐色或金黄色,有苦味。胆汁中的成分除水外,溶于其中的固体物质有蛋白质、胆汁酸、脂肪酸、胆固醇、磷脂、胆红素、磷酸酶、无机盐等。其中胆汁酸的含量最高,在胆囊胆汁中,胆汁酸含量占总固体物质的1/2以上。胆汁中的各种胆汁酸均以钠盐形式存在,所以一般将胆汁酸也称为胆汁酸盐。

胆汁中除胆汁酸盐外,其他成分多为排泄物,进入机体的药物、毒物、染料及重金属盐等物质亦可随胆汁排出。因此,胆汁既是一种消化液,对脂类的消化吸收有促进作用,又可作为排泄液,将体内某些代谢产物及外源物质运输至肠,随粪便排出。

二、胆汁酸的代谢与功能

胆汁酸盐(简称胆盐),主要指胆汁酸钠盐与钾盐,是胆汁的重要成分,它们在脂类消化吸收及调节胆固醇代谢方面起着重要作用。

(一)胆汁酸的种类

胆汁酸按其生成部位可分为初级胆汁酸和次级胆汁酸两大类。胆固醇在肝细胞内转化生成的胆汁酸为初级胆汁酸,后者分泌到肠道后受肠道细菌作用生成的产物为次级胆汁酸。上述两类胆汁酸按其是否与甘氨酸和牛磺酸相结合,又可分游离型胆汁酸和结合型胆汁酸。胆酸和鹅脱氧胆酸是由肝细胞生成的初级游离胆汁酸,它们与甘氨酸或牛磺酸结合后生成甘氨胆酸、牛磺胆酸、甘氨鹅脱氧胆酸或牛磺鹅脱氧胆酸,少量的胆汁酸亦可与硫酸相结合。它们均为初级结合型胆汁酸,脱氧胆酸和石胆酸为肠中生成的次级游离型胆汁酸,甘氨脱氧胆酸、牛磺脱氧胆酸为主要的次级结合型胆汁酸,是脱氧胆酸被肠道重吸收入肝生成的。人体胆汁中的胆汁酸以结合型为主。上述胆汁酸的结构与种类见图14-2和表14-1。

表14-1 胆汁酸的种类

按来源分类	按结构分类	
	游离型胆汁酸	结合型胆汁酸
初级胆汁酸	胆酸	甘氨胆酸、牛磺胆酸
	鹅脱氧胆酸	甘氨鹅脱氧胆酸、牛磺鹅脱氧胆酸
次级胆汁酸	脱氧胆酸	甘氨脱氧胆酸、牛磺脱氧胆酸
	石胆酸	甘氨石胆酸、牛磺石胆酸

笔记栏

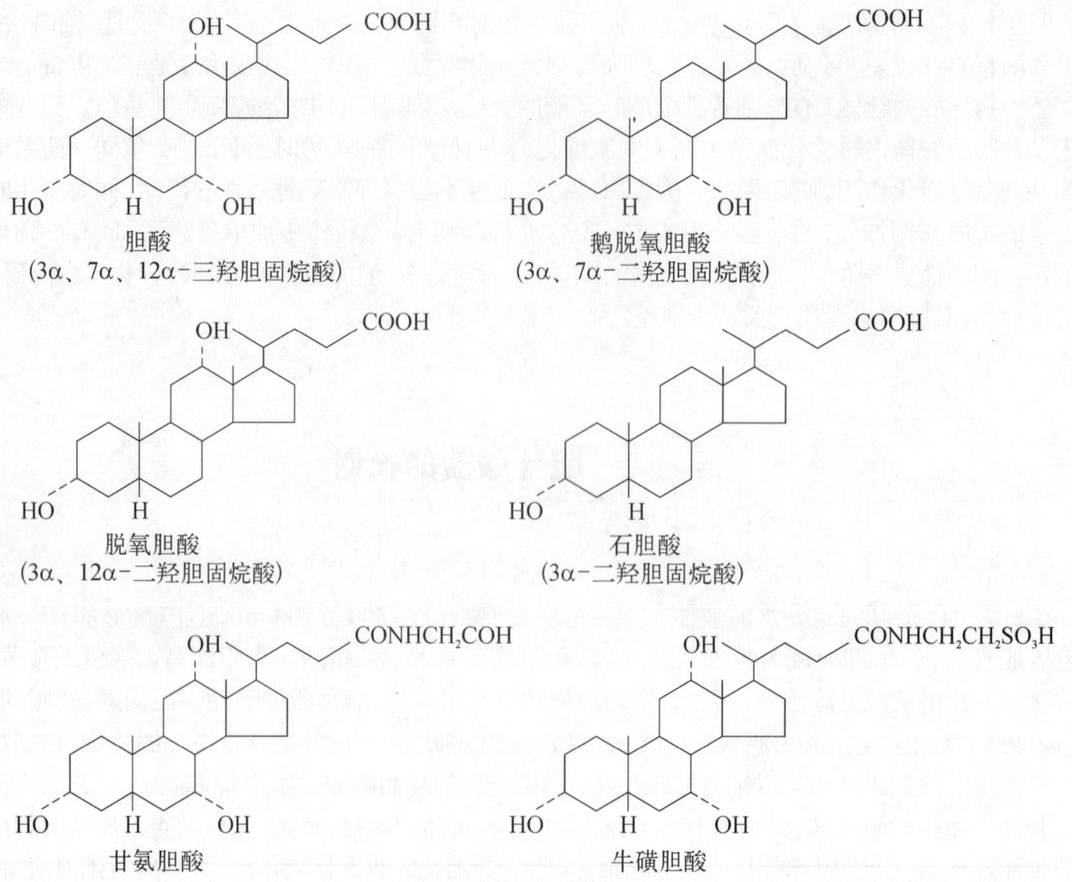

胆酸
(3α、7α、12α-三羟胆固烷酸)

鹅脱氧胆酸
(3α、7α-二羟胆固烷酸)

脱氧胆酸
(3α、12α-二羟胆固烷酸)

石胆酸
(3α-二羟胆固烷酸)

甘氨胆酸

牛磺胆酸

图14-2 胆汁酸的结构

（二）胆汁酸的生成及功用

1. 初级胆汁酸的生成　　肝细胞（微粒体及胞液）以胆固醇为原料，首先通过7-α羟化酶催化生成7-α羟胆固醇，此酶是胆汁酸生成的关键酶。之后再进行羟化、加氢还原、侧链氧化断裂等一系列反应后催化转变生成胆酸与鹅脱氧胆酸两种初级游离胆汁酸。正常人每日合成1~1.5 g胆固醇，其中0.4~0.6 g在肝脏中转变为胆汁酸。初级游离胆汁酸与甘氨酸或牛磺酸相结合则分别生成甘氨胆酸与牛磺胆酸、甘氨鹅脱氧胆酸与牛磺鹅脱氧胆酸这四种结合型初级胆汁酸（图14-3）。

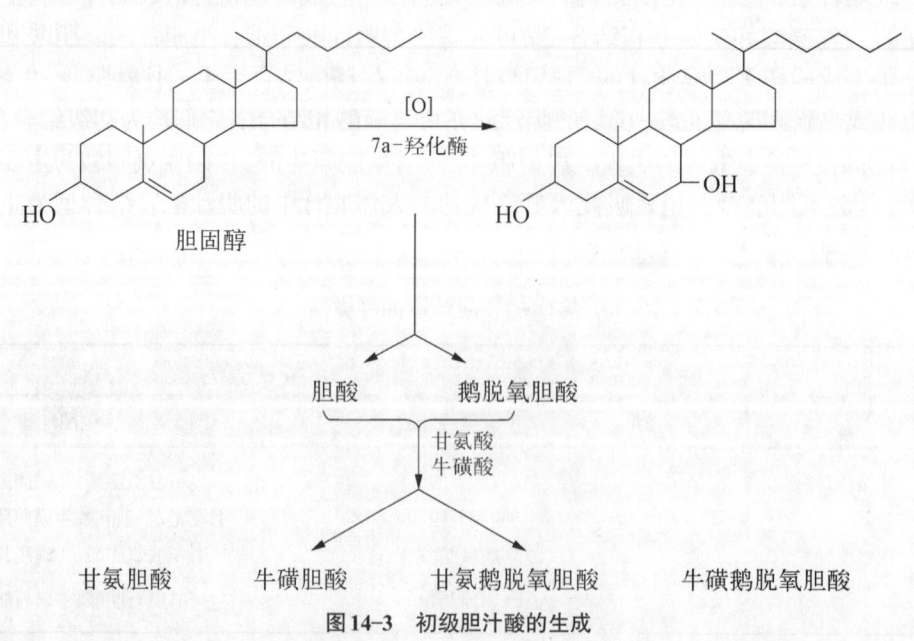

图14-3 初级胆汁酸的生成

2. 次级胆汁酸的生成　结合型初级胆汁酸随胆汁排入肠道,在小肠下端和大肠腔内经肠道细菌的作用,水解脱去甘氨酸和牛磺酸后成为游离胆汁酸,后者继续在肠道细菌作用下,7位脱羟基而转变成次级胆汁酸,其中胆酸转变成脱氧胆酸,鹅脱氧胆酸转变成为石胆酸(图14-4)。这两种胆汁酸重吸收入肝后也可以与甘氨酸或牛磺酸结合形成次级结合胆汁酸。

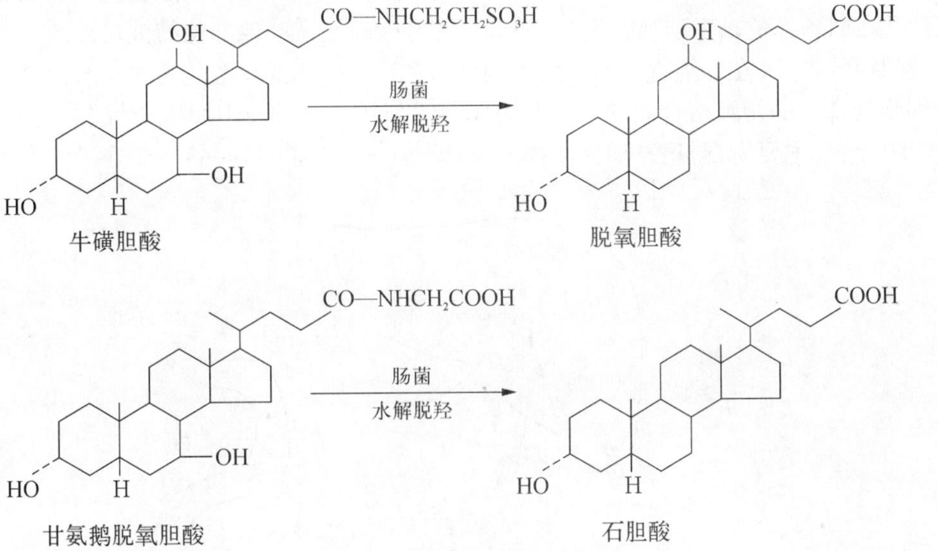

图14-4　次级胆汁酸的生成

3. 胆汁酸生成的调节　主要受到两方面因素的调节:其一是胆汁酸生成过程中的关键酶即7-α羟化酶受胆汁酸本身的负反馈调节,使胆汁酸生成受到限制。为此若能使肠道胆汁酸含量降低,减少胆汁酸的重吸收,即可促进肝内胆固醇转化成胆汁酸而降低血胆固醇。如临床应用口服阴离子交换树脂(考来烯胺)以减少胆汁酸的重吸收,以达到降低血胆固醇的治疗作用。此外7-α羟化酶也是一种加单氧酶,维生素C对此种羟化反应有促进作用。其二是甲状腺素的调节作用,甲状腺素可促进7-α羟化酶的活性,从而加速胆固醇转化为胆汁酸,所以甲亢患者血胆固醇含量降低,甲减患者血胆固醇含量升高。

4. 胆汁酸的生理功能　胆汁酸分子既含有亲水的羟基和羧基或磺酸基,又含有疏水的甲基和烃核,其立体构象具有亲水和疏水两个侧面(图14-5)。因此胆汁酸分子具有较强的界面活性,能够降低油/水两相之间的界面张力,具有乳化脂类等物质的作用。所以胆汁酸盐在脂类的消化吸收和维持胆汁中胆固醇呈溶解状态中起着十分重要的作用。

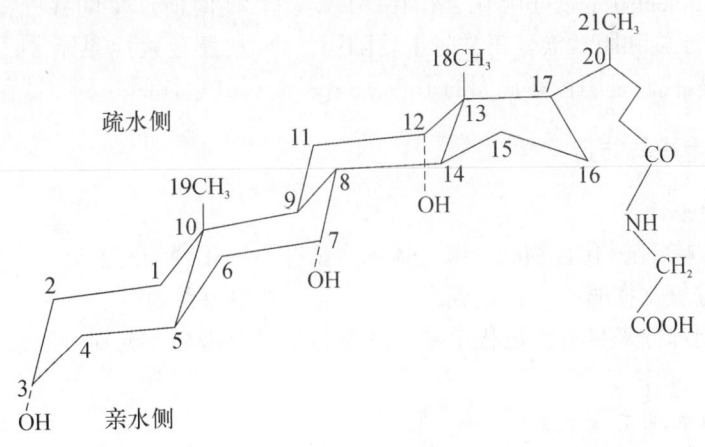

图14-5　胆汁酸的立体构象

三、胆汁酸的肠肝循环及其意义

正常人每日需12～32 g胆汁酸乳化脂类,而肝胆内的胆汁酸池共3～5 g,因此每次饭后都将进行2～4次肠肝循环,可使有限的胆汁酸发挥最大限度的乳化作用,使食物中的脂类的消化吸收得以顺利进行。

进入肠道的初级胆汁酸(游离的和结合的)和次级胆汁酸,95%可由肠道重吸收入血,其中结合型的胆汁酸在回肠部位以主动吸收为主,游离型胆汁酸在肠道其他部位的被动扩散为辅,重吸收的胆汁酸经门静脉入肝,在肝细胞内初级游离胆汁酸和次级游离胆汁酸均可再结合成结合型胆汁酸,并与肝细胞新合成的初级结合胆汁酸一起由胆道重新排入肠腔,即所谓胆汁酸的肠肝循环。未被重吸收的胆汁酸(主要为石胆酸)随粪便排出,每天0.4～0.6 g(图14-6)。

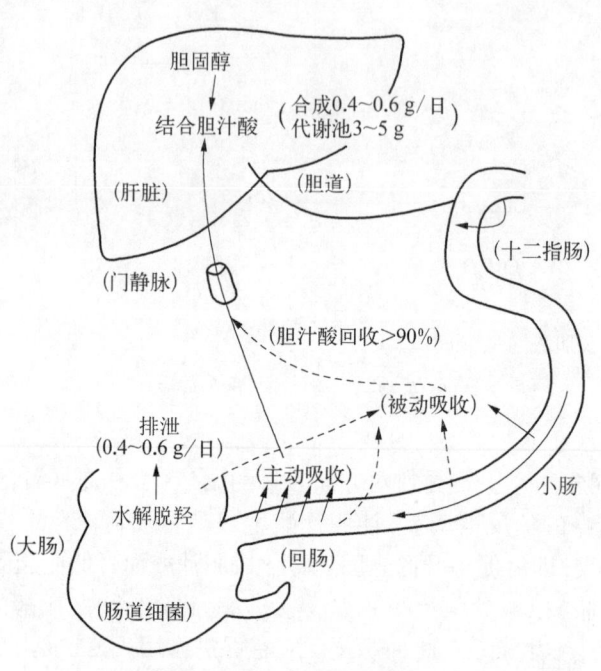

图14-6 胆汁酸的肠肝循环

第四节 胆色素代谢与黄疸

胆色素(bile pigments)是铁卟啉化合物在体内分解代谢时所产生的各种物质的总称,包括胆红素、胆绿素、胆素原族和胆素族。正常时主要随胆汁排泄,胆色素代谢异常时可导致高胆红素血症——黄疸。胆红素代谢是胆色素代谢的中心,而肝脏是胆红素代谢的重要器官。

一、胆红素的生成与转运

(一)胆红素的来源

胆红素来自体内铁卟啉化合物的分解。体内含铁卟啉的化合物有血红蛋白、肌红蛋白、细胞色素、过氧化氢酶及过氧化物酶等。正常成人每天产生的胆红素约80%左右来自衰老红细胞中血红蛋白的分解,其他则部分来自造血过程中某些红细胞的过早破坏及非血红蛋白的其他含铁卟啉化合物的分解。

(二)胆红素的生成过程

体内红细胞的寿命平均为120 d,衰老的红细胞被肝、脾、骨髓的单核-吞噬细胞系统识别并吞噬，其中的血红蛋白分解为珠蛋白和血红素。珠蛋白部分被分解为氨基酸，再被利用；血红素则在单核-吞噬细胞系统细胞微粒体的血红素加氧酶的催化下，生成CO、铁离子和胆绿素，此步反应需O_2和NADPH的参与。生成的铁离子进入体内铁代谢池，可供机体再利用或以铁蛋白形式储存。而胆绿素则进一步在胞液中胆绿素还原酶的催化下，还原生成胆红素，由于该酶活性较高，反应迅速，故正常人无胆绿素堆积，每日生成胆红素的量为250～300 mg。由单核-吞噬细胞系统刚刚生成的胆红素称为游离胆红素或未结合胆红素，其分子内形成氢键而卷曲，难溶于水，呈高度脂溶性，可扩散入组织细胞，毒性作用较大（图14-7）。

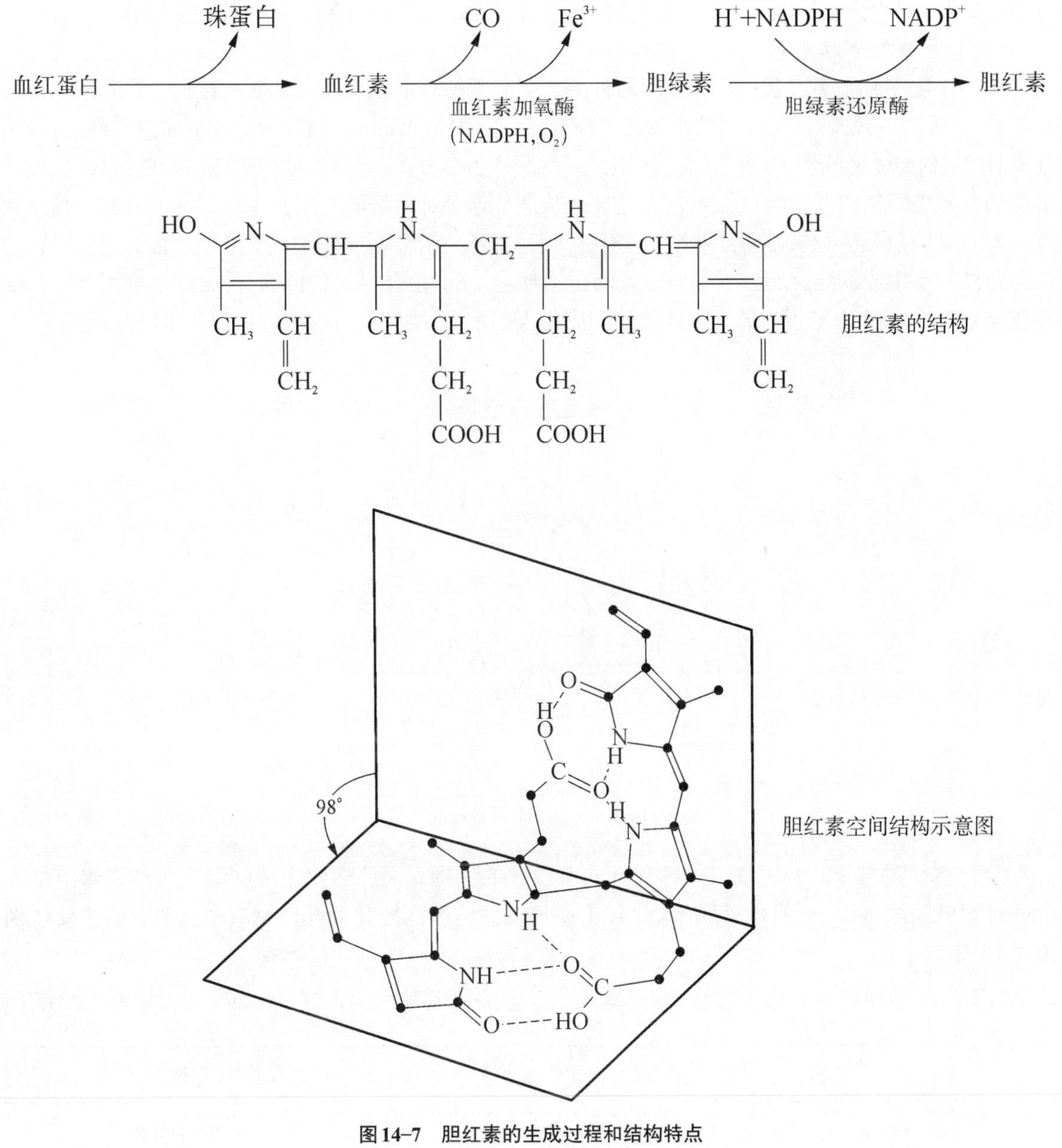

图14-7 胆红素的生成过程和结构特点

（三）胆红素在血中的转运

未结合胆红素进入血液后即与血浆清蛋白结合成复合物进行转运。这种结合增加了胆红素在血浆中的溶解度，有利于运输，同时又限制了胆红素自由透过各种生物膜，使其不致对细胞产生毒性作用。正常情况下，血浆中的清蛋白足以结合全部胆红素，只有当血中胆红素浓度升高或与清蛋白结合量下降如某些有机阴离子如磺胺药、脂肪酸、水杨酸、胆汁酸等可与胆红素竞争与清蛋白分

笔记栏

子上的高亲和力结合部位结合干扰胆红素与清蛋白的结合或改变清蛋白的构象从而导致胆红素游离出来，容易进入脑组织而出现中毒症状引起胆红素脑病(核黄疸)。因此对有黄疸倾向的患者或新生儿应该避免使用上述药物以免发生核黄疸。

二、胆红素在肝细胞内的代谢

胆红素的进一步代谢主要在肝脏进行，肝细胞对胆红素有摄取、结合、排泄等重要作用。

(一) 肝脏对胆红素的摄取

在血浆中与清蛋白结合运输的胆红素，在肝血窦中与清蛋白分离后，迅速被肝细胞摄取。这是因为位于血窦表面的肝细胞膜上具有特异性载体，血流通过肝脏一次，其中即有40%的胆红素被肝脏摄取。

(二) 肝脏对胆红素的代谢

在肝细胞中存在着Y蛋白和Z蛋白两种能与胆红素结合的蛋白质。Y蛋白对胆红素的亲和力大于Z蛋白，所以，它是转运胆红素的主要蛋白质。胆红素由Y或Z蛋白结合运输至滑面内质网上，经胆红素UDP-葡萄糖醛酸转移酶的催化，使胆红素与配体蛋白分离，而与葡萄糖醛酸以酯键结合，生成水溶性的葡萄糖醛酸胆红素酯(图14-8)。主要生成胆红素葡萄糖醛酸二酯及少量葡萄糖醛酸一酯。此外，少量的胆红素还可与硫酸相结合。这些经肝细胞转化、与葡萄糖醛酸或硫酸相结合的胆红素称为结合胆红素。生成的结合胆红素通过主动转运消耗能量的过程极易从肝细胞排出到毛细胆管中。婴儿在出生7周后，体内Y蛋白的水平才能达到成年人的水平，故此阶段可发生新生儿生理性黄疸。

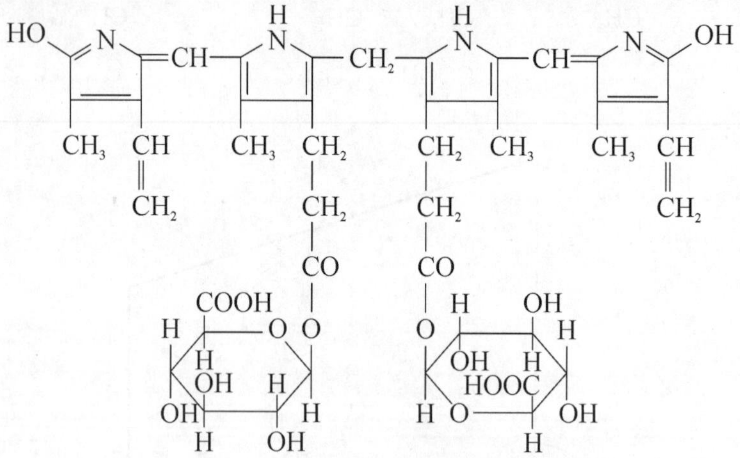

图14-8 胆红素葡萄糖醛酸二酯

结合胆红素与未结合胆红素的理化性质有很大的区别。经肝转化生成的结合胆红素水溶性大可通过肾脏随尿排出，而且因其脂溶性小，不易透过细胞膜而使其毒性作用减小。两者的主要区别见表14-2。

表14-2 游离胆红素与结合胆红素的区别

	游离胆红素	结合胆红素
别 名	游离胆红素	直接胆红素
与葡萄糖醛酸结合	未结合	结合
与重氮试剂反应	慢、间接反应	迅速、直接反应
水中溶解度	小	大
经肾随尿排出	不能	能
通透细胞膜	易	不易
对脑的毒性作用	大	小

三、胆红素在肠道中的转变

结合胆红素随胆汁排入肠道后,在肠菌的作用下,水解脱去葡萄糖醛酸成为未结合胆红素,再在细菌相应酶的催化下,被还原而成多种无色产物,包括中胆素原、粪胆素原和尿胆素原,总称胆素原族。胆素原大部分(80%~90%)随粪便排出,排出的胆素原经空气氧化成粪胆素,后者是粪便的主要色素。

四、胆素原族的肠肝循环及尿中胆素原的排泄

在生理情况下,肠中生成的胆素原有10%~20%被肠道重吸收,经门静脉入肝,其中大部分又以原形通过肝脏重新随胆汁排入肠道,即所谓胆色素的肠肝循环。重吸收的胆素原有少部分进入体循环,运至肾脏随尿排出,称为尿胆素原。后者经空气氧化成尿胆素,是尿中重要色素。正常人每天从尿中排出的尿胆素原0.5~4.0 mg。临床上将尿胆红素、尿胆素原、尿胆素称为尿三胆。胆红素的整体代谢概况见图14-9。

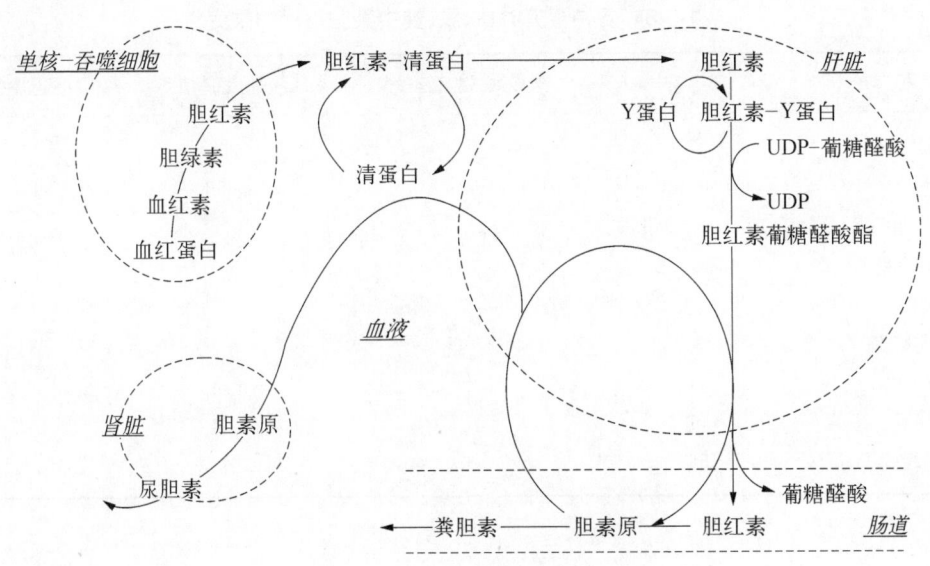

图14-9 胆红素的整体代谢概况

五、血清胆红素与黄疸

正常人血清中胆红素含量很少,其总量范围为1.71~17.1 μmol/L,其中间接胆红素约占4/5,其余为直接胆红素。凡能引起胆红素生成过多,或肝细胞对胆红素摄取、结合、排泄过程发生障碍的因素,都可使血中胆红素浓度升高,称高胆红素血症。胆红素是金黄色色素,血清中含量过高,可扩散入组织使其黄染,称为黄疸。由于巩膜或皮肤含有较多的弹性蛋白,后者与胆红素有较强的亲和力,故易被染黄。黄疸明显与否与血清胆红素的浓度密切相关。如血清中胆红素浓度虽超过正常,但肉眼尚不能察觉巩膜或皮肤黄染,称为隐性黄疸。若使皮肤、巩膜等组织明显黄染称为显性黄疸。产生黄疸的原因主要有以下三类。

(一)溶血性黄疸

溶血性黄疸,也称肝前性黄疸,是由于红细胞在单核-吞噬细胞系统破坏过多,超过肝细胞的摄取、转化和排泄能力,造成血清中未结合胆红素浓度过高所致。此时,血中结合胆红素的浓度改变不大,重氮反应试验间接反应阳性,尿胆红素阴性。由于肝对胆红素的摄取、转化和排泄增多,从肠道吸收的胆素原增多,造成尿胆素原增多。某些疾病(如恶性疟疾、过敏等)、药物和输血不当均可引起溶血性黄疸。

(二)肝细胞性黄疸

肝细胞黄疸,也称肝原性黄疸,是由于肝细胞破坏,其摄取、转化和排泄胆红素的能力降低所致。肝细胞性黄疸时,不仅由于肝细胞摄取胆红素障碍会造成血中未结合胆红素升高,还由于肝细胞的肿胀、毛细血管阻塞或毛细胆管与肝血窦直接相通,使部分结合胆红素反流入血,造成血清结合胆红素浓度增高。通过肠肝循环到达肝的胆素原也因肝脏的排泄能力降低而进入体循环,并从尿中排出。所以,临床检验可以发现血清重氮反应试验双阳性,尿胆红素阳性,尿胆素原增高。肝细胞性黄疸常见于肝实质性疾病,如各种肝炎、肝肿瘤等。

(三)阻塞性黄疸

阻塞性黄疸,也称肝后性黄疸,是由于各种原因引起的胆汁排泄通道受阻,使胆小管和毛细胆管内压力增大破裂,使结合胆红素逆流入血所致。实验室检查可发现血清结合胆红素浓度升高,重氮反应试验直接反应阳性;血清未结合胆红素无明显改变;由于结合胆红素可以从肾脏排出体外,所以尿胆红素检查阳性;胆管阻塞使肠道生成胆素原减少,尿胆素原降低。阻塞性黄疸常见于胆管炎症、肿瘤、结石或先天性胆管闭锁等疾病。各种黄疸时血、尿、粪中某些指标的改变见表14-3。

表14-3　各种黄疸时血、尿、粪中某些指标的改变

指　标	正　常	溶血性黄疸	肝细胞性黄疸	阻塞性黄疸
血清胆红素				
总量	<1 mg/dL	>1 mg/dL	>1 mg/dL	>1 mg/dL
结合胆红素	0～0.8 mg/dL		↑	↑↑
游离胆红素	<1 mg/dL	↑↑	↑	
尿三胆				
尿胆红素	—	—	++	++
尿胆素原	少量	↑	不一定	↓
尿胆素	少量	↑	不一定	↓
粪便颜色	正常	深	变浅或正常	完全阻塞时陶土色

小　结

肝是人体中最大的腺体,具有多种代谢功能。肝通过肝糖原的生成与分解、糖异生来维持血糖浓度的稳定。肝在脂类的消化、吸收、运输、分解与合成中均起重要作用。肝是除支链氨基酸外所有氨基酸分解代谢的重要器官,是处理氨基酸分解产物的重要场所。氨主要在肝脏内被合成尿素。肝在吸收、储存、运输和代谢维生素方面起重要作用,是许多激素灭活的场所。

肝对内源性和外源性非营养物质通过生物转化作用,增高其溶解度,促使其排出体外。肝生物转化作用分两相反应,第一相反应包括氧化、还原和水解反应;第二相反应是结合反应,主要与葡萄糖醛酸、硫酸和酰基等结合。

胆汁酸在肝细胞内由胆固醇转化而来,7α-羟化酶是胆汁酸生成的限速酶。肝细胞合成的胆汁酸称为初级胆汁酸,包括胆酸和鹅脱氧胆酸。初级胆汁酸在肠道中受细菌作用生成次级胆汁酸,包括脱氧胆酸和石胆酸。结合胆汁酸是胆汁酸与甘氨酸或牛磺酸在肝结合的产物。大部分胆汁酸经肠肝循环而被再利用,以补充体内合成的不足,满足对脂类消化吸收的生理需要。

笔记栏

胆色素是铁卟啉化合物在体内主要分解代谢产物,包括胆红素、胆绿素、胆素原和胆素。胆红素在血液中主要与清蛋白结合而运输。在肝细胞内,胆红素主要与配体蛋白结合并被转运到内质

网,在此被转化成结合胆红素,后者经胆管排入小肠。在肠道中,胆红素被还原成胆素原。小部分胆素原被肠黏膜重吸收入肝,其中大部分又被排入肠道,形成胆素原的肠肝循环;小部分胆素原经肾排入尿中。肠道中的胆素原在肠道下段接触空气被氧化为黄褐色的胆素。游离胆红素呈脂溶性,对神经细胞有毒性作用。正常时肝对胆红素有强大的摄取、结合、转化与排泄作用,血浆中胆红素的含量甚微。凡使血浆胆红素浓度升高的因素均可引起黄疸。临床上常见有溶血性黄疸、肝细胞性黄疸和阻塞性黄疸。各种黄疸均有其独特的生化检查指标。

【思考题】

(1) 何谓生物转化?生物转化的主要反应类型有哪些?
(2) 影响生物转化的因素有哪些?有何临床意义?
(3) 根据胆汁酸的结构及合成部位如何分类?各包括哪几种?
(4) 简述胆汁酸合成的原料、关键酶及其功用。
(5) 胆色素来自哪类化合物的分解代谢?后者包括哪些物质?
(6) 简述胆红素的正常代谢过程。
(7) 列表比较结合胆红素与未结合胆红素的区别。
(8) 根据尿液、血液标本化验结果,如何区别三种黄疸?

(周晓霞)

第十五章

水盐代谢和酸碱平衡

学习要点

- **掌握**：① 水和无机盐在体内的主要生理功能；② 体内各部分体液中电解质的组成和分布特点；③ 钙磷代谢的调节因素及其作用；④ 酸碱平衡的概念及其调节机制。
- **熟悉**：① 细胞内液、血浆和细胞间液的含量与组成；② 水的来源和去路；③ 体内水与无机盐代谢的调节；④ 钙、磷的生理功用。
- **了解**：① 钾、钠、氯的吸收与排泄；② 体内酸碱物质来源。

水和无机盐是人体的重要组成成分和必需的营养素。水与溶解在水中的无机盐、有机物一起构成机体的体液。体液广泛分布于机体细胞内外，体内大多数反应都在细胞内液中进行，而细胞外液则是机体各细胞生存的内环境，因此保持体液容量、分布和组成的动态平衡，是维持机体正常生命活动的必要条件。疾病和内外环境的剧烈变化都可能破坏这种动态平衡，当超过机体调节控制的范围时，便可造成体内水、无机盐和酸碱的失衡，引起多种疾病，严重时甚至危及生命。因此，掌握水盐代谢和酸碱平衡的基本理论，对于防治疾病具有很重要的意义。

第一节 正常人体的体液含量和分布

一、体液分布与含量

以细胞膜为界，体液可分为细胞内液与细胞外液。分布在细胞内的体液称为细胞内液，它的容量、化学组成和理化性质直接影响着细胞代谢和生理功能；分布在细胞外的体液称为细胞外液，包括血浆和组织间液（细胞间液）两部分。淋巴液、消化液、脑脊液、胸腔液和腹腔液等可视为细胞外液的特殊部分。细胞外液是组织细胞之间和机体与外环境之间进行物质交换的媒介，是机体各细胞生存的内环境。

正常成人体液总量约占体重的60%，其中细胞内液约占体重的40%，细胞外液约占体重的20%，在细胞外液中，血浆约占体重的5%，细胞间液约占体重的15%。人体体液的分布和含量随年龄、性别和胖瘦的不同而有较大差异。随着年龄增长，人体体液总量逐渐减少，如新生儿体液量可达体重的80%，成人体液量占体重60%，而老年人体液量只占体重的55%；由于脂肪疏水，肥胖者的体液量比体重相同的瘦者为少，女性脂肪较多，体液量比男性为少。

二、体液的电解质组成和细胞内外分布特点

体液中的溶质分为电解质和非电解质两大类,其中无机盐、蛋白质和有机酸等溶质常以离子的形式存在,属于电解质,而葡萄糖、尿素等不能解离,属于非电解质。各部分体液中电解质的含量与分布有下列特点:

(1)体液中电解质浓度若以摩尔电荷浓度表示,则无论细胞内液、组织间液或血浆,其阴阳离子总量相等,呈现电中性。

(2)细胞内液与细胞外液电解质的分布差异很大,细胞外液主要的阳离子为Na^+,主要的阴离子为Cl^-和HCO_3^-;而细胞内液主要的阳离子为K^+,主要的阴离子为磷酸根和蛋白质。细胞内外K^+与Na^+分布的这种显著差异,是由于细胞膜上的Na^+-K^+泵能主动地把Na^+排出细胞外,同时将K^+转送进细胞内的结果。

(3)细胞内液中电解质的总量大于组织间液和血浆,但由于细胞内液含蛋白质和两价离子较多,而其产生的渗透压较小,因此,细胞内外液的渗透压仍然基本相等。

(4)同属于细胞外液的血浆和组织间液在电解质组成和含量上十分接近,唯一重要的差别是蛋白质的含量不同,血浆蛋白质含量为 2.25 mmol/L,而细胞间液蛋白质含量仅为 0.25 mmol/L,这种差别对于维持血容量以及血浆与组织间液之间水的交换具有重要意义。

第二节 水和无机盐的生理功用

一、水的生理功用

水是人体内含量最多的组成成分。体内的水大部分以结合水的形式存在,一部分以自由水的形式存在。水在维持体内正常代谢活动和生理活动方面起着重要作用。水的主要生理功能有:

1. **调节体温** 水对体温的调节与其理化性质密切相关。水的比热容大,因而能吸收较多的热而本身的温度升高不多。水的蒸发热大,所以蒸发少量的汗就能散发大量的热。水的流动性大,能随血液循环迅速分布于全身,再通过体液交换,使物质代谢过程中产生的热在体内迅速均匀分布,并通过体表散发到环境中去。

2. **促进物质代谢** 水是良好的溶剂,很多化合物都能溶解或分散于水中,这是体内化学反应得以顺利进行的重要条件。水还直接参与体内的水解、水化、加水脱氢等反应。

3. **运输作用** 水不仅是良好的溶剂,而且黏度小,易流动,因而有利于体内营养物质和代谢产物的运输。

4. **润滑作用** 水是良好的润滑剂,在有摩擦活动的器官,这种润滑作用尤为重要。如唾液有利于吞咽及咽部湿润;泪液可防止眼角膜干燥及有利于眼球的转动;关节腔的滑液有利于减少关节活动的摩擦作用,利于关节运动;胸腔液、腹腔液和心包液等的存在,大大减少了这些内脏器官运动时的摩擦,起到良好的润滑作用。

5. **维持组织的形态与功能** 结合水具有与流动性水完全不同的性质,它参与构成细胞原生质的特殊形态,以保证一些组织具有独特的生理功能。如心肌含水约79%,血液含水约83%,两者含水量相差不大,但心肌主要含结合水,因而心肌能进行强有力地收缩,推动血液循环,而血液中的水主要是自由水,故血液能流动自如。

二、无机盐的生理功用

1. **维持体液的渗透压与水平衡** 体液中由无机盐构成的渗透压称为晶体渗透压,它对细

笔记栏

内外水分的转移及物质交换起着十分重要的作用。Na^+、Cl^-是维持细胞外液渗透压的主要离子；K^+、HPO_4^{2-}是维持细胞内液渗透压的主要离子。当这些电解质的浓度发生改变时，细胞内外液的渗透压亦发生改变，从而影响体内水的分布。

2. **维持体液的酸碱平衡** 人体各组织细胞只有在适宜的pH条件下才能使各种酶促反应正常进行。正常人的组织间液及血浆的pH为7.35～7.45，在血液缓冲系统、肺和肾的调节下维持相对稳定。体液中的Na^+、K^+、HCO_3^-、HPO_4^{2-}及蛋白质离子参与体液缓冲体系的构成，可以缓冲酸性物质和碱性物质对体液pH的影响，从而维持体液的酸碱平衡。

3. **维持神经肌肉的应激性** 神经肌肉的应激性与多种无机离子的浓度及比例有关，其关系如下：

$$神经肌肉兴奋性 \propto \frac{[Na^+]+[K^+]}{[Ca^{2+}]+[Mg^{2+}]+[H^+]}$$

从上述关系式可以看出，Na^+、K^+能增强神经肌肉的应激性，当血浆Na^+、K^+浓度增高时，神经肌肉的应激性增高，当血浆K^+、Na^+浓度过低时，神经肌肉的应激性降低，可出现肌肉软弱无力，甚至麻痹；而Ca^{2+}、Mg^{2+}、H^+能降低神经肌肉的应激性，当血浆Ca^{2+}、Mg^{2+}、H^+浓度增高时，神经肌肉的应激性降低；当血浆Ca^{2+}浓度过低时，神经肌肉的应激性升高，可出现手足搐搦甚至惊厥。

K^+对心肌有抑制作用，当血钾浓度升高时，心肌的应激性降低，可出现心动过缓、心率减慢、传导阻滞和收缩力减弱，严重时甚至可使心跳停止于舒张期。因此临床上给患者补钾应尽量选择口服，如通过静脉补钾，则应缓慢滴注，以防血钾过高，发生危险。当血钾浓度过低时，心肌的应激性增强，可出现心率加快，心律失常，严重时可使心跳停止于收缩期。由于Na^+和Ca^{2+}可拮抗K^+对心肌的作用，因此，临床上可通过静脉注射含Ca^{2+}的溶液来纠正血浆K^+浓度过高对心肌的不利影响。

4. **维持细胞正常的新陈代谢** ① 作为酶的辅助因子或激活剂影响酶的活性：如各种ATP酶需要一定浓度的Na^+、K^+、Mg^{2+}、Ca^{2+}的存在才表现出活性。② 参与或影响物质代谢：如糖原、蛋白质的合成需要K^+参加，Na^+参与小肠对葡萄糖的吸收，Mg^{2+}参与蛋白质、核酸、脂类和糖类的合成，Ca^{2+}是激素作用的第二信使等。这一切都说明无机盐在机体物质代谢及其调控中起着重要的作用。

第三节 水和无机盐的代谢及其调节

一、水的代谢

1. **水的来源** 正常成人在一般情况下，每天摄入的水总量约2 500 mL。其来源有3个方面：① 饮水：成人每天饮水量约1 200 mL。② 食物水：成人每天从食物摄取的水约1 000 mL。③ 代谢水：为糖、脂肪和蛋白质等营养物质在体内氧化时所产生的，成人每天体内生成的代谢水量约为300 mL。

2. **水的去路** 正常成人每天排出的水总量约2 500 mL。体内水的去路有：① 肺呼出：成人每日通过呼吸排出的水量约350 mL。② 皮肤蒸发：皮肤通过排汗调节体温，在此过程中要失水。皮肤排汗有两种方式：一种是非显性出汗，即体表水分的蒸发，成人每日由皮肤蒸发的水分约500 mL。另一种为显性出汗，它通过皮肤汗腺排出水分，并伴有Na^+、Cl^-等电解质的排出，所以，出汗过多时，在补充水分的同时，还应注意补充NaCl。③ 粪便排出：每天由粪便排出的水量约150 mL。消化道每天分泌的消化液约有8 L，这些消化液约98%在肠道被重吸收，只有少量随粪便排出体外。在病理情况下如呕吐、腹泻等都能引起消化液大量丢失可导致脱水和电解质平衡紊乱，因此，对这些患者应补充水分和相应的电解质。④ 肾排出：这是体内水的主要去路，对体内水的平衡起着主要调

笔记栏

节作用。一般成人每天排尿量为 1 000～2 000 mL,平均为 1 500 mL。

总之,正常成人每天水的出入量相等,分别约为 2 500 mL(表 15-1)。

表 15-1 正常成人每日水的出入量

水的摄入量(mL)		水的排出量(mL)	
通过饮食摄入	1 000	经呼吸与皮肤蒸发	350+500
通过饮水摄入	1 200	经肾脏排泄	1 500
代谢产生的水	300	经粪便排出	150
合　计	2 500	合　计	2 500

临床上对于不能进食进水的患者,每天应当通过输液补给其所需水量,以满足其生理需要。

二、钾、钠、氯的代谢

1. 钾的代谢

(1) 钾的含量与分布:正常成人体内钾含量为 30～50 mmol/kg 体重(约 2 g/kg 体重),体重 60 kg 的人,体内钾的总量约为 120 g。其中 98% 存在于细胞内液,2% 存在于细胞外液,细胞内液 K^+ 浓度为 158 mmol/L,血浆 K^+ 浓度为 3.5～5.4 mmol/L。钾在细胞内外分布的不均匀,细胞外液的 K^+ 需 15 h 左右才能与细胞内 K^+ 达到平衡。因此,临床上在给缺钾患者补钾的治疗过程中,很难在短时间内恢复其体内的钾平衡,如果短时间内静脉补钾过多过快,则有发生高血钾的危险。故一次性补钾不宜过多过快,并应注意观察血钾的情况。

物质代谢对钾在细胞内外的分布有较大影响,当糖原或蛋白质合成时,钾从细胞外进入细胞内,反之,当糖原或蛋白质分解时,钾由细胞内释放到细胞外。实验结果表明:每合成 1 g 糖原时有 0.15 mmol 的钾进入细胞,每分解 1 g 糖原时有同量的钾释放出细胞。静脉输注胰岛素和葡萄糖液时,由于糖原或蛋白质合成加强,钾由细胞外进入细胞内,可造成血钾降低,故应注意补充钾。

(2) 钾的吸收与排泄:正常成人每日钾的需要量为 2.4 g,主要来自食物,普通膳食含钾丰富,食物中的钾约 90% 经消化道吸收,可以满足人体对钾的需要。一般人体钾离子主要(80%～90%)是通过尿液排泄,肾脏排钾的特点是"多吃多排,少吃少排,不吃也排";少量(10%～20%)经由粪便排出。严重腹泻时,从粪便中丢失的钾量可达正常时的 10～20 倍,此时易导致体内缺钾,应注意补充。另外也有一些分泌物含少量钾,如泪液、唾液等。

2. 钠与氯的代谢

(1) 钠的含量与分布:正常成人体内钠含量为 45～50 mmol/kg 体重(约 1 g/kg 体重),体重 60 kg 的人体内钠总量约 60 g,其中约 45% 分布于细胞外液,10% 分布于细胞内液,45% 存在于骨骼中。血浆钠含量为 135～145 mmol/L。

(2) 钠的吸收与排泄:人体每日摄入的钠主要来自饮食中的氯化钠,正常成人每日 NaCl 的需要量为 4.5～9 g。摄入的钠在胃肠道几乎全部被吸收,一般很少因膳食而缺钠,仅在严重腹泻、呕吐或长期大量出汗时才导致钠的丢失。

钠主要由肾排出,少量由粪便及汗排出。正常情况下,每天钠的排出量与摄入量相等。肾脏对钠的排出有很强的调节能力,正常人每天由肾小球滤过的钠达 20～40 mol,而每日尿钠排出量仅为 0.01～0.2 mol,重吸收率达 99.4%。当血 Na^+ 浓度高时,肾小管对 Na^+ 的重吸收降低,过量的钠可以很快通过肾脏排出体外。当血 Na^+ 浓度低时,肾小管对钠的重吸收作用增强,在机体完全停止钠的摄取时,肾脏排钠量可以降至极低,甚至趋近于零。所以肾脏排钠的特点是"多吃多排,少吃少排,不吃不排"。

(3) 氯的含量与分布:正常成人体内氯含量约为 33 mmol/kg 体重,婴儿含量多至 52 mmol/kg 体重。其中70%的氯存在于血浆与组织间液中，只有少量分布在细胞内液并主要存在于分泌Cl^-的细胞内。血清氯含量为98～106 mmol/L。

（4）氯的吸收与排泄：食物中的Cl^-大都与Na^+一起被小肠吸收。氯主要经肾随尿排泄，小部分由汗排出。肾小管上皮细胞可将肾小球滤出的Cl^-随Na^+一起重吸收，过量的Cl^-可随Na^+通过肾小管排出体外。

三、水与无机盐代谢的调节

体内水与无机盐的代谢的调节是在神经和激素的调节下，主要由肾脏来实现。参与调节的激素主要有血管升压素和醛固酮。

1. **神经系统的调节** 中枢神经系统通过对体液渗透压变化的感受，直接影响水的摄入，以调节体液的容量和渗透压。当机体失水在1%～2%以上或进食高盐饮食时，可致体液渗透压升高，此时即可刺激下丘脑的渴觉中枢，进而引起大脑皮质的兴奋，产生口渴思饮的生理反应，饮水后，渗透压恢复而解渴。反之，如果体内水增多，体液呈低渗状态，则渴觉被抑制。

2. **血管升压素的调节作用** 血管升压素（ADH）又称加压素，是下丘脑视上核神经细胞分泌的一种九肽激素，贮存于神经垂体，当需要时，由神经垂体释放入血，随血液循环到肾脏起调节作用。血管升压素的主要作用是促进肾远曲小管和集合管对水的重吸收，降低排尿量。

3. **醛固酮的调节** 醛固酮是肾上腺皮质球状带分泌的一种类固醇激素，能促进肾远曲小管和集合管上皮细胞分泌H^+与K^+，重吸收Na^+。同时也增加Cl^-和水的重吸收，调节血容量和细胞外液容量。

总之，正常人体在血管升压素和醛固酮的调节下，通过影响肾远曲小管和集合管重吸收水和无机盐以维持体液容量和渗透压的相对稳定。

第四节 钙、磷的代谢及其调节

钙和磷酸盐类是人体内含量最多的无机盐。正常成人体内的钙总量为700～1 400 g，占体重的1.5%～2.2%。磷的总含量为400～800 g，占体重的0.8%～1.2%。体内99.3%的钙、85.7%的磷以羟磷灰石的形式构成骨盐存在于骨骼和牙齿当中，余下的钙约0.6%分布于细胞内，约0.1%分布于细胞外；14%的磷分布于细胞内，约0.3%的磷分布于细胞外。钙和磷主要从食物中摄取，通过尿液和粪便排泄。成人每日摄取和排泄的钙磷大致相等，处于动态平衡状态。

一、血钙和血磷

血钙是指血浆钙。正常人血钙浓度为2.25～2.75 mmol/L。血钙以离子钙（又称游离钙）和结合钙两种形式存在，各占一半。结合钙绝大部分是与血浆蛋白（主要为清蛋白）结合，它不易透过毛细血管壁，故称为非扩散钙（nondiffusible calcium）。小部分钙与柠檬酸、乳酸等结合成柠檬酸钙、乳酸钙等不电离的钙化物，它们虽属结合钙，但可扩散，故将这部分钙和离子钙称为可扩散钙（diffusible calcium）。血浆中发挥生理作用的是离子钙，结合钙没有直接的生理效应。但血浆中蛋白结合钙和离子钙之间呈动态平衡关系。此平衡受血浆pH影响：血液偏酸时，可促进结合钙解离，从而使游离Ca^{2+}浓度升高；相反血液偏碱时，离子钙与血浆清蛋白结合形成结合钙，游离Ca^{2+}浓度下降。因此临床上碱中毒时，由于血浆Ca^{2+}浓度下降，导致神经肌肉兴奋性增高，可出现抽搐现象。血磷一般是指血浆中无机磷酸盐中所含的磷。正常成人血磷浓度为0.97～1.61 mmol/L。血磷不如血钙稳定，可受生理因素影响而变动。

血浆中钙、磷浓度关系密切，其浓度保持一定的数量关系。健康成人血浆中钙磷浓度若以mg/d表示，两者的乘积（[Ca]×[P]）为30～40。钙和磷以骨盐形式沉积于骨组织；若（[Ca]×[P]）<35

笔记栏

时，则妨碍骨的钙化，甚至可使骨盐溶解，影响成骨作用，甚至引起佝偻病或软骨病。

二、钙、磷的生理功用

1. 体内 Ca^{2+} 的生理功能

（1）血浆 Ca^{2+} 可降低毛细血管和细胞膜的通透性，降低神经、肌肉的兴奋性：当血浆 Ca^{2+} 的浓度降低时，神经、肌肉的兴奋性增高，可引起抽搐。

（2）血浆 Ca^{2+} 作为血浆凝血因子Ⅳ参与凝血过程：它是因子Ⅸ、因子Ⅹ、凝血酶原、因子ⅩⅢ等的激活作用中不可缺少的辅助因子。

（3）骨骼肌中的 Ca^{2+} 可引起肌肉收缩：当肌细胞内储存 Ca^{2+} 受神经冲动而释放，Ca^{2+} 浓度增大到 $10^{-7} \sim 10^{-5}$ mol/L 时，Ca^{2+} 可迅速地与钙蛋白的钙结合亚基结合，引起一系列构象改变后导致肌肉收缩。

（4）Ca^{2+} 是重要的调节物质：一方面作用于质膜，影响膜的通透性及膜的转运；另一方面，在细胞内 Ca^{2+} 作为第二信使起着重要的代谢调节作用。此外，Ca^{2+} 还是许多酶（脂肪酶、ATP酶）的激活剂；Ca^{2+} 还能抑制维生素D_3-1α-羟化酶的活性，从而影响钙的代谢。

2. 磷的生理功能

（1）血中磷酸盐（$HPO_4^{2-}/H_2PO_4^{-}$）是血液缓冲体系的重要组成成分。

（2）细胞内的磷酸盐参与许多酶促反应如磷酸基转移反应、加磷酸分解反应等。

（3）构成核苷酸辅酶类（如NAD^+、$NADP^+$、FMN、FAD、CoA等）和含磷酸根的辅酶（如TPP、磷酸吡哆醛等），还构成多种重要的核苷酸（如ATP、GTP、UTP、CTP、cAMP、cGMP等）。

（4）细胞膜磷脂在构成生物膜结构、维持膜的功能以及代谢调控上均发挥重要作用。酶蛋白及多种功能性蛋白质的磷酸与脱磷酸化则是代谢调节中化学修饰调节的最为普遍、最为重要的调节方式，与细胞的分化、增殖的调控有密切的关系。

三、钙、磷的吸收与排泄

（一）钙、磷的吸收

1. 钙的吸收　　成人每日需钙量为 0.5~1.0 g，妊娠妇女和儿童为 1.0~1.5 g。食物中所含钙必须转变为游离 Ca^{2+}，才能被肠道吸收。食物中钙吸收率通常只有30%，并且随年龄增长下降，这是老年人缺钙导致骨质疏松的原因之一。婴儿和儿童的钙吸收较好，可分别吸收食物钙50%和40%以上，保证其生长发育所需钙量。当体内缺钙或生理需钙量增加时，吸收率可增高。钙的吸收部位在小肠，其中在十二指肠上段吸收能力最强。肠黏膜对钙的吸收既有跨膜转运，又有细胞内转运；既有逆浓度梯度的主动吸收，又有顺浓度梯度的被动扩散或易化转运。

肠黏膜细胞内有多种钙结合蛋白（calcium binding protein, CaBP），它与 Ca^{2+} 有较强亲和力，可促进钙的吸收。1,25-二羟维生素D_3能促进小肠黏膜细胞合成CaBP，从而促进钙磷的吸收。因此，缺钙患者在补充钙剂的同时，给予一定量的维生素D，能收到更好的治疗效果。此外，肠道pH也影响钙的吸收，钙盐在酸性环境易于溶解，在碱性环境易于沉淀。因此，食物中凡是能增加肠道酸性的物质，如乳酸、柠檬酸、氨基酸等可使钙盐溶解度增加，促进 Ca^{2+} 吸收。而食物中磷酸盐较多时，在肠道内 Ca^{2+} 可与磷酸盐结合产生溶解度较差的磷酸钙复合物，影响 Ca^{2+} 吸收。

2. 磷的吸收　　成人每日需磷量为 1.0~1.5 g。食物中的大部分磷以磷酸盐、磷脂和磷蛋白形式存在，易于吸收。磷的吸收部位主要在小肠，以空肠吸收率最高，吸收形式为酸性磷酸盐（$H_2PO_4^-$），吸收率为65%~70%。食物中的磷脂在消化液中磷脂酶的作用下水解为无机磷酸盐后才会被吸收。由于人体肠道对食物磷的吸收率较强，达70%，若血磷下降时吸收率可达90%，因此缺磷患者罕见。

（二）钙、磷的排泄

人体排出钙主要有两条途径，80%随粪便排出，20%由肾脏随尿排出。肠道排出的钙主要为食

物中未吸收的钙和消化液中的钙。肾小球每日滤出钙约10 g,其中95%以上被肾小管重吸收,随尿排出的Ca^{2+}仅为0.5%～5%。肾小管重吸收钙的能力受到甲状旁腺激素调控,因此每日随尿排出的钙比较稳定,若血钙上升,尿钙排泄量就增加,以维持血钙浓度恒定。

磷的排泄也有两条途径,20%～40%经肠道排出,主要形式为磷酸钙。60%～80%则由肾经尿排出,尿排磷量取决于肾小球滤过率和肾小管重吸收功能,并随肠道摄入量的变化而变化。

四、钙、磷代谢的调节

体内钙和磷的代谢调节相互关联、密不可分。主要通过甲状旁腺素、降钙素和1,25-$(OH)_2$-D_3来调节。与钙磷的吸收、排泄、储存调节相关的重要脏器为小肠、肾和骨组织。

(一) 甲状旁腺素

甲状旁腺素(parathormone, PTH)是由甲状旁腺主细胞合成和分泌的一种单链多肽激素。其作用的靶器官是肾脏,骨骼和小肠。PTH作用于靶细胞膜上的受体和腺苷酸环化酶系统,增加胞质内cAMP及焦磷酸盐的水平。前者促进线粒体内Ca^{2+}向胞质透出,后者则作用于细胞膜外侧,增加Ca^{2+}向细胞内透入,使细胞质Ca^{2+}浓度升高,于是细胞膜上的"钙泵"被激活,将Ca^{2+}大量输送到细胞外液,总效应是升高血钙。

1. **PTH对肾脏的作用** 此作用出现最早,主要是增加肾近曲小管对Ca^{2+}的重吸收,降低肾磷排泄阈并抑制肾小管对磷的重吸收。同时PTH抑制近曲小管对Na^+的吸收,使Na^+、HCO_3^-排出增加,磷排出也相应增加。其结果使尿钙减少,尿磷增多,最终使血钙升高,血磷降低。

2. **PTH对骨的作用** PTH具有促进成骨和溶骨的双重作用。小剂量PTH可促进成骨作用,而大剂量则可促进溶骨作用。PTH可刺激骨细胞分泌胰岛素样生长因子,从而促进骨胶原和基质的合成,利于成骨作用。临床上对骨质疏松症患者连续使用小剂量PTH治疗,取得良好疗效。另一方面PTH能使骨组织中破骨细胞的数量和活性增加,破骨细胞分泌各种水解酶,并且产生大量乳酸和柠檬酸等酸性物质,使骨基质及骨盐溶解,释放钙和磷到细胞外液。但PTH只引起血钙升高;而血磷却减少,其原因在于PTH对肾脏的作用。

3. **PTH对小肠的作用** PTH对小肠的钙、磷吸收的影响,一般认为是通过激活肾脏1α-羟化酶,促进1,25-$(OH)_2$-D_3的合成而间接发挥作用的,此效应出现得较为缓慢。

(二) 降钙素

降钙素(calcitonin, CT)是由甲状旁腺滤泡旁细胞(又称C细胞)所分泌的一种单链多肽类激素,其作用的靶器官主要为骨和肾,作用的结果是降低血钙。血钙是影响CT分泌的主要因素,血钙升高可刺激CT的分泌,血钙降低则抑制CT的分泌,但CT合成的速度不受影响,因而细胞内CT含量增高。甲状旁腺功能低下患者,其C细胞中CT含量亦增多。

1. **CT对肾脏的作用** CT直接抑制肾小管对钙、磷的重吸收,从而使尿磷、尿钙排出增多,同时还可通过抑制肾1α-羟化酶的活性,减少1,25-$(OH)_2$-D_3的生成进而间接抑制肠道对钙、磷的吸收,结果使血浆钙、磷水平下降。

2. **CT对骨的作用** CT直接抑制破骨细胞的生成,又可加速破骨细胞转化为成骨细胞,因而增强成骨作用,抑制骨盐溶解、降低血钙、血磷浓度。

(三) 1,25 - 二羟维生素D_3

1,25-二羟维生素D_3[1,25-$(OH)_2$-D_3]属脂溶性维生素,也是一种类固醇激素,是维生素D_3在体内的生物活性形式。其总的生理作用是使血钙、血磷增高。

1. **1,25-$(OH)_2$-D_3对小肠的作用** 1,25-$(OH)_2$-D_3能促进小肠对钙、磷的吸收,这是其最主要的生理作用。1,25-$(OH)_2$-D_3可使小肠黏膜细胞的钙结合蛋白和Ca^{2+}-Mg^{2+}-ATP酶合成增加,从而促进Ca^{2+}的吸收转运。同时1,25-$(OH)_2$-D_3可增加小肠黏膜细胞Ca^{2+}的通透性,利于肠腔内Ca^{2+}的吸收。1,25-$(OH)_2$-D_3促进Ca^{2+}吸收同时伴随磷吸收的增强。

2. **1,25-$(OH)_2$-D_3对骨的作用** 1,25-$(OH)_2$-D_3作用于骨组织,兼有溶骨和成骨双重作

用。当血钙降低、肠道钙吸收不足时,1,25-$(OH)_2$-D_3主要通过刺激破骨细胞活性而促进溶骨,使血钙升高。在钙、磷供应充足时,1,25-$(OH)_2$-D_3主要通过增强小肠钙磷吸收、刺激成骨细胞分泌胶原而促进成骨。

3. 1,25-$(OH)_2$-D_3对肾的作用　　1,25-$(OH)_2$-D_3可促进肾小管对钙、磷的重吸收。但此作用较弱,处于次要地位。只在骨骼生长和修复期,钙、磷供应不足情况下较明显。

综上所述,PTH、CT及1,25-$(OH)_2$-D_3均可调节钙、磷代谢,三者相互协调,相互制约,以维持血中钙、磷的动态平衡。三者对钙、磷代谢的调节总结于表15-2。

表15-2　PTH,CT及1,25-$(OH)_2$-D_3对钙磷代谢的影响

激　素	肠钙吸收	溶骨作用	成骨作用	肾排钙	肾排磷	血　钙	血　磷
PTH	↑	↑↑	↓	↓	↑	↑	↓
CT	↓(生理剂量)	↓	↑	↑	↑	↓	↓
1α,25-$(OH)_2$-D_3	↑↑	↑	↑	↓	↓	↑	↑

第五节　酸碱平衡及其调节

机体每天在代谢过程中,均会产生一定量的酸性物质或碱性物质并不断地进入血液,但因为人体有一整套酸碱平衡的调节机制,使正常人血液的酸碱度始终保持在一定的水平,其变动范围很小,正常情况下,pH恒定在7.35~7.45之间。如果因病理原因使机体产酸过多或排出不足,或产酸不多而排出增加,就会发生酸碱平衡紊乱。

一、体液酸碱物质的来源

体液中的酸性物质和碱性物质主要是组织细胞在物质分解代谢过程中产生的,其中产生较多的是酸性物质,仅小部分为碱性物质。

(一)酸性物质的来源

1. 挥发酸　　碳酸(H_2CO_3)是体内唯一的挥发酸,是机体在代谢过程中产生最多的酸性物质,因其分解产生的CO_2可由肺呼吸而被称之挥发酸。糖、脂肪和蛋白质等物质在代谢过程中产生大量的CO_2。在安静状态下,成年人每天产生的CO_2为300~400 L。机体在代谢过程中所产生的CO_2可以通过两种方式与水结合生成碳酸。一种方式是CO_2与组织间液和血浆中的水直接结合生成H_2CO_3;另一种方式是CO_2在红细胞、肾小管上皮细胞、胃黏膜上皮细胞和肺泡上皮细胞内经碳酸酐酶的催化与水结合生成H_2CO_3。

2. 固定酸　　固定酸是体内除碳酸外所有酸性物质的总称,因不能由肺呼出,而只能通过肾脏由尿液排出,故又称非挥发酸。机体产生的固定酸有:含硫氨基酸分解代谢产生的硫酸;含磷有机物(磷蛋白、核苷酸、磷脂等)分解代谢产生的磷酸;糖酵解产生的乳酸;脂肪分解产生的乙酰乙酸、β-羟丁酸等。但是,人体每天生成的固定酸所离解产生的H^+与挥发酸相比要少得多。

(二)碱性物质的来源

机体通过三大营养物质的分解代谢产生的碱性物质并不多,但人们摄入的蔬菜和水果中含有有机酸盐(如柠檬酸盐、苹果酸盐等),在体内经过生物氧化可生成碱性物质。

二、酸碱平衡的调节

机体对酸碱平衡的调节主要通过血液缓冲系统的缓冲以及肺和肾对酸碱平衡的调节共同作用

来完成。

（一）血液缓冲系统的缓冲作用

血液缓冲系统包括血浆缓冲系统和红细胞缓冲系统，都是由弱酸和其相对应的弱酸盐所组成。其中弱酸为酸性物质，对进入血液的碱起缓冲作用；弱酸盐为碱性物质，对进入血液的酸起缓冲作用。

血浆缓冲系统由碳酸氢盐缓冲对 $NaHCO_3/H_2CO_3$、磷酸氢盐缓冲对（Na_2HPO_4/NaH_2PO_4）和血浆蛋白缓冲对（NaPr/HPr）组成。红细胞缓冲对则由还原血红蛋白缓冲对（KHb/HHb）、氧合血红蛋白缓冲对（$KHbO_2/HHbO_2$）、碳酸氢盐缓冲对（$KHCO_3/H_2CO_3$）和磷酸氢盐缓冲对（K_2HPO_4/KH_2PO_4）等组成。碳酸氢盐缓冲对占血浆缓冲对含量的50%以上，血浆中50%以上的缓冲作用由其完成；当血浆中的酸性物质过多时，由碳酸氢盐缓冲对中的碳酸氢钠对其缓冲。经过缓冲系统缓冲后，强酸变成了弱酸，固定酸变成了挥发酸。挥发酸分解成 H_2O 和 CO_2，CO_2 由肺呼出体外，使血液酸碱度维持稳定，减小pH的变动。

（二）肺对酸碱平衡的调节

肺对酸碱平衡的调节是通过改变肺泡通气量来改变 CO_2 的排出量，并以此调节体内挥发酸 H_2CO_3 的浓度。这种调节受延髓呼吸中枢的控制。呼吸中枢通过整合中枢化学感受器和外周化学感受器传入的刺激信号，以改变呼吸频率和呼吸幅度的方式来改变肺泡通气量。肺对酸碱平衡的调节是非常迅速的，通常在数分钟内就开始发挥作用，并在很短时间内达到高峰。

（三）肾脏对酸碱平衡的调节

肾调节酸碱平衡的能力最强。肾脏对酸碱平衡的调节过程，实际上就是一个排酸保碱的过程。肾脏对酸碱平衡的调节方式主要有以下四种：

1. **近曲小管泌 H^+、进行 H^+-Na^+ 交换，对 $NaHCO_3$ 进行重吸收**　肾小球滤过的 $NaHCO_3$ 有80%～85%被近曲小管重吸收，主要是由近曲小管上皮细胞主动分泌 H^+，并通过 H^+-Na^+ 交换实现。肾小球滤过的 $NaHCO_3$ 在小管液中解离为 Na^+ 和 HCO_3^-，其中的 Na^+ 与近曲小管上皮细胞内 H^+ 进行转运交换，Na^+ 进入细胞后即与近曲小管上皮细胞内的 HCO_3^- 一同转运至血液。H^+-Na^+ 交换是一个继发性耗能过程，所需的能量是由基侧膜上 Na^+-K^+-ATP 酶通过消耗ATP将细胞内 Na^+ 泵出，使细胞内 Na^+ 处于一个较低的浓度，这样有利于小管液中 Na^+ 与细胞内 H^+ 转运交换。由于小管液中的 HCO_3^- 不易透过管腔膜，因而很难进入细胞，于是小管液中的 HCO_3^- 先与近曲小管上皮细胞分泌的 H^+ 结合，生成 H_2CO_3，然后分解生成 H_2O 和 CO_2。高度脂溶性 CO_2 能迅速通过管腔膜进入近曲小管上皮细胞，并在细胞内碳酸酐酶的催化下与 H_2O 结合生成 H_2CO_3。H_2CO_3 解离为 HCO_3^- 和 H^+，H^+ 由近曲小管上皮细胞分泌进入小管液中，与小管液中的 Na^+ 进行交换。然后，近小管上皮细胞内的 HCO_3^- 与细胞内的 Na^+ 一起被转运到血液内，从而完成 $NaHCO_3$ 的重吸收。

2. **远曲小管和集合管泌 H^+、泌 K^+ 进行 H^+-Na^+ 交换和 K^+-Na^+ 交换**　由于肾小管管腔侧细胞膜上存在着主动转运 H^+ 和 K^+ 的载体，因而远曲小管和集合管既可泌 H^+，进行 H^+-Na^+ 交换；也可泌 K^+，进行 K^+-Na^+ 交换。其交换过程具有竞争性。当 H^+-Na^+ 交换增加时，则 K^+-Na^+ 交换减少；而当 K^+-Na^+ 交换增加时，则 H^+-Na^+ 交换减少。例如酸中毒时，远曲小管和集合管上皮细胞泌 H^+ 增加，使 H^+-Na^+ 交换过程加强，结果导致 H^+ 排出增多和 $NaHCO_3$ 的重吸收增加，使尿液酸化。此时，远曲小管和集合管泌 K^+ 减少，并可因 K^+ 的排出减少而导致高钾血症。相反，碱中毒时，远曲小管和集合管上皮细胞泌 H^+ 减少，H^+-Na^+ 交换减少，结果引起 H^+ 的排出和 $NaHCO_3$ 的重吸收减少。与此同时，肾小管泌 K^+ 增加，K^+-Na^+ 交换增加，并由于 K^+ 的排出增加而导致血清钾浓度降低。此外，高钾血症时，K^+-Na^+ 交换增加而 H^+-Na^+ 交换减少，易造成 H^+ 在体内潴留而引起酸中毒。而低钾血症时，K^+-Na^+ 交换减少而 H^+-Na^+ 交换增加，易导致 H^+ 从尿中丢失而引起碱中毒。

3. **近曲小管的 $NH_4^+-Na^+$ 交换与远曲小管泌 NH_3**　近曲小管上皮细胞是产 NH_3 的主要场所，细胞内含有谷氨酰胺酶（glutaminase, GT），可催化谷氨酰胺水解而释放出 NH_3，产生的 NH_3 具有脂溶性，它可以通过非离子扩散进入小管液中；也可以与细胞内的 H^+ 结合生成 NH_4^+，然后由近曲小管分泌入小管液中,并以 $NH_4^+-Na^+$ 交换方式将小管液中的 Na^+ 换回。进入近曲小管细胞内的 Na^+ 与细胞内的 HCO_3^- 一起通过基侧膜的协同转运进入血液。GT 的活性受 pH 影响,酸中毒越严重,酶的活性也越高,产生 NH_3 和 α-酮戊二酸也越多。远曲小管和集合管上皮细胞内也有 GT,可使谷氨酰胺分解而释放 NH_3,NH_3 被扩散泌入小管液中,并与小管液中的 H^+ 结合生成 NH_4^+,然后与 Cl^- 结合生成 NH_4Cl 从尿中排出。酸中毒时,GT 活性增加,近曲小管的 $NH_4^+-Na^+$ 交换与远曲小管泌 NH_3 作用加强,从而加速了 H^+ 的排出和 HCO_3^- 的重吸收。

4. 肾小管液中磷酸盐的酸化　　肾小球滤液中存在两种形式的磷酸盐,即 Na_2HPO_4 和 NaH_2PO_4,在肾小球滤液 pH 为 7.4 的时候,两者之比为 4:1。当肾小管上皮细胞分泌 H^+ 增加时,分泌的 H^+ 与肾小球滤液中的 Na_2HPO_4 分离出的 Na^+ 进行交换,结果使 NaH_2PO_4 增加,这便是磷酸盐的酸化。通过磷酸盐的酸化加强,可使 H^+ 的排出增加,结果导致尿液 pH 降低。当尿液 pH 为 5.5 时,小管液中几乎所有的 Na_2HPO_4 都已转变成了 NaH_2PO_4。因此磷酸盐的酸化在促进 H^+ 的排出过程中起一定作用,但作用有限。

肾脏对酸碱平衡的调节较之血液缓冲系统和肺的调节来说是一个比较缓慢的过程,通常要在数小时后才开始发挥作用,3～5 d 后才达到高峰。肾脏对酸碱平衡的调节作用一旦发挥,其作用强大且持久。

除了血液缓冲系统,肺和肾脏对酸碱平衡的调节以外,组织细胞对酸碱平衡也起一定的调节作用。组织细胞对酸碱平衡的调节作用主要是通过细胞内外离子交换方式进行的,如 H^+-K^+ 交换、K^+-Na^+ 交换和 H^+-Na^+ 交换等。例如,酸中毒时,细胞外液中的 H^+ 向细胞内转移,使细胞外液中 H^+ 浓度有所减少,为了维持电中性,细胞内液中的 K^+ 向细胞外转移,使细胞外液中 K^+ 浓度升高而常导致高钾血症。此外,肝脏可以通过合成尿素清除 NH_3 调节酸碱平衡,骨骼的钙盐分解有利于 H^+ 的缓冲。

小　结

水和无机盐是人体的重要组成成分和必需的营养素,水与无机盐、有机物一起构成人体的体液。体液分为细胞内液和细胞外液。正常成人体液总量约占体重的 60%,其中细胞内液占体重的 40%,细胞外液占体重的 20%,在细胞外液中,血浆占体重的 5%,组织间液占体重的 15%。体内各部分体液之间不断地进行着物质交换。细胞内液与细胞外液在电解质分布和组成上有很大差别,细胞外液主要的阳离子是 Na^+,主要的阴离子是 Cl^- 和 HCO_3^-;细胞内液主要的阳离子是 K^+,主要的阴离子是磷酸根和蛋白质。而这些离子分别在维持细胞内、外液渗透压和容量方面起着主要作用。水具有调节体温,促进物质代谢,维持组织的形态与功能以及运输和润滑作用,而无机盐则在维持体液的容量和渗透压,维持神经肌肉和心肌的应激性,维持体液的酸碱平衡以及维持酶活力等方面具有十分重要的作用。体内水、无机盐代谢受神经体液的调节,参与调节的激素主要有血管升压素和醛固酮。

钙和磷酸盐类是人体内含量最多的无机盐。机体对钙、磷的摄取、利用和储存主要通过甲状旁腺素、降钙素和 $1,25-(OH)_2-D_3$ 来调节。甲状旁腺激素是维持血钙正常水平最重要的调节因素,有升高血钙、降低血磷等作用。降钙素由甲状腺胞旁细胞合成、分泌,其主要功能是降低血钙和血磷。$1,25-(OH)_2-D_3$ 促进小肠对钙、磷吸收和运转的双重作用;能维持骨盐溶解和沉积,有利于骨的更新和成长。促进肾小管对钙磷的重吸收。在正常人体内,通过上述三种物质的相互制约,相互协调,以适应环境的变化,保持血钙、血磷浓度的相对恒定。

正常人的组织间液及血浆的酸碱度(pH)维持在 7.35～7.45 之间,机体通过血液缓冲系统、肺和肾三个途径来维持体液的酸碱平衡。血液缓冲系统作用快,主要的缓冲对是 HCO_3^-/H_2CO_3;肺是排出体内挥发性酸(碳酸)的主要器官；肾是调节酸碱平衡的重要器官,作用缓慢但持久。一切非挥发性酸和过剩的碳酸氢盐都必须从肾脏排泄。

【思考题】

（1）何谓体液？简述正常成人体液的含量和分布。

（2）正常成人各部分体液中电解质的组成有何特点？

（3）水分在血管内及细胞内外交换的动力各是什么？肝功能明显降低的人,为什么会产生水肿？

（4）简述水和无机盐的主要生理功用。

（5）为什么说不能进食（不吃不喝）的患者在补充电解质时首先应考虑补充钾,有哪些因素影响血钾的浓度？

（6）简述钙和磷在体内的生理功用。

（7）调节钙磷代谢的因素有哪几种？简述其对钙磷代谢的调节作用。

（8）体液酸碱平衡的调节因素有哪些？简述其对酸碱平衡的调节作用。

（周晓霞）

推荐书目及网站

国家精品课程资源网 http://course.jingpinke.com/details?uuid=8a833999-1e4881f5-011e-4881fb6e-070d.
金丽琴.生物化学.杭州:浙江大学出版社,2007.
钱晖,侯筱宇.生物化学与分子生物学.第4版.北京:科学出版社,2017.
宋方洲.生物化学与分子生物学学.北京:科学出版社,2017.
翟中和.细胞生物学.第3版.北京:高等教育出版社,2007.
查锡良.生物化学.第7版.北京:人民卫生出版社,2008.
查锡良.生物化学与分子生物学.第8版.北京:人民卫生出版社,2013.
赵宝昌.生物化学.第2版.北京:高等教育出版社,2009.
周爱儒.生物化学.第6版.北京:人民卫生出版社,2004.
David L.Nelson. Lehniger Principles of Biochemistry. 6th edition. New York: W. H. Freeman, 2012.
Robert K.Murray. Harper's Illustrated Biochemistry. 28th edition. New York: McGraw-Hill Medical. 2009.